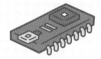

꼭 필요한 내용만
쉽고, 재미있게
기술한 지침서!

마이크로컨트롤러

ATmega128 DIY 여행

3시간씩 12개 코스를 마치면
나도 ATmega128 실용 엔지니어

신상석 전익성 윤석한 지음

창조와 지식

마이크로컨트롤러 ATmega128 DIY 여행

초판 4쇄 발행 2023년 08월 28일

지은이 신상석, 전익성, 윤석한
펴낸이 김동명
펴낸곳 도서출판 창조와 지식
디자인 (주) 북모아
인쇄처 (주) 북모아
표지디자인 신유림

출판등록번호 제2018-000027호
주소 서울특별시 강북구 덕릉로 144
전화 070-4010-4856
팩스 02-2275-8577

ISBN 979-11-6003-076-1 (93500)

지식의 가치를 창조하는 도서출판 **창조와 지식**
www.mybookmake.com

마이크로컨트롤러

ATmega128
DIY 여행

최근 컴퓨터(프로그램, 코딩) 교육 열풍이 불고 있다. 빅데이터, 인공지능, 로봇, 사물인터넷 등으로 대표되는 4차 산업혁명의 시대가 성큼 도래하면서 그 기반이 되는 소프트웨어에 대한 관심이 부쩍 높아졌기 때문이다.

이러한 소프트웨어가 실행되기 위해서는 하드웨어 플랫폼이 필요한데, 요즘 교육용으로 가장 많이 사용되는 하드웨어 플랫폼으로는 개방형 구조를 갖는 아두이노를 꼽을 수 있다. 아두이노는 하드웨어도 단순하고, 다양한 라이브러리를 제공하므로 전자나 컴퓨터 분야의 전공자가 아닌 사람들이 사용하기에는 매우 편리한 반면, 마이크로컨트롤러를 조금 더 자세하게 체계적으로 알아야 하는 공학도들에게는 부족한 부분이 적지 않다.

아두이노에 사용된 8비트 마이크로컨트롤러는 ATmega328P인데, 이와 같은 계열로 교육용으로 가장 많이 사용되는 마이크로컨트롤러 중의 하나는 마이크로칩 사의 ATmega128이다. 8비트 마이크로컨트롤러이지만 다양한 내부 기능과 통신 기능, 적절한 크기의 프로그램 메모리, 충분한 수의 입출력 포트, 응용 프로그램을 쉽고 빠르게 탑재할 수 ISP(In System Programming, 시스템 내장 프로그래밍 방식) 기능에 교육용으로 적당한 정도의 성능을 제공하는 점 등이 그 이유가 아닐까 생각한다.

ATmega128 마이크로컨트롤러에 관한 책은 상당히 많고, 그 중에는 추천할만한 양질의 책도 그 수가 꽤 된다. 하지만 한 가지 아쉬운 점은 초보자들이 짧은 기간 내에 쉽고 재미있게 이에 대한 하드웨어와 소프트웨어의 기본 개념과 실제 응용을 함께 습득할 수 있도록 안내한 도서는 찾아보기가 쉽지 않다는 것이다.

이 점에 착안하여, 이 책은 ATmega128을 기반으로 LED (Light Emitting Device : 발광 다이오드), FND (Flexible Numeric Display : 가변 숫자 표시기), 버저, 모터, 센서 등의 기본 전자부품을 결합하여 간단한 생활용품을 직접 제작하는 과정을 초급자의 입장을 고려하여 제시해본다. 여러분은 학습 내용을 통하여, LED를 이용한 특별한 크리스마스트리, FND를 응용한 자동차 전화번호 표시기, 거리센서와 CLCD (Character Liquid Crystal Display : 문자 액정 표시기)를 이용한 키 측정 장치, 노래하는 버저 등 재미있는 생활용품을 DIY(Do It Yourself : 스스로 해보기)로 제작해 볼 수 있으며, 그 기본 원리도 함께 체득할 수 있을 것이다.

많은 내용을 담으려는 시도보다는 꼭 필요한 핵심적인 부분만 쉽고 재미있게 기술하므로써 바로 이해하고 바로 써먹을 수 있도록 한 것이 이 책의 특징이다. 이를 위해 하드웨어 플랫폼으로는 ATmega128을 내장한 간단하고, 편리하고, 가성비 높은 JMOD-128-1 모듈을 채택하였고, 주변 회로로 사용되는 전자부품도 시중에서 가능한 쉽게 구할 수 있고 가격이 저렴한 것을 위주로 선정하였다. 컴퓨터와 C 언어에 대한 약간의 배경 지식이 있는 경우, 하루 3~4 시간씩 총 12번 정도를 투자하여 이 책 속의 코스를 여행한다면, 여행을 마칠 무렵에는 어느덧 마이크로컨트롤러 응용 분야의 초급 엔지니어가 되는 있는 자신을 발견하게 될 것이다.

독자 여러분의 즐겁고 보람찬 DIY 여행을 기원한다.

저자 일동

contents

contents

1 Course

시작하기

이번 코스의 목표는 앞으로 만나게 될 다양한 생활용품의 제작 코스에 필요한 준비를 하는 것이다. 장거리 여행을 가려면 배낭을 챙겨야 하듯, 12코스의 DIY 여행에 필요한 플랫폼 및 전자부품 등을 준비하고, 프로그램 개발 도구나 드라이버 등의 소프트웨어 등도 미리 설치하고 잘 동작하는지 확인하자. 또한, 기본 플랫폼이 되는 JMOD-128-1 모듈의 기초 정보에 대하여도 간단하게나마 살펴보기로 한다.

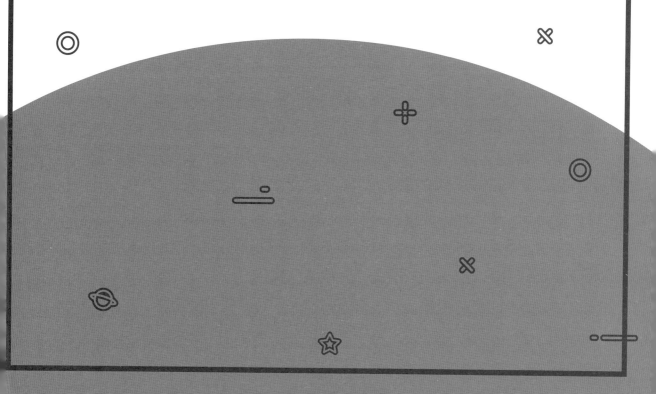

1.1 준비물 챙기기

1.1.1 기본 준비물

■ PC 또는 노트북 – 1대

프로그램을 작성하기 위한 윈도우용 PC나 노트북이 1대 필요하다. 규격에 제한은 없지만 여기서는 Windows 10을 탑재한 PC나 노트북을 기준으로 설명한다.

■ JMOD-128-1(ATmega128 기본 모듈) – 1개

JMOD-128-1은 ISP(In System Programming, 시스템 내장 프로그래밍 방식) 프로그래머가 내장된 ATmega128 마이크로컨트롤러 기본 모듈로 이 책의 설명은 이 모듈을 기반으로 한다. 비슷한 기능의 다른 모듈이나 키트를 사용하는 것도 가능하지만 JMOD-128-1의 경우는 더 이상의 추가 모듈(ISP 프로그래머) 없이 PC와 직접 연결이 가능하므로 간편하다.

[그림 1-1] JMOD-128-1 외관

■ Mini-B 타입 USB 케이블 – 1개

PC와 JMOD-128-1을 연결하는 USB 케이블로 이것으로 전원도 공급하고 프로그램도 다운로드하고 통신도 한다. JMOD-128-1은 Mini-B 타입 5핀 USB 커넥터를 사용하므로, USB 케이블은 커넥터 한 쪽은 Mini-B 타입이고 다른 한 쪽은 A 타입인 것을 준비한다. (JMOD-128-1 모듈과 함께 제공됨)

[그림 1-2] Mini-B 타입 USB 케이블

■ 브레드보드 - 1개

속칭 빵판이라고 부르는 브레드보드(breadboard : bread는 빵, board는 판이므로 빵판이다.)
는 여러 가지 전자부품을 JMOD-128-1과 연결하여 회로를 구성하고 시험하기 위하여 반드시
필요한 부품이다. 다양한 크기와 종류가 있으므로 최소한 JMOD-128-1을 장착하고 다른 전자
부품도 연결할 수 있는 정도의 크기를 준비한다. [그림 1-3]과 같이 길쭉한 형태로 830핀 정도
의 브레드보드면 적당하다.

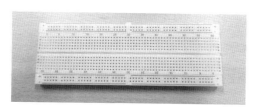

[그림 1-3] 브레드보드

■ 점퍼선 - 종류별로 다수 개

"바늘 가는데 실 간다."고… 브레드보드 가는데 점퍼선(jumper wire)이 없으면 무용지물(無用之
物, 쓸 데 없는 물건이나 사람)이다. 브레드보드 상에서 JMOD-128-1과 여러 가지 전자부품들
을 서로 연결하려면 많은 수의 점퍼선이 필요하다. 브레드보드 내에서의 연결을 위하여 양쪽이
모두 수컷(male, 핀헤더 타입)인 점퍼선은 40개(1 묶음) 정도, 이 외에도 전자부품을 직접 연결
하는 경우에 대비하여 한쪽은 암컷(female, 핀헤더 소켓 타입)이고 다른 쪽은 수컷인 점퍼선과
양쪽이 모두 암컷인 점퍼선도 각각 20개 정도씩 준비한다.

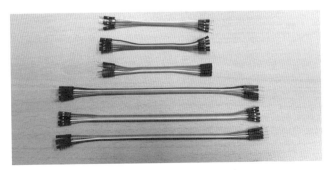

[그림 1-4] 여러가지 점퍼선

■ 다양한 전자부품

작품 제작에 필요한 기본 전자부품으로 LED(Light Emitting Diode, 발광 다이오드), FND (Flexible Numeric Display, 가변 숫자 표시기), 버저, 광센서, 모터드라이브, DC(Direct Current, 직류) 모터, 트랜지스터, 레귤레이터 등이 필요한데, 이는 각 코스마다 따로 언급한다. 이 책의 전체 코스를 여행하는데 필요한 모든 부품 목록은 '부록-1 : "마이크로컨트롤러 ATmega128 DIY 여행"에 필요한 전체 부품 목록'을 참조하기 바란다.

[그림 1-5] 여러 가지 전자부품

■ Atmel Studio 7 – 통합 개발 플랫폼(IDP, Integrated Development Platform)

Atmel Studio 7은 ATmega128 프로그램을 작성하고 컴파일하고 다운로드하기 위한 통합 개발 플랫폼이다. CodeVision 등 다른 통합 개발 플랫폼도 있지만 여기서는 마이크로칩 사에서 무료로 제공하는 Atmel Studio 7을 기본 도구로 사용한다.

- JMOD-128-1 용 USB 드라이버

JMOD-128-1을 PC와 USB 케이블로 연결할 때 다운로드나 통신을 가능하게 하는 USB 드라이버가 필요하다. JMOD-128-1은 CP2102라는 USB-UART 변환 칩을 사용하므로 Silabs사에서 제공하는 'USB to UART Bridge VCP Drivers'를 설치하도록 한다.

1.1.2 기타 준비물

기타 준비물은 각자의 작품 제작 방법에 따라 알맞게 더 준비하면 된다. 칼이나 자, 드라이버, 니퍼나 플라이어 등이 필요할 수 있고, 프로그램 작성이나 낙서 등을 하려면 필기구와 연습장도 필요하다. 회로를 직접 납땜해서 꾸며보고 싶은 사람은 만능기판과 납땜 도구가 더 필요하며, 예쁘게 정리하는 것을 좋아하는 사람은 연결선 정리를 위한 타이랩이나 부품 부착을 위한 양면테이프 등도 준비할 필요가 있다. 작품 제작 과정이나 최종 작품을 사진이나 동영상으로 만들어 유튜브나 인스타그램에 올리려면 휴대폰 거치대와 조명 장치, 영상 편집 도구까지 준비하여야 할지도 모른다.

1.2 ATmega128 간단히 살펴보기

1.2.1 AVR

AVR은 Atmel 사(현재는 Mircrochip 사에 통합되었음)가 진보된 RISC(Reduced Instruction Set Computer) 기술을 기반으로 1996년부터 개발한 저전력 8비트 마이크로컨트롤러를 통칭하는 말로, AVR이라는 단어는 제작자인 Alf Egil Bogen와 Vegard Wollan의 첫 글자와 RISC의 첫 글자를 따서 만들어졌다는 설이 유력하다. AVR은 8051 시리즈나 PIC 시리즈와 함께 8비트 소형 마이크로컨트롤러 시장에서 가장 많이 사용되는 시리즈 중의 하나이다.

AVR은 크게 ATiny, AT90, ATmega 그룹으로 나뉘는데 ATiny 그룹이 가장 저용량 소형이고, ATmega 그룹이 가장 고성능 대형이다. 기능과 성능에 따라 60여 가지의 종류가 있어 사용자가 자신의 요구 규격에 맞게 선택할 수 있다. 예를 들어 '아두이노 UNO R3'에는 ATmega328P가 사용되었는데, 이는 5V로 동작하며, 16MHz 클록, 14개의 디지털 입출력, 6개의 아날로그 입력, 32KByte 플래시, 2KByte SRAM(Static Random Access Memory, 정적 임의 접근 메모리)의 규격을 갖는다.

1.2.2 ATmega128

ATmega128은 AVR 시리즈 중 교육용으로 가장 많이 사용되고 있는 마이크로컨트롤러로 외관은 [그림 1-6]과 같다.

[그림 1-6] ATmega128 외관 [1-1]

외관은 단순한데 내부는 어떻게 생겼을까?

ATmega128의 내부 구조는 [그림 1-7]과 같이 생겼다.

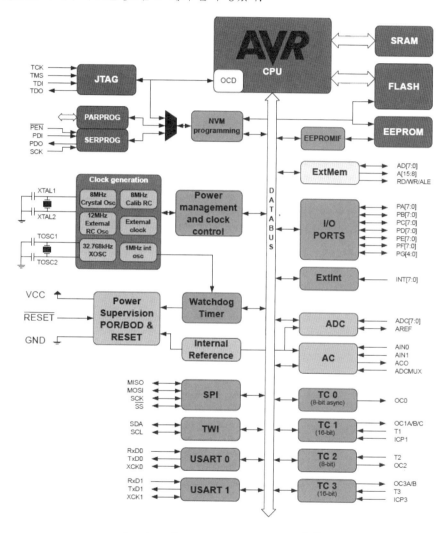

[그림 1-7] ATmega128 내부 구조 [1-2]

"오우~!" 갑자기 잘 모르는 난어와 약자가 너무 많이 보여서 당황할 수도 있겠지만, 여기서는 그냥 "내부가 이렇게 생겼구나. 조금 복잡하네!" 하는 정도로만 생각하고 가볍게 넘어가기로 한다. 나중에 다시 볼 필요가 있을 때 되돌아와 살펴보면 조금씩 더 잘 이해될 것이다.

주요 특징 및 규격만 간단히 정리하면 다음과 같으며 세부적인 기능 설명은 각 코스에서 필요 시 따로 설명하도록 한다. 처음 시작하는 것이니만큼 용어가 생소하거나 이해가 되지 않는 부분이 있더라도 너무 겁먹지 말자. 인터넷 등을 이용하여 조금 더 찾아보아도 되고, 그냥 죽 읽으면서 편하게 지나가도 괜찮다.

- 5V 전원, 16MHz 클록
- 16MIPS(Million Instruction Per Second, 초당 백만개의 명령어) 성능
- 128KByte 플래시 메모리 내장
- 각 4KByte의 RAM(Random Access Memory, 임의 접근 메모리) 및 EEPROM(Electrically Erasable Programmable Read Only Memory, 전기적으로 지우기가 가능한 프로그램 가능 읽기 전용 메모리) 내장
- 총 53개의 GPIO(General Purpose Input/Output, 범용 입출력) 포트 내장
- 8개의 외부 인터럽트를 포함한 34개의 인터럽트 벡터 내장
- 2개의 8비트 타이머/카운터 및 2개의 16비트 타이머/카운터 내장
- 8채널, 10비트 ADC(Analog Digital Converter, 아날로그-디지털 변환기) 내장
- USART(Universal Synchronous/Asynchronous Receiver Transmitter) 2개, TWI(Two Wire Interface, I^2C의 일종) 1개, SPI(Serial Peripheral Interface) 1개의 통신 인터페이스 내장
- 2개의 8비트 PWM(Pulse Width Modulation, 펄스폭 변조) 채널 및 6개의 프로그램 가능한 16비트 PWM 채널 내장

1.3 JMOD-128-1 알아보기

JMOD-128-1은 제이씨넷 사가 개발한 ATmega128 내장 마이크로컨트롤러 모듈로 ATmega128의 모든 GPIO 핀을 2줄의 2.54mm 간격 핀헤더 형태로 제공하여 브레드보드에 쉽게 장착할 수 있도록 제작된 제품이다. 한편, JMOD-128-1은 ISP 기능, 즉 다운로드 기능을 내장하고 있어 USB 케이블만 연결하면 PC에서 직접 다운로드가 가능하므로 사용하기에 매우 편리한 장점이 있다.

JMOD-128-1의 외관 구성은 [그림 1-8]과 같다.

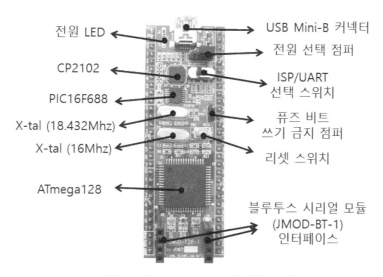

전원 LED
CP2102
PIC16F688
X-tal (18.432Mhz)
X-tal (16Mhz)
ATmega128

USB Mini-B 커넥터
전원 선택 점퍼
ISP/UART 선택 스위치
퓨즈 비트 쓰기 금지 점퍼
리셋 스위치
블루투스 시리얼 모듈 (JMOD-BT-1) 인터페이스

[그림 1-8] JMOD-128-1의 외관 구성

■ USB Mini-B 커넥터 : USB 케이블을 이용하여 PC와 연결하는데 사용한다.

■ 전원 선택 점퍼 : 공급 전원을 선택하는 점퍼로, USB 전원을 이용할 때는 3핀 핀헤더의 왼쪽 2핀이 연결되도록('USB' 글자 위치) 하며, 외부 전원을 이용할 때는 3핀 핀헤더의 오른쪽 2핀이 연결되도록('VEXT' 글자 위치) 함과 동시에 모듈의 VEXT 핀과 GND 핀을 통하여 +5V의 외부 전원을 공급해 주어야만 한다. 한편, USB 전원을 다른 전자부품이나 모듈의 공급 전원으로 사용하고자 할 경우에는 '전원 선택 점퍼' 상의 3핀을 모두 한꺼번에 연결한 후(이렇게 되면 USB 쪽의 전원 신호와 VEXT 쪽의 전원 신호가 연결되므로 VEXT에 외부 전원을 연결한 것과 같은 효과가 있음), VEXT 핀과 GND 핀을 이용하여 원하는 모듈로 전원을 공급하면 된다.

■ **ISP/UART 선택 스위치** : ISP 기능과 UART(Universal Asynchronous Transmitter Receiver, 범용 비동기 송수신기) 기능 중 어떤 기능으로 사용할 것인지를 결정하는 스위치이다. JMOD-128-1은 ISP 기능을 내장하고 있으므로 이 스위치를 'ISP' 글자 위치에 오도록 하면, Atmel Studio 7에서 작성한 프로그램을 바로 다운로드할 수 있다. 한편, PC와 UART 통신을 할 때에는 이 스위치를 'UART' 글자 위치에 오도록 설정하면 된다.

■ **퓨즈 비트 쓰기 금지 점퍼** : 이 점퍼를 연결하면 Atmel Studio 7 상에서 '퓨즈 비트 쓰기'가 가능한 상태가 되고 점퍼를 연결하지 않으면 '퓨즈 비트 쓰기'가 금지된 상태가 된다. '퓨즈 비트 쓰기' 기능은 잘못 사용하는 경우 모듈을 사용할 수 없는 상태로 만들 수도 있으므로 이 점퍼는 특별한 경우가 아니면 연결하지 않은 상태로 사용하는 것이 좋다.

■ **리셋 스위치** : JMOD-128-1 모듈을 리셋시킬 때 사용하며, 이 스위치가 눌러지면 현재 실행되고 있는 프로그램은 실행이 중지되고 프로그램의 처음부터 다시 실행된다.

■ **블루투스 시리얼 모듈 인터페이스** : 블루투스 시리얼 모듈 장착용 커넥터로, 제이씨넷 사의 블루투스 시리얼 모듈인 JMOD-BT-1을 쉽게 장착할 수 있도록 제작된 전용 커넥터이다. 물론, 다른 블루투스 시리얼 모듈도 신호에 알맞게 연결한다면 인터페이스가 가능할 수 있다.

■ **외부 신호 연결 핀헤더** : ATmega128의 모든 GPIO 핀 53개가 그룹별로 순서대로 배치되어 2줄의 핀헤더로 제공된다. 이 외에도 VEXT, GND, RESET, AREF, PEN 핀 5개가 더 제공되는데 이 중 VEXT와 GND는 전원 선택 점퍼와 연동하여, 외부 전원으로 JMOD-128-1에 전원을 공급할 경우(전원 입력) 또는 USB 전원을 다른 모듈로 공급할 경우(전원 출력)에 사용한다.

1.4 Atmel Studio 7 설치하기

이제 통합 개발 플랫폼인 Atmel Studio 7 설치를 함께 진행해 보자. 여기서는 Windows 10에 설치하는 것을 기본으로 설명한다. *(* 참고 : 설치 과정은 시간이 지남에 따라 변경될 수 있다.)*

1. 마이크로칩 사 홈페이지(http://www.microchip.com)를 방문하면 다음과 같은 화면이 나타난다. 이 화면에서 오른쪽 위 입력창에 'atmel studio'를 입력하여 검색한다.

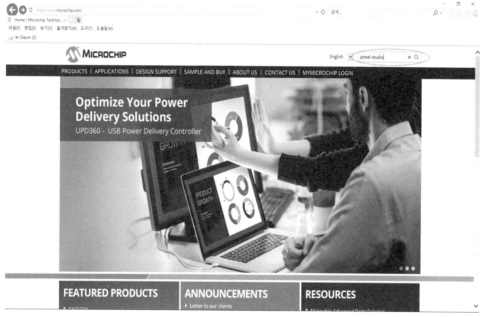

[그림 1-9] 마이크로칩 사 홈페이지 화면 및 Atmel Studio 검색 [1-3]

2. 아래의 화면이 나타나면 "Studio 7 is the ..."을 클릭한다.

[그림 1-10] Atmel Studio 7 선택 (1-4)

3. 이제 Atmel Studio 7을 설치할 수 있는 초기 화면이 다음과 같이 나타난다.

[그림 1-11] Atmel Studio 7 설치 초기 화면 (1-5)

4. 여기서 스크롤을 아래로 계속 내려가면 다음과 같이 'Atmel Studio 7.0(build 1645) web installer(recommended)'를 만나게 된다. 이 때 오른쪽 옆에 있는 zip 파일 아이콘을 클릭한다.

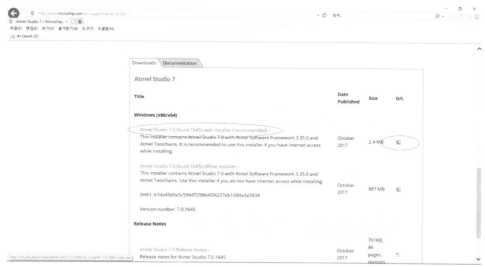

[그림 1-12] Atmel Studio 7 설치 파일 선택 [1-6]

5. 다음 화면의 Atmel Studio 7 license 동의서는 무조건 'agree'하고 'Next'를 클릭하여 계속 진행한다.

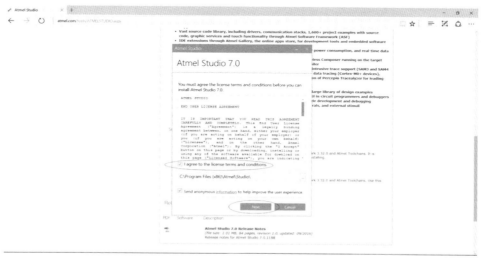

[그림 1-13] Atmel Studio 7 licence 동의서 [1-7]

6. 새로 나타난 창에서 'AVR 8-bit MCU'를 선정하고, 'Next'를 클릭하여 계속 진행한다.

[그림 1-14] AVR 8-bit MCU 선정 (1-8)

7. Atmel Studio 7 설치 환경 적합 여부 확인 과정이 다음과 같이 진행된다.

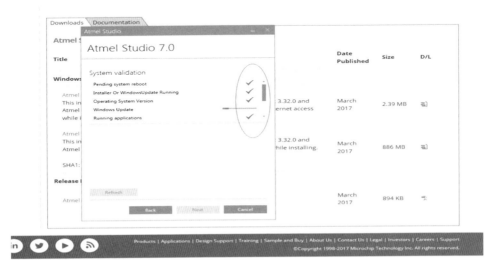

[그림 1-15] Atmel Studio 7 설치 환경 적합 여부 확인 (1-9)

8. 만약 Widows가 자동으로 업데이트 된다면 업데이트 완료 후 'Next'를 눌러 계속 진행한다.

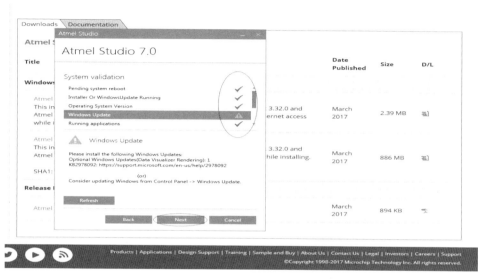

[그림 1-16] Windows 자동 업데이트 (1-10)

9. "Installing …"이라는 화면이 나타나면서 설치가 진행된다. PC나 네트워크 속도에 따라 약간의 차이는 있지만 설치하는데 꽤 오랜 시간이 걸린다.

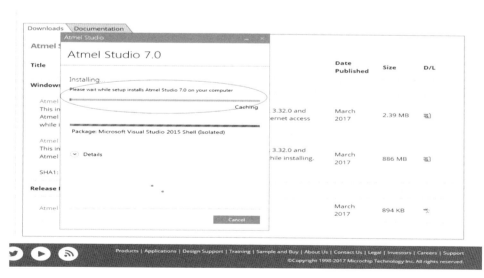

[그림 1-17] Atmel Studio 7 설치 (1-11)

10. 설치하는 과정 중에 Visual Studio도 자동으로 함께 설치된다.

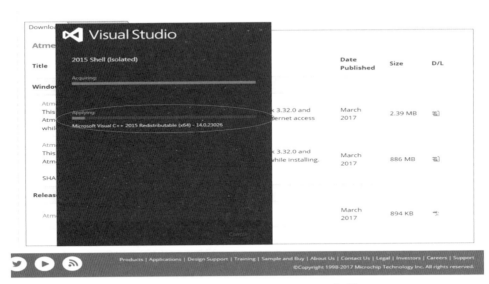

[그림 1-18] Visual Studio 자동 설치 (1-12)

11. 마지막으로 Atmel Studio 7 설치 완료 창이 뜨고 'Close'를 클릭하면 설치가 완료된다. "Launch Atmel Studio 7.0"에 체크 표시를 하면 실행까지 된다.

[그림 1-19] Atmel Studio 7 설치 완료 (1-13)

12. 바탕화면에 무당벌레 모양의 Atmel Studio 7.0 아이콘이 생성되었다면 설치가 잘 된 것이다.

[그림 1-20] Atmel Studio 7 아이콘

1.5 VCP 드라이버 설치하기

JMOD-128-1은 모듈 내부에 CP2102라는 USB-UART 변환 칩을 내장하고 있어, USB 케이블을 이용하여 UART 통신을 실행할 수 있다. Atmel Studio 7을 이용한 프로그램 다운로드는 UART 방식을 이용하므로 이를 가능하게 하려면 CP2102용 VCP(Virtual COM Port, 가상 COM 포트) 드라이버를 설치해 주어야만 한다. 설치 과정은 다음과 같다. *(* 참고 : 설치 과정은 시간이 지남에 따라 변경될 수 있다.)*

1. Silabs 사의 홈페이지(http://www.silabs.com)를 방문한다.
2. 검색창에 "VCP Driver"를 입력한 후 'GO'를 클릭한다.

[그림 1-21] Silabs 사의 홈페이지 초기 화면 [1-14]

3. 검색 결과에서 "USB to UART Bridge VCP Drivers"를 클릭한다.

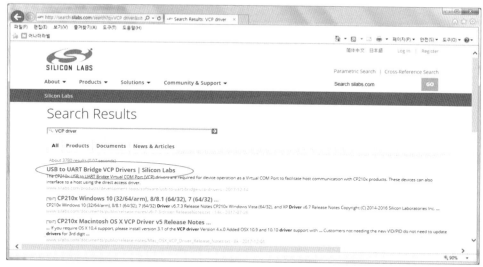

[그림 1-22] VCP Driver 탐색 결과 화면 [1-15]

4. 새 창이 나타나면 아래쪽으로 스크롤하여 'Download for Windows 10 Universal(v10.1.1)'의 'Download VCP(2.3MB)'에 커서를 위치한 후 마우스 오른쪽 버튼을 눌러 '다른 이름으로 대상 저장'을 선택하고 적당한 디렉토리를 선택하여 'CP210x_Universal_Windows_Driver.zip' 파일을 저장한다.

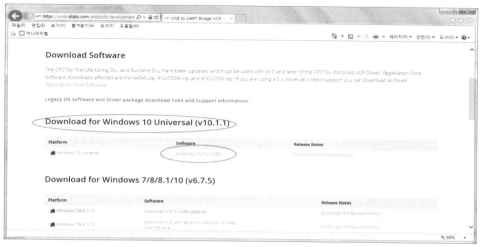

[그림 1-23] VCP Drivers 다운로드 화면 [1-16]

5. 압축 파일을 풀면 아래와 같은 파일이 생성되는데 여기서 자신의 PC 상태에 따라 64비트 운영체제이면 'CP210xCCPInstaller_x64.exe'를, 32비트 운영체제이면 'CP210xCCPInstaller_x86.exe'를 클릭하여 실행한다.

[그림 1-24] VCP Drivers Installer 파일이 생성된 디렉토리 화면

6. 이후 아래의 화면에서 '다음'을 클릭하여 계속 진행하면 VCP Driver가 설치된다.

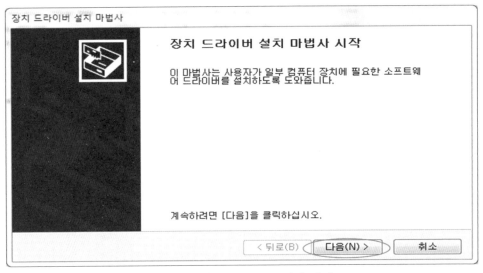

[그림 1-25] VCP Driver 설치 화면

1.6 Atmel Studio 7 시작하기

이제 준비 과정의 마지막 단계로 개발도구인 Atmel Studio 7을 실행시켜 보자. 아래의 순서로 진행하면 된다.

1. PC의 바탕화면에서 무당벌레 모양의 Atmel Studio 7 아이콘을 클릭한다. 다음과 같은 초기 화면이 나타나면 'New Project'를 클릭한다.

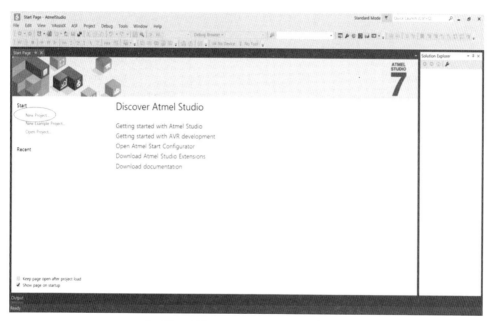

[그림 1-26] Atmel Studio 7 초기 화면

2. 새로운 창에서 'C/C++ 언어 환경'을 선택하고 계속하여 'GCC C Executable Project'를 선택한 후, 프로젝트 이름(Name), 저장할 폴더 위치(Location), 솔루션 이름(Solution Name)을 지정해준다. (*주의 : 폴더 위치 지정 시, 경로 상에 한글 이름을 갖는 디렉토리가 들어가지 않도록 하여야 추후 실행 시 문제가 생기지 않으므로 이 점은 주의하여야 한다.)

[그림 1-27] 새 Project 생성

3. 계속하여 나타나는 창에서, 이 프로젝트에서 사용할 마이크로컨트롤러를 'ATmega128A'로 지정하고 'OK'를 클릭한다. (ATmega128A는 ATmega128의 신형으로 기능은 동일하다. JMOD-128-1은 ATmega128A를 사용한다.)

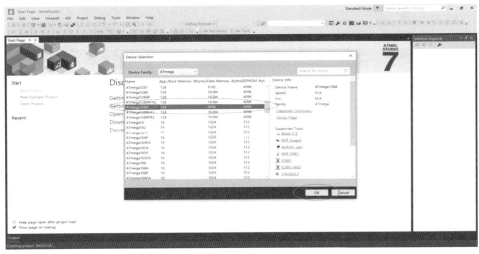

[그림 1-28] 사용할 마이크로컨트롤러를 ATmega128A로 지정

4. 마이크로컨트롤러가 지정된 후에는 프로그램 개발을 위한 메인 프로그램(main.c) 작성 창이
   자동으로 나타난다. 만약 빈 창이 나타나면 오른쪽 상단 창 'Solution Explorer'에서 'main.c'
   를 클릭하면 된다.

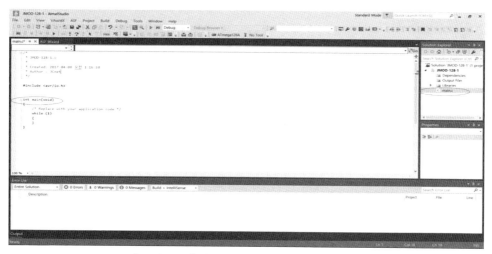

[그림 1-29] 메인 프로그램(main.c) 작성 창

5. Atmel Studio 7은 큰 프로그램의 개발을 위하여 필요시 단위(sub) 프로젝트를 정의하여 수
   행할 수 있다. 새로운 단위 프로젝트의 정의는 오른쪽 상단 창의 'Solution Explorer'에서
   'Solution'을 클릭한 후 오른쪽 마우스를 클릭하여 'Add' → 'New Project' 순서로 진행한다.

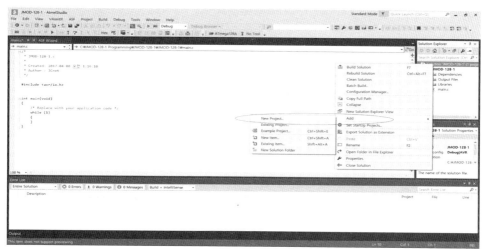

[그림 1-30] 단위 프로젝트 만들기

6. 새 창이 나타나면 'C/C++ 언어' → 'GCC C Executable Project'를 선택한 후 새로운 단위 프로젝트 이름을 입력한 후(여기서는 'ABC_Start_Main'의 이름을 사용하였음) 'OK'를 클릭한다.

[그림 1-31] 단위 프로젝트 이름 입력하기

7. 다음과 같이 오른쪽 상단 'Solution Explorer' 창에 단위 프로젝트(ABC_Start_Main) 폴더가 만들어진 것을 볼 수 있다.

[그림 1-32] 단위 프로젝트 폴더

8. 이제 테스트 프로그램을 작성해보자. 일단, 이 프로젝트를 시작(스타트업) 프로젝트로 만들기 위하여 이 프로젝트(ABC_Start_Main)을 클릭한 상태로 마우스 오른쪽 버튼을 눌러 'Set as Startup Project'을 누른다. 기본 프로그램은 내용이 아무 것도 들어있지 않은 프로그램(main.c) 이다. ("int main(void) { }")

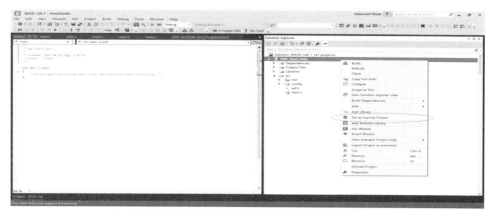

[그림 1-33] 스타트업 프로그램으로 지정

9. 지정된 프로그램을 컴파일하기 위해 빌드를 실행한다. 왼쪽 상단 메뉴에서 'Build' → 'Build 프로그램 이름'을 클릭하거나, 메뉴 아이콘 중 엘리베이터처럼 생긴 아이콘( )을 클릭한다.

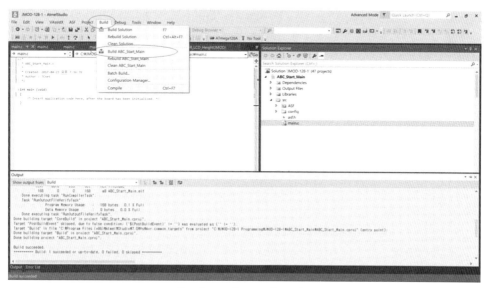

[그림 1-34] 프로젝트 빌드

10. 빌드된 프로그램을 JMOD-128-1로 다운로드하기 위하여 이제 USB 케이블을 이용하여 PC 와 JMOD-128-1을 연결하고 연결된 COM 포트의 번호를 확인한다. 바탕화면 아래 왼쪽 모서리에 있는 Windows 아이콘에 마우스를 위치시키고 마우스 오른쪽 버튼을 클릭한 후 '장치관리자'를 클릭한다. 새로 생성된 창에서 '포트(COM & LPT)'를 클릭하면 연결된 COM 포트 번호를 확인할 수 있다.

[그림 1-35] PC에 연결된 COM 포트 확인

11. 이제 Atmel Studio7의 COM 포트를 셋업한다. 왼쪽 상단 메뉴에서 'Tools' → 'Add Target' → 'STK500' → 'COMx'('x'는 번호) → 'Apply'를 선택하면 된다. 이 과정은 동일한 COM 포트를 사용하는 경우에는 초기에 한 번만 실행하면 된다.

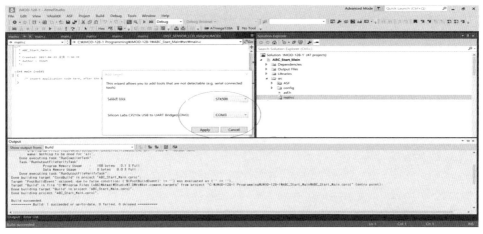

[그림 1-36] COM 포트 셋업

12. 빌드된 프로그램 다운로드를 위한 환경을 설정한다. 상단 메뉴에서 'Tools' → 'Device Programming'을 선택하거나, 메뉴 아이콘 중 번개불 형상 아이콘()을 선택한 후 새 창이 나타나면 'STK500', 'ATmege128A', 'ISP' → 'Apply'를 선택한다.

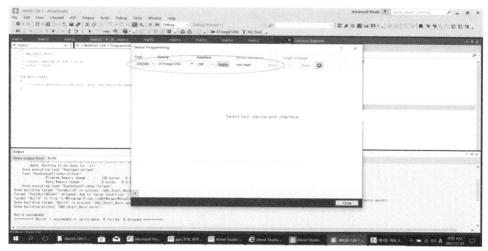

[그림 1-37] 프로그램 다운로드 환경 설정

13. 새 창이 나타나면 'Memories' → 'Program'을 클릭한다.

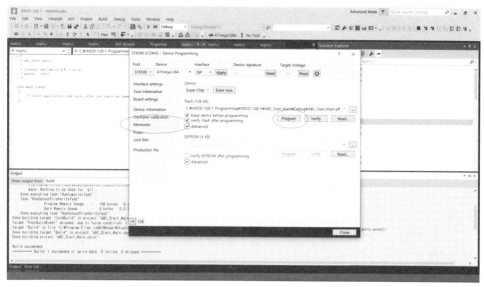

[그림 1-38] 프로그램 다운로드 선택

14. '전원 체크 확인' 경고 메시지가 나타나면 'Yes' 클릭하고 계속 진행한다. 이것은 에러가 아니며, JMOD-128-1의 ISP 처리 과정에서 나타나는 메시지이므로 무시한다.

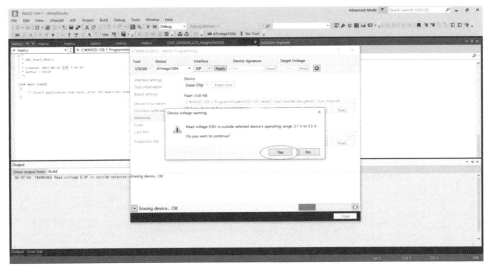

[그림 1-39] 전원 체크 확인 메시지 처리

15. 프로그램 다운로드가 완료되면 메인 창에 "… OK"가 연속해서 3번 나타나게 되는데 이 과정까지 진행되면 다운로드가 완료된 것이고, 결과적으로 Atmel Studio 7의 셋업도 성공적으로 완료된 것이다.

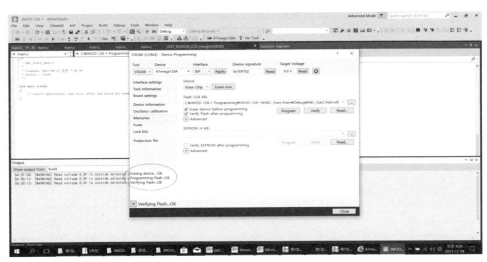

[그림 1-40] 다운로드 완료 성공 메시지

모두 과정이 아무런 문제없이 잘 진행되었는가? 혹시 문제가 있었다면 수행 과정 중에 잘못된 절차가 없었는지 차근차근 다시 확인하여 마지막 과정까지 반드시 마쳐야 한다. 잘 되었다면 이로써 기본 준비는 모두 끝났다. 첫 번째 코스(준비 코스)의 성공을 축하한다. 이제 잠시 휴식을 취했다가 본격적으로 DIY 코스 여행을 떠나보자.

앞으로 여행할 남아있는 11개 코스는 과연 어떤 코스일까? 마음이 설렌다면... Great!

Course

2 LED로 꾸미는 크리스마스트리

이번 코스의 목표는 LED로 반짝반짝 재미있게 불이 들어왔다 나갔다 하는 크리스마스트리를 만들어 보는 것이다. 먼저 내가 원하는 패턴으로 LED를 켜보고, 움직이는 LED를 제작해 본 후, 최종적으로 자신만의 창조적인 패턴으로 반짝거리는 크리스마스트리를 만들어 보자.

* 이번 코스에 필요한 부품 목록 *

번호	품명	규격	수량	기타
1	LED	빨강/노랑/녹색	8	5Φ
2	저항	330Ω	8	1/4W

2.1 기본 부품 LED

2.1.1 LED

LED는 'Light Emitting Diode'의 약어로 직역하면 '발광 다이오드'이고, 보통 [그림 2-1]과 같은 모양이다. 제어가 단순하고 주변에서 저렴한 가격으로 쉽게 구할 수 있어 마이크로컨트롤러 회로 실습 시 가장 먼저 선택하는 1순위 부품이다. 실습용으로 사용하는 것은 (a)와 같이 2개의 다리를 가진 리드(lead) 타입으로 색상은 빨강, 노랑, 녹색 등 다양하다. 소형 제품용으로는 보통 (b)와 같이 사각형 모양의 크기가 작은 SMD(Surface Mounting Device) 타입이 많이 사용된다.

LED는 순방향으로 전압을 가하면 전류가 흐르면서 빛을 발산하고, 역방향으로 전압을 가하면 전류가 흐르지 않아 빛을 생성하지 않는 다이오드라고 생각하면 이해가 쉽다.

(a) 리드 타입 [2-1]　　　　　　　　(b) SMD타입 [2-2]

[그림 2-1] LED 종류

일반적인 LED의 특징을 간단히 살펴보면 다음과 같다.

- 칼륨, 인, 비소 등을 재료로 한 다이오드(diode)로 순방향으로 전류를 흘리면 빛을 발함
- 빛의 색상은 크리스털 도핑의 양과 종류에 따라 빨강, 노랑, 녹색, 파랑, 흰색 등이 있음
- 일반 전구나 네온램프 등 다른 발광 소자와 비교하여 전기에서 빛으로의 변환 효율이 높으며, 열이 나지 않고, 소형, 경량이기 때문에 수명이 김
- 각종 숫자/문자 표시기, 카메라의 플래시, 광고판, TV 등에 사용되며 응용 범위가 넓음
- 실습용은 보통 10~20mA 정도의 전류, 1.5~2.5V 정도의 전압 강하, 15~50mA 정도의 전력 사용
- 최근에는 빛의 강도가 아주 센 고휘도 LED 등도 자주 사용되고 있음

회로를 그릴 때는 LED를 [그림 2-2] 형태의 심볼로 표시하는데, 화살표의 시작하는 지점의 이름을 애노드(anode)라 하고, 화살표가 끝나는 지점의 이름을 캐소드(cathode)라고 한다. LED는 화살표 방향(애노드에서 캐소드 방향)으로 전류가 흐를 때만 불이 켜진다.

[그림 2-2] LED 심볼

실제 부품에서 리드 타입의 경우는 다리의 길이가 긴 쪽이 애노드(+), 짧은 쪽이 캐소드(−)이다.

2.1.2 LED를 연결하는 방법

LED를 연결하는 방법은 [그림 2-3]과 같이 2가지이다. (a)는 애노드 쪽에 I/O(Input/Output) 신호를 연결하고 캐소드 쪽에 직렬로 저항을 연결한 후 GND(Ground)에 연결하는 방법이고, (b)는 반대로 캐소드 쪽에 I/O 신호를 연결하고 애노드 쪽에 직렬로 저항을 연결한 후 VCC(+5V)에 연결하는 방법이다. 저항값은 적절한 저항값을 산출하여 사용하는데 보통 가장 많이 사용하는 저항값은 300Ω~1KΩ 정도이다. (* 참고 : 저항과 LED의 위치를 서로 바꾸어도 전기적 특성은 같다.)

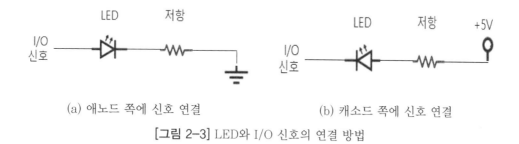

(a) 애노드 쪽에 신호 연결   (b) 캐소드 쪽에 신호 연결

[그림 2-3] LED와 I/O 신호의 연결 방법

(a)를 기준으로 동작을 설명하여 보자. I/O 신호가 디지털 신호라면, HIGH(+5V, VCC) 또는 LOW(0V, GND)의 값을 갖게 되는데, 만약 HIGH라면 LED에는 순방향 전압이 걸려 전류가 흐르므로 불이 켜지고 만약 LOW라면 LED의 양쪽 단이 모두 0V로 전위차(전압)가 0이므로 전류가 흐르지 않아 불이 꺼진다. 이것은 매우 단순하지만, 디지털 회로에서는 가장 중요한 개념 중에 하나이므로, 반드시 이해하고 넘어가야 한다.

(b)를 이용하여 한 번 더 확인해 보자. I/O 신호가 HIGH라면 어떻게 될까? LED의 양쪽 단이 모두 HIGH(+5V)가 되어 양쪽에 전위차(전압)가 0이므로 전류가 흐르지 않아 불이 꺼진다. 반대로 LOW라면 이번에는 LED에 순방향 전압이 걸려 전류가 흐르므로 불이 켜진다.

여기서 더욱 중요한 것은, I/O 신호 값에 따라 LED의 불이 켜질 수도 있고 꺼질 수도 있다는 사실이다. 그렇다면 우리가 만약 프로그램을 이용하여 이 I/O 신호의 값을 HIGH나 LOW로 임의로 만들 수만 있다면 LED의 불을 켜거나 끌 수 있다는 것인데... 이거 흥미로운 일이다! 좀 더 자세히 살펴보자.

예를 들어 어떤 프로그램에서 사용하는 led라는 변수가 있어 이 변수의 값이 I/O 신호로 나타난다고 가정해보자. 이제 프로그래머가

    led = 1;

이렇게 프로그램을 작성하면 LED 불이 켜지고,

    led = 0;

이렇게 프로그램을 작성하면 LED 불이 꺼지게 된다면 어떨까? 실제로 그렇게 될 수만 있다면 LED 제어는 너무 너무 쉽지 않을까? 자, 그렇다면 이제 그렇게 만드는 방법을 생각해 보자.

2.2 ATmega128의 GPIO

프로그램을 실행하는 것은 마이크로컨트롤러이므로 LED의 I/O 신호를 우리의 ATmgea128 마이크로컨트롤러에 연결해 보자. 연결을 하려면 먼저 ATmega128의 입출력 신호는 어떤 형태로 구성되어 있는지를 알아야 한다. 일단, ATmega128의 생김새부터 다시 확인해 보자. [그림 2-4]와 같다.

[그림 2-4] ATmega128 외부 모습 [2-3]

이름이 ATmega128A로 나타나는데, ATmega128A는 ATmega128의 신형으로 현재 주로 사용되는 버전이다. *(* 알림 : ATmega128이라는 이름이 통상적으로 많이 사용되므로 앞으로 ATmega128A 는 그냥 ATmega128로 표현하기로 한다.)*

전형적인 IC(Integrated Circuit, 집적 회로) 형상으로 검정색의 사각형 몸체가 있고 주변 네 방향으로 작은 핀들이 많이 나와 있다. 개수를 한 번 세어보자. 한 변에 16개씩 총 64개이다.

일단 LED 제어의 입장에서만 단순하게 생각해 보기로 한다.

IC 내부에는 계산기의 두뇌와 같은 CPU(Central Processing Unit, 주처리장치)가 들어있다. 프로그래머가 작성한 프로그램에 의하여 이것저것 시키는 대로 다 처리해 주는 똑똑한 놈이다. 그러면 이 IC는 외부와 어떻게 소통할까? 당연히 외부와 연결되는 부분이 있어야 하는데 이것이 바로 사방으로 나와 있는 64개의 핀이다. 64개의 핀 중, 11개는 CPU가 동작할 수 있도록 전원과 클록과 리셋 등을 연결하는데 사용한다. 이것을 제외하면 총 53개의 핀이 남는데 이것이 바로 I/O 신호용 핀이다. 사람도 두뇌로는 생각하고 팔다리로는 움직이므로 I/O 신호를 사람의 팔다리와 대비시켜 생각하면 이해가 빠르다. 사람은 팔다리가 4개인데 반해 ATmega128은 53개로 좀 많다는 것이 다르다면 다르다.

또, 다른 것이 있을까?

당연히 여러 가지 다른 점이 있겠지만, 아주 중요하게 다른 것을 한 가지만 더 짚고 넘어가기로 한다.

I/O 신호의 상태는 무조건 '0'(LOW, GND) 아니면 '1'(HIGH, +5V)이다.

디지털은 '0'과 '1'에서 출발한다. 그러니까 디지털 신호(I/O) 1개는 '0'이거나 '1'이다. 이것 외에 다른 상태는 없다. 단순한 내용이지만 매우 중요한 기본 개념이므로 다시 한 번 강조하고 넘어간다.

이제 LED와 ATmega128을 연결해 보자. 신호가 53개나 되어 복잡하므로, 일단 신호를 몇 개씩 그룹으로 묶어 이름을 할당하면 다음과 같이 된다.

PORT A :	PA0	PA1	PA2	...	PA7	8개
PORT B :	PB0	PB1	PB2	...	PB7	8개
PORT C :	PC0	PC1	PC2	...	PC7	8개
PORT D :	PD0	PD1	PD2	...	PD7	8개
PORT E :	PE0	PE1	PE2	...	PE7	8개
PORT F :	PF0	PF1	PF2	...	PF7	8개
PORT G :	PG0	PG1	PG2	...	PG4	5개

이상한 것이 하나 눈에 띈다. 다른 그룹은 모두 8개씩인데 PORT G 그룹은 PG0~PG4까지 5개만 있다. 왜 그럴까? 이유는 정확하지 않지만 아마도 외부 핀 개수가 64개로 한정된 것 때문일 가능성이 높다.

자, 이들 중 하나를 골라서(알기 쉽게 PA0가 선택되었다고 가정한다.) LED와 연결해 보자. 다음과 같이 된다.

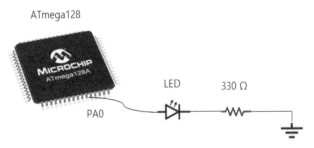

[그림 2-5] ATmega128 PA0(PORT A bit 0)와 LED의 연결 방법 [2-4]

신호 하나는 '1'(HIGH, +5V) 아니면 '0'(LOW, GND)으로 만들 수(제어할 수) 있다고 했으므로

ATmega128 내부의 CPU가 PA0를 '1'로 만들면 LED 불이 들어오고, PA0를 '0'으로 만들면 LED 불이 꺼지게 된다. 그러므로 우리가 할 일은 ATmega128 내부의 CPU가 이렇게 동작할 수 있는 방법을 알아 그대로 프로그램을 작성하기만 하면 되겠다. 정말? 정말이다. 바로 해보자.

2.3 LED 1개 불 켜기

2.3.1 목표

LED 1개에 불을 켠다.

2.3.2 회로 구성

이제 실제로 LED에 불을 켜기 위하여 ATmega128과 LED를 연결하여 보자. 앞에서 설명한 것과 같이 PA0에 LED를 연결하기로 한다. [그림 2-6]과 같이 연결하면 된다. 즉, ATmega128의 PA0 포트(JMOD-128-1의 USB 커넥터를 위쪽으로 놓고 보았을 때 왼쪽 위 부분에 있는 3번 핀)를 찾아서 여기에 LED의 애노드를 연결하고, LED의 캐소드에는 330Ω 저항의 한 쪽을 연결한 후 저항의 다른 한 쪽을 ATmega128의 GND(JMOD-128-1의 USB 커넥터를 위쪽으로 놓고 보았을 때 왼쪽 위 부분에 있는 2번 핀)에 연결하면 된다.

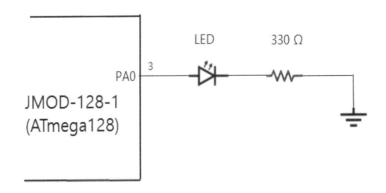

[그림 2-6] LED 1개 불 켜기 회로

직접적인 연결은 연결이 쉽지 않고 모양도 좋지 않으므로 브레드보드를 이용하여 연결하는 것을 권장한다. 실제로 연결된 모습은 [그림 2-7]과 같다. (* 알림 : [그림 2-7]에서 VEXT 전원 핀에 연결된 선은 이 회로에서는 사용하지 않지만 이후 계속 사용하므로 여기에는 함께 연결하였다.)

[그림 2-7] LED 1개 불 켜기 회로 실제 연결 모습

2.3.3 프로그램 작성

하드웨어가 모두 준비되었으므로 이제 프로그램을 해보자. PA0가 '1'이 되도록 만들기만 하면 되는데… 어찌해야 할까? ATmega128 마이크로컨트롤러가 엄청나게 똑똑하긴 하지만 사람이 말하는 대로 척척 알아서 일하지는 않는다. 다시 말해서 마이크로컨트롤러는 자기가 이해할 수 있는 말, 즉 이미 정해져 있는 고유 명령어로 지시하는 내용만, 딱 그만큼만 일을 처리한다. 그러므로 우리는 ATmega128이 PA0을 '1'로 만들 수 있도록, ATmega128이 알아들을 수 있는 명령어를 이용하여 명령을 내려야 한다.

어떻게 하면 될 지 차근차근 하나씩 방법을 찾아보자.

첫째, ATmega128의 특정 포트(port)를 '1' 또는 '0'으로 만들려면, 먼저 그 포트가 입력(I, Input)인지 출력(O, Output)인지를 결정해주어야 한다. 하나의 포트는 입력도 되고 출력도 될 수 있지만 입출력을 동시에 수행할 수는 없다. 이것을 결정해 주는 방법은 ATmega128 내부에 들어 있는 DDRA(Data Direction Register A : 데이터 방향 결정 레지스터 A)라는 레지스터(register)에 알맞은 값을 써주는 것이다. A 포트(PA0 ~ PA7) 8개 신호를 모두 출력으로 하려면 0xff(0b11111111) 값을 DDRA에 넣어주고, 모두 입력으로 하려면 0x00(0b00000000)을 넣어주면 된다. 혹시, 헥사 (hexa, 16진수) 값이나 바이너리(binary, 2진수) 값을 잘 모른다면 이것은 따로 공부하여야 한다. 여기서는 잘 안다고 가정하고 설명한다. 각 비트는 한 개의 포트에 대응된다. 예를 들어 PA0만 출력으로 하고, 나머지 7개 포트는 입력으로 한다면, 'DDRA = 0x01 (0b00000001)'로 하면 되겠다.

둘째, 이 상태에서 실제로 PA0 포트에 '1'이라는 값을 내보내야 한다. 이 과정은 PORTA(Port Output Register A, 포트 출력 레지스터 A)라는 레지스터에 원하는 값을 넣어주면 된다. PORTA도 DDRA의 포트 대응 관계와 동일하다. 우리는 PA0만 '1'이 되면 만족하므로, 'PORTA = 0x01 (0b00000001)'로 만들면 된다.

셋째, 마지막으로, DDRA니 PORTA니 하는 것들은 우리(프로그래머)가 쉽게 알 수 있도록 이름 붙여진 것이므로 이것을 ATmega128 자신이 이해할 수 있도록 하는 변환 파일인 "avr/io.h" 파일을 첨부해야 한다. 이것은 C 언어에서 #include 라는 지정어를 사용하여 처리할 수 있다. 즉, "#include 〈avr/io.h〉"를 프로그램의 첫 줄에 넣어주면 된다. *(* 참고 : "avr/io.h" 파일을 통하여 확인하여 보면 DDRA는 "#define DDRA *(unsigned char *)0x3A"의 의미로 정의되는데, 이것은 ATmega128 내부에 있는 주소가 0x3A인 1바이트 크기의 'Port A Data Direction Register'에 값을 저장한다는 의미이다. '*' 표시가 있는 포인터에 대하여는 나중에 좀 더 설명하기로 하고, 여기서는 "DDRA = 0xff"라고 하면 "주소가 0x3A인 'Port A Data Direction Register'에 0xff라는 값을 넣어라."의 의미로 해석하면 된다. PORTA, PINA 등도 같은 방식이 적용된다.)*

이제 이러한 사항을 프로그램으로 정리하여 보자. [프로그램 2-1]과 같이 될 것이다. *(* 알림 : 일반적인 설명은 프로그램 내부의 주석을 통하여 대부분 설명한다.)*

```
#include 〈avr/io.h〉    // "avr/io.h" 파일을 이 위치에 포함시킴
                       // 실제로 컴파일 시 위 파일을 불러와서 프로그램의 현 위치에 풀어놓음
int main(void)          // C 프로그램의 시작 프로그램은 main( ) 함수로 시작함
                       // 앞에 있는 int는 함수 종료 시의 return 값의 타입을 나타냄
                       // main의 return 값의 타입은 int 로 이미 고정되어 있음
                       // int 를 쓰지 않으면 컴파일 시 warning이 발생함
                       // void는 main( ) 함수가 입력으로 받아오는 인수가 없음을 나타냄
{                      // 함수(function)의 시작은 항상 '{'으로 시작함
   DDRA = 0x01;         // PA0 신호의 방향을 출력으로 사용함
   PORTA = 0x01;        // PA0 신호를 '1'로 출력함
                       // 이 프로그램이 수행되면 불이 켜짐!!
}                      // 함수(function)의 끝은 항상 '}'으로 끝남
```

[프로그램 2-1] LED 1개 불 켜기 프로그램

2.3.4 구현 결과

이제 이전 코스에서 배운 방법을 이용하여 이 프로그램을 컴파일한 후 다운로드하여 실행시켜 보자.

어떤 결과가 나왔는가? [그림 2-8]과 같이 LED 1개에 불이 켜졌다면 성공이다. 등고자비(登高自卑, 높은 곳을 오르려면 낮은 곳에서부터 시작함)라고 첫 걸음을 성공했으니 이제 앞으로의 코스를 위한 베이스캠프는 잘 마련한 셈이다. 모두 자신의 첫 번째 성공을 많이 축하하자.

[그림 2-8] LED 1개 불 켜기 프로그램 실행 결과

2.4 내가 원하는 패턴으로 LED 불 켜기

2.4.1 목표

ATmega128에 LED 8개를 연결하고 내가 원하는 패턴으로 알록달록 LED 불을 켜 보는 것에 도전한다. 사실 LED 개수만 늘었지 기본 원리는 이전과 동일하므로 어렵진 않다.

목표는 다음과 같다.

LED 8개가 (OFF, OFF, ON, OFF, OFF, ON, OFF, ON) 형태가 되도록 불을 켠다.

2.4.2 회로 구성

PA0에 LED 1개를 연결한 것처럼 PA7~PA1에 대하여 똑같이 적용하여 회로를 완성하면 [그림 2-9]와 같이 될 것이고, 실제로 연결된 모습은 [그림 2-10]과 같이 될 것이다.

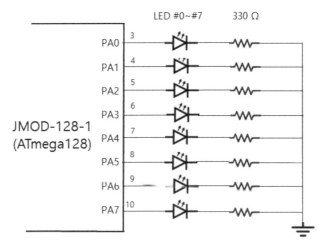

[그림 2-9] LED 8개 불 켜기 회로

[그림 2-10] LED 8개 불 켜기 회로 실제 연결 모습

2.4.3 프로그램 작성

목표를 달성하기 전에, 일단 쉬운 패턴으로 LED 8개 모두에 불을 켜 보는 것으로 시작해 보자. PA7, PA6, PA5, …, PA0까지 모두 출력으로 사용하여야 하므로 DDRA는 0xff(0b11111111) 값을 가져야 하고, 마찬가지로 PA7~PA0까지 모두 불이 들어와야 하므로 PORTA도 0xff(0b11111111) 값을 가져야 한다. 이를 프로그램하면 [프로그램 2-2]와 같이 된다.

```
#include ⟨avr/io.h⟩
int main( )
{
    DDRA = 0xff;        // PA7~PA0 신호의 방향을 모두 출력으로 사용함
    PORTA = 0xff;       // PA7~PA0 신호를 모두 '1'로 출력함
}
```

[프로그램 2-2] LED 8개 모두 불 켜기 프로그램

이제, 목표대로 LED에 불을 켜 보자. PA7~PA0 까지 순서대로 (OFF, OFF, ON, OFF, OFF, ON, OFF, ON) 형태가 되도록 해야 하므로 바이너리 값으로 표현하면 0b00100101이 되고 헥사 값으로 표현하면 0x25가 되므로 [프로그램 2-3]과 같이 될 것이다.

```
#include <avr/io.h>
int main( )
{
        DDRA = 0xff;            // PA7~PA0 신호의 방향을 모두 출력으로 사용함
        PORTA = 0x25;           // PA5, PA2, PA0 신호만 '1'로 출력함 (0b00100101)
}
```

[**프로그램 2-3**] 내가 원하는 패턴으로 LED 불 켜기 프로그램

2.4.4 구현 결과

프로그램 컴파일 및 다운로드 후 실행된 결과로 [그림 2-11]과 같은 패턴 패턴(0b00100101)으로 LED가 디스플레이 되면 성공이다.

[**그림 2-11**] 내가 원하는 패턴으로 LED 불 켜기 프로그램 실행 결과

2.5 움직이는 LED 만들기

2.5.1 목표

내가 원하는 패턴으로 LED에 불을 켜는 것은 이제 '누워서 떡 먹기'가 되었다. 이번에는 한 걸음 더 나아가 '움직이는 LED'를 만들어 보기로 하자. '움직이는 LED'라고 해서 LED가 막 돌아다닌다는 뜻은 아니고, 정해진 형태로 배열되어 있는 LED 상에서 LED 불빛의 패턴이 움직이는 것처럼 보이게 만들어 보겠다는 뜻이다.

목표는 아래와 같다.

8개 LED의 가장 왼쪽에서 시작하여 가장 오른쪽까지 1초마다 불빛이 한 칸씩 이동하는 것을 반복한다. 오른쪽 끝까지 가면 다시 처음부터 시작한다.

2.5.2 회로 구성

이전과 회로 구성은 동일하다. [그림 2-9]를 참조하기 바란다.

2.5.3 1초 딜레이 프로그램

움직이는 LED를 만들려면 LED가 시간적인 간격을 갖고 디스플레이되어야 한다. 그러므로 우선은 ATmega128 마이크로컨트롤러가 어떻게 시간을 측정할 수 있는지 그 방법을 찾는 것이 급선무(急先務, 무엇보다 먼저 서둘러야 하는 일)이므로 이것을 해결해 보자.

ATmega128은 전원과 클록이 공급되는 한 잠시도 쉬지 않고 무서운 속도로 프로그램을 실행한다. ATmega128에는 16MHz 클록이 공급되도록 설계되어 있는데, 16MHz 클록은 1초에 16000000번(일천육백만 번) ON/OFF를 반복하는 클록 신호이다. ATmega128은 RISC(Reduced Instruction Set Computer) 구조의 마이크로컨트롤러로 1개 명령어(기계어)를 실행하는데 보통 1~3개 정도의 클록을 사용하므로 1초에 최대 1600만 개의 명령어를 처리할 수 있다. 1클록

내에 실행되는 더하기 명령어만 계속 실행한다고 가정한다면 1초 동안에 1600만 번의 덧셈을 수행할 수 있는 능력을 ATmega128이 가지고 있다는 말이 된다. 말이 1600만 번이지, 우리가 1초 동안에 몇 개의 덧셈을 할 수 있는지를 생각해보면 이것은 엄청나게 큰 숫자임을 알 수 있다. 어쨌든, 여기서 이야기하고 싶은 것은 ATmega128의 경우, 1초가 지나가게 하려면 약 1600만개의 1클록 명령어를 실행시키면 된다는 것이다. 그러므로 명령어 중에서 아무것도 안하고 빈둥빈둥 노는 명령어인 NOP(No Operation) 명령어를 1600만 번 실행시키는 방법을 취하도록 하자. [프로그램 2-4]와 같이 프로그램을 작성하면 되지 않을까?

```
for (i=0; i<16000000; i++)        // 1600만번 루프를 실행
    ;                             // 기계어로 NOP은 아무 일도 하지 않는
                                  // 것이므로 C언어로는 ';' 을 사용하면
                                  // 동일한 효과가 나타난다고 가정
```

[프로그램 2-4] 1600만 번의 NOP 명령어를 수행하는 프로그램

이를 해석해 보면, "변수 i(여기서는 int 타입으로 가정)를 0에서 시작하여 1씩 증가시키면서 16000000이 되기 직전까지 놀다가(기다렸다가) 루프를 빠져나가라" 라는 명령어이므로 얼추 의미는 맞는 것 같다. 하지만 조금 자세히 들여다보면 이 프로그램은 두 가지 문제를 가지고 있다.

첫 번째 문제는 변수 i가 16000000 이라는 숫자를 표현할 수 있는가 하는 문제이다. int 타입은 컴파일러마다 그 크기가 다른데 ATmega128 컴파일러는 int 타입을 2바이트 크기로 처리한다. 이 경우 i의 정수 표현 범위는 -32768~32767이 되므로 16000000이라는 숫자는 표현되지 않아 컴파일 시 또는 실행 시 에러를 발생시킬 수 있다. 이것을 해결하는 방법 중 하나는 [프로그램 2-5]와 같이 중첩 for 루프를 사용하는 방법이다.

```
int i, j;                          // i, j는 2바이트 (ATmega128에서 int 타입은 2바이트임)
for (i=0; i<1000; i++)             // 외부 루트 : 1000번
    for (j=0; j<16000; j++)        // 내부 루프 : 16000 번
        ;                          // 즉, 1000 x 16000 = 16000000 번 NOP 시행
```

[프로그램 2-5] 중첩 for 루프로 1600만 번의 NOP 명령어를 수행하는 프로그램

그러면 두 번째 문제는 무엇일까?

프로그램을 잘 살펴보면 실제 NOP에 해당되는 C 프로그램은 1줄(";"만 있는 라인)이지만, 이 명령을 수행하기 위해서는 해당 루프 실행 시마다 i와 j의 변수를 1씩 증가시켜야 하고, 이를 주어진 조건 값과 비교하여야 하며, 그 결과에 따라 branch 또는 jump 에 해당되는 명령어를 실행하여야 한다. i 변수에 해당되는 for 루프 동작은 j 변수와 관련된 16000번의 for 루프가 수행될 때마다 1번 정도 수행되니까 소요 시간을 무시해도 별 문제가 없지만, j 변수와 관련된 for 루프는 1번 수행 시마다 증가 및 비교, branch 명령이 수행되어야 하므로 1번의 루프는 여러 개의 명령어로 구성되어 시간을 소모하게 되므로 이것은 무시할 수 있는 정도의 시간이 아니다.

우리가 C언어를 기계어로 바꾸었을 때 정확하게 몇 개의 기계어(명령어)로 바뀔지, 또, 그 명령어의 실행 시간이 1클록인지 2클록인지⋯ 등등은 컴파일러의 종류와 컴파일러 시 사용한 옵션 등에 따라 바뀔 수 있지만, 대강의 시간을 추측하는 것은 그리 어렵지 않다. 계산을 편하게 하기 위하여 j 변수와 관련된 1번의 for 루프를 실행하는데 약 16개의 클록에 해당되는 시간이 소요된다고 가정하면(보통 1줄의 C언어를 컴파일하였을 때 3~4개 정도의 기계어로 바뀐다고 가정하고 변수값 증가, 비교, branch에 해당되는 3~4줄의 C언어가 16클록 정도가 소요되는 기계어로 바뀐다고 가정하는 것은 타당성 있는 예측임) 위 프로그램은 [프로그램 2-6]과 같이 수정된다. *(* 참고 : volatile 선언이 더 들어간 것은 컴파일러가 최적화를 실행하여 실제로 1600만 번 수행하지 않을 것에 대한 대비이다. volatile을 선언하면 그 변수에 대하여는 최적화를 실행하지 않고 주어진 그대로 실행한다.)*

```
volatile int i, j;          // i, j는 2바이트 정수, 최적화 실행 금지
for (i=0; i<1000; i++)      // 외부 루트 : 1000번
   for (j=0; j<1000; j++)   // 내부 루프 : 1000 번
      ;                     // 내부 루프 1번은 16클록 소요 가정
                            // 총 1000 x 1000 x 16 = 16000000 클록 = 약 1초
```

[프로그램 2-6] 중첩 for 루프로 1초를 기다리는 프로그램

이렇게 하면 완전한 프로그램이 되었으므로, 이제 이 프로그램을 'delay_sec()'라는 이름의 함수로 만들어 다른 프로그램에서 사용할 수 있도록 최종적으로 완성해 보자. [프로그램 2-7]과 같이 된다.

```
void delay_sec(int sec)          // 함수에서 ( ) 안에 들어가는 인자는 외부에서
                                 // 그 함수를 call할 때 전달되는 입력 인자

{
    volatile int i, j, k;        // 반드시 volatile 선언자 필요
                                 // "컴파일러 최적화 금지" 의미

    for (k=0; k<sec; k++)        // sec는 원하는 초 단위의 딜레이 값
        for (i=0; i<1000; i++)   // 외부 루트 : 1000번
            for (j=0; j<1000; j++) // 내부 루프 : 1000 번
                ;                // 내부 루프 1번은 16클록 소요 가정
                                 // NOP(No Operation) 실행

}
```

[프로그램 2-7] 약 1초를 기다리는 delay_sec( ) 함수

2.5.4 프로그램 작성

움직이는 LED를 만들 수 있는 기본 원리는 매우 간단하다. 움직이는 순서대로 변화되는 특정 순간의 패턴을, 정해진 시간 차이를 두고 연속적으로 디스플레이해 주면 된다. 애니메이션의 원리와 비슷하다.

정지된 상태에서의 LED 패턴을 만드는 것은 지난번에 확실하게 배웠고, 시간 딜레이 방법도 이제 처리할 수 있으므로 이 두 가지를 조합하여 처음에 제시한대로 왼쪽에서 오른쪽으로 불빛이 움직이는(불빛이 반지처럼 빙글빙글 돈다고 해서 '링 카운터'라고도 함) 프로그램을 작성해 보자. 계속적으로 반복 수행되어야 하는 것을 고려하여 LED 동작 프로그램을 while(1) 루프 속에서 실행되도록 처리하면 [프로그램 2-8]과 비슷한 형태가 될 것이다. *(* 참고 : 우리는 대강의 시간을 추측하여 delay_sec( ) 함수를 작성하였으나 실제로 시간을 재보면 LED 불 빛이 1칸 이동하는데 걸리는 시간은 1초가 조금 더 걸린다. 그래서 프로그램에서는 좀 더 1초와 비슷한 딜레이를 얻기 위하여 delay_sec( ) 함수 프로그램 속에 있는 루프에서 j 변수의 범위를 1000에서 900으로 조정하였다.)*

```
#include <avr/io.h>

void delay_sec(int sec)                    // 메인에서 함수를 사용할 때는 그 함수가
                                           // 이미 선언되어 있어야 함
{
    volatile int i, j, k;                  // volatile은 선언자로 일단은 그냥 사용
                                           // 간단히 "최적화하지 마세요"라는 뜻
    for (k=0; k<sec; k++)                  // k 는 원하는 delay 초
            for (i=0; i<1000; i++)         // 외부 루트 : 1000번
                for (j=0; j<900; j++)      // 내부 루프 : 900 번
                    ;                      // i, j 루프를 모두 실행하면 1초
}

int main(void)
{
    DDRA = 0xff;                           // LED 연결 포트의 포트 방향은 출력방향
    while (1)                              // 프로그램이 계속 수행되도록 무한 루프 실행
    {
            PORTA = 0x80;                  // 첫번째 패턴 - 가장 왼쪽의 LED만 ON
            delay_sec(1);                  // 1초 딜레이(놀기)
            PORTA = 0x40;                  // 두번째 패턴
            delay_sec(1);                  // 1초 딜레이(놀기)
            PORTA = 0x20;                  // 세번째 패턴
            delay_sec(1);                  // 1초 딜레이(놀기)
            PORTA = 0x10;                  // 네번째 패턴
            delay_sec(1);                  // 1초 딜레이(놀기)
            PORTA = 0x08;                  // 다섯번째 패턴
            delay_sec(1);                  // 1초 딜레이(놀기)
            PORTA = 0x04;                  // 여섯번째 패턴
            delay_sec(1);                  // 1초 딜레이(놀기)
            PORTA = 0x02;                  // 일곱번째 패턴
            delay_sec(1);                  // 1초 딜레이(놀기)
            PORTA = 0x01;                  // 여덟번째 패턴 - 가장 오른쪽의 LED만 ON
            delay_sec(1);                  // 1초 딜레이(놀기)
    }
}
```

[프로그램 2-8] 움직이는 LED 프로그램

자, 이제 어떤 모양의 움직이는 LED도 다 만들 수 있다는 자신감이 생길 것이다. 왜냐하면 위와 같이 '원하는 패턴 + 원하는 딜레이'의 조합이면 어떤 움직임도 표현이 가능하기 때문이다.

2.5.5 구현 결과

8개의 링 패턴이 1초 간격을 두고 만들어진다고 볼 수 있으므로 [그림 2-12]와 같은 형태로 디스플레이될 것이다. 동영상을 참조하면 더욱 실감나겠지만 여기에서는 LED가 움직이는 화면 2개로 만족하기로 하자.

[그림 2-12] 움직이는 LED 프로그램 실행 결과

2.6 바이너리 카운터 구현

2.6.1 목표

8개의 LED로, 10진수로는 $0 \to 1 \to 2 \to 3 \to \cdots \to 254 \to 255 \to 0 \to 1 \to \cdots$ 형태로, 2진수로는 $00000000 \to 00000001 \to 00000010 \to 00000011 \to \cdots \to 11111110 \to 11111111 \to 00000000 \to 00000001 \to \cdots$ 형태로 변화하는 바이너리 카운터를 구현한다.

2.6.2 회로 구성

이전 회로와 구성은 동일하다. [그림 2-9]를 참조하기 바란다.

2.6.3 프로그램 작성

패턴의 변화는 정해져 있고, 딜레이를 사용하는 방법도 알고 있으므로 바로 프로그램을 할 수 있을 것 같다. [프로그램 2-9]와 같이 된다.

```c
#include <avr/io.h>
void delay_sec(int sec)
{
    volatile int i, j, k;
    for (k=0; k<sec; k++)
            for (i=0; i<1000; i++)
                for (j=0; j<900; j++)
                    ;
}
int main(void)
{
    DDRA = 0xff;
    while (1)
    {
            PORTA = 0;              // 첫번째 패턴
```

```
        delay_sec(1);           // 1초 딜레이(놀기)
        PORTA = 1;              // 두번째 패턴
        delay_sec(1);           // 1초 딜레이(놀기)
        PORTA = 2;              // 세번째 패턴
        delay_sec(1);           // 1초 딜레이(놀기)
        ...
        ...
        PORTA = 254;            // 255번째 패턴
        delay_sec(1);           // 1초 딜레이(놀기)
        PORTA = 255;            // 256번째 패턴
        delay_sec(1);           // 1초 딜레이(놀기)
    }
}
```

[프로그램 2-9] 바이너리 카운터 프로그램

그런데, 동작은 할 것 같은데 이건 아닌 것 같다. 패턴의 개수가 적었을 때는 별로 문제가 되지 않았지만 패턴의 개수가 많아지니 프로그램의 길이가 엄청나게 길어지는 문제가 발생한다. 이런 무식한 방법 말고 다른 방법은 없을까?

있다! 알고리즘(algorithm)을 적용하면 된다. 알고리즘이란 "어떤 문제를 해결하기 위하여 명확히 정의된 규칙이나 절차의 모음"이라고 사전에 나와 있는데, 한마디로 말하면 '효율적으로 쉽게 문제를 푸는 방법'이다.

그렇다면 이 문제는 어떤 알고리즘을 적용하여야 쉽게 해결될까? 알고리즘을 찾으려면 전체의 움직임 속에서 규칙을 찾아야 한다. 초기값, 마지막값, 증가폭, 루프 안에서 수행해야 할 일, 기타 등등…

일단 규칙을 찾아보자.

- 규칙1 : 숫자는 0부터 시작하고, 255에서 끝난다.
- 규칙2 : 숫자는 1씩 증가한다.
- 규칙3 : 255의 다음 숫자는 0이다.
- 규칙4 : 모든 숫자의 표현은 1초간 지속된다.

C 언어에서라면 위와 같은 규칙을 쉽게 표현하는 방법이 바로 떠오를 것이다. for 문이다. 변화하는 것을 변수(i)로 표현하고, 그 시작(0)과 끝(255)이 있으므로 for 문을 사용하면 쉽게 처리할

수 있다. 바로 해보자. [프로그램 2-10]이 그 예이다.

```c
#include <avr/io.h>

void delay_sec(int sec)          // 메인에서 함수를 사용할 때는 그 함수가
                                 // 이미 선언되어 있어야 함
{
    volatile int i, j, k;        // volatile은 선언자로 일단은 그냥 사용
                                 // 간단히 "최적화하지 마세요"라는 뜻
    for (k=0; k<sec; k++)        // k 는 원하는 delay 초
        for (i=0; i<1000; i++)   // 외부 루트 : 1000번
            for (j=0; j<900; j++) // 내부 루프 : 900 번
                ;                // i, j 루프를 모두 실행하면 1초 정도
}

int main(void)                   // 앞부분의 delay( ) 함수 부분은 생략
{
    unsigned char i;             // i : 1 바이트 양의 정수(unsigned char)
                                 // 프로그래머가 알맞은 타입 선정
    DDRA = 0xff;                 // LED 연결 포트의 포트 방향은 출력 방향
    while (1)
    {
        for (i=0; i<=255; i++)   // 0~255 까지 counting
        {
            PORTA = i;           // 값이 변화하는 변수 i를 PORTA로 출력
                                 // 루프 실행 시마다 i 값이 1씩 증가하므로
                                 // PORT에 디스플레이되는 값도 1씩 증가!
            delay_sec(1);        // 1초 딜레이
        }
    }
}
```

[프로그램 2-10] 알고리즘을 적용한 바이너리 카운터 프로그램

2.6.4 구현 결과

컴파일하고, 다운로드하여 실행한 결과 [그림 2-13]과 같이 1초마다 1씩 증가하는 형태로 LED
가 디스플레이되면 성공이다.

[그림 2-13] 알고리즘을 적용한 바이너리 카운터 실행 결과

2.6.5 알고리즘을 적용한 움직이는 LED 프로그램

[프로그램 2-8]에서 구현해 보았던 움직이는 LED 프로그램으로 되돌아가서 혹시 방금 배운 알
고리즘을 적용하면 이것도 쉽게 구현이 가능한 지 확인해 보자.

일단, 규칙을 먼저 정리해 본다.

- 규칙1 : 맨 왼쪽 LED만 켜진 패턴(0x80)이 시작 값이고, 맨 오른쪽 LED만 켜진 패턴(0x01)이
  끝 값이다.
- 규칙2 : LED 패턴이 오른쪽으로 한 칸씩 이동한다.
  0x80 → 0x40 → 0x20 → ⋯ 규칙이 무엇일까?
  값이 1/2로 줄어든다. (또는 1비트 오른쪽으로 시프트 된다.)
- 규칙3 : 마지막 패턴(0x01) 다음의 패턴은 시작 패턴(0x80)이다.
- 규칙4 : 모든 숫자의 표현은 1초간 지속된다.

앞의 예와 마찬가지로 for 문을 사용하면 쉽게 해결될 수 있을 것 같다. 변경된 while 루프 부분
만 다시 표시하면 [프로그램 2-11]과 같다.

```
while (1)
{
        for (i=0x80; i)=0x01; i=i/2)              // 'i=i/2'는 'i=i)>1'도 가능
        {
            PORTA = i;                             // 움직이는 LED 패턴
            delay_sec(1);                          // 1초 딜레이(놀기)
        }
}
```

[**프로그램 2-11**] 알고리즘을 적용한 움직이는 LED 프로그램 (while 루프 부분만)

제대로 동작하는지의 여부는 각자 확인해 보자.

2.7 실전 응용 : LED로 꾸미는 크리스마스트리

2.7.1 목표

이제 드디어 LED로 크리스마스트리를 만들어 볼 시간이 되었다. 크리스마스트리는 알록달록한 여러가지 색깔의 LED가 수십 개에서 수천 개까지 다양하게 연결된 트리지만, 여기서는 3가지 색깔의 LED를 8개 연결하여 꾸미는 것에 만족하기로 하자. 크리스마스트리의 제일 큰 특징이며 멋은 여러 개의 LED가 각각 다르게 다양한 패턴으로 꺼졌다 켜졌다 하는 것이다. 자신이 원하는 패턴을 여러 가지 임의로 만들고, 딜레이도 자신이 원하는 간격을 세팅하는 방법으로 구현한다면, 지금까지 배운 방법으로도 얼마든지 예쁜 크리스마스트리를 연출할 수 있지만, 여기서는 정해진 패턴 말고, 임의 (random)의 패턴과 임의의 딜레이가 적용되는 조금 특별한 크리스마스트리를 만들어보도록 한다.

목표는 다음과 같다.

1. 패턴은 임의의 패턴을 취한다. 즉, 0x00~0xff(0~255)의 값이 랜덤하게 디스플레이되도록 한다.
2. LED의 ON/OFF 딜레이도 특정 범위에서 임의의 간격을 갖도록 한다. 즉, 0.1초~5.0초 사이의 딜레이가 0.1초 단위의 랜덤한 값이 되도록 한다.

2.7.2 회로 구성

이전 회로와 구성은 동일하다. [그림 2-9]를 참조하기 바란다.

2.7.3 진짜 딜레이 함수

이전에 1초 딜레이를 만드는 방법에 대하여 살펴본 적이 있다. (delay_sec( ) 함수) 그런데, 이러한 딜레이 기능은 프로그램에서 매우 자주 사용되는 것이고, 무엇보다도 이러한 기능을 한 사람만 사용하는 것이 아니라 프로그램을 작성하는 모든 사람이 대부분 반복하여 사용한다는 특징을 가진다. 그래서 Atmel Studio 7과 같은 IDP(Integrated Development Platform : 통합개발 플랫폼)에서는 이러한 프로그램들을 미리 라이브러리로 만들어 놓아, 누구나 필요할 때 불러다 사용할 수 있는 환경을 제공한다.

우리가 지난번에 만들어 본 1초 단위의 딜레이를 구현한 delay_sec(int sec) 함수와 비슷한 함수로 IDP에서 라이브러리로 제공하는 함수는 2가지가 있는데 그것은 _delay_ms(double ms)와 _delay _us(double us) 함수이다. _delay_ms( ) 함수는 밀리초(1/1000초) 단위로 딜레이를 실행하는 함수 이고, _delay_us( )는 마이크로초(1/1000000초) 단위로 딜레이를 실행하는 함수이다. 지난번 우리 가 만든 함수와 함께 비교하자면 'delay_sec(1) = _delay_ms(1000)'이 되고, '_delay_ms(1) = _delay_us(1000)'가 된다. 한편, **이들 라이브러리를 사용하려면 C 프로그램 첫 부분에 아래와 같은 2줄의 문장을 이 순서대로 추가하여야 한다.** *(* 주의 : 순서가 바뀌면 안된다.)*

```
#define    F_CPU        16000000UL
#include <util/delay.h>
```

#define은 다음에 나오는 첫번째 항목을 두번째 항목으로 정의한다는 의미이다. 즉, 컴파일을 실행하면 실제로는 컴파일을 실행하기 전에 프리프로세싱(pre-processing)이 먼저 실행되는데, 이 프리프로세싱은 C 언어 문장 중 첫번째 글자가 #으로 시작하는 것을 찾아 그 기능에 맞도록 먼저 처리하는 것을 말한다. 예를 들어,

```
#define TEN 10
...
   abc = TEN;
```

이런 선언과 프로그램이 있었다면 프리프로세싱 과정에서 위 프로그램은 아래와 같이 바뀐 뒤 컴 파일 과정이 진행된다.

```
   abc = 10;
```

지난번에 배운 #include 도 앞에 #이 있으니 프리프로세싱으로 처리되는 것이고, 다음 항에 보 이는 < >(이미 정해진 include 위치)나 " "(현재 위치)로 표현되는 파일을 이 #include 문장 위치 에 그대로 가져와서 복사해 놓으라는 명령이라는 것을 상기할 필요가 있다.

그런데, 나중에 확인이 되겠지만 "#define F_CPU 16000000UL"이 선언은 되었지만 정작 우리가 작성하는 프로그램에서는 F_CPU가 사용되지 않는다. 이것의 이유는 바로 다음 줄에 나오는 "#include 〈util/delay.h〉"을 프리프로세싱함으로써 포함되는"util/delay.h" 파일 속에서 F_CPU 변수가 사용되고 있기 때문에 선언을 해 준 것임을 알면 의문이 풀린다. *(* 참고 : 16000000UL에서 UL은 상수의 크기를 unsigned long, 즉 4바이트 크기로 설정하는 지시어이다. 일반적으로 상수는 int 크기로 설정된다.)*

실제로 F_CPU 값은 ATmega128이 사용되는 외부 클록 값(여기서는 16000000)을 가져야만 정확한 딜레이 함수를 제공할 수 있도록 프로그램되어 있다. 만약 이 변수를 정의해 주지 않으면 F_CPU 값은 기본 값인 1000000으로 책정되어 1MHz로 동작하는 것으로 인식한다. 이렇게 되면 _delay_ms(1000)은 우리가 원하는 1초의 딜레이가 되지 않고 1/16초의 딜레이가 되므로 조심하여야 한다.

2.7.4 프로그램 작성

여기서, 중요한 것은 "어떻게 임의의 패턴을 만들까?" 하는 것인데, 이 때 사용할 수 있는 것이 rand()라는 라이브러리 함수이다. 이전에도 이야기했듯이 여러 사람이 필요로 한 기능은 이미 대부분 라이브러리 함수로 만들어 놓았는데, rand() 함수도 여기에 속한다. 이 함수는 실행되면 0~RAND_MAX(0x7fff) 사이의 값을 임의로 생성해준다. 물론, 이 함수도 라이브러리 함수이므로 프로그램 작성 시 이 라이브러리를 포함할 수 있는 정보를 가지고 있는 헤더 파일인 〈stdlib.h〉 파일을 반드시 #include 처리하여야만 한다.

이제 프로그램을 해 보자. [프로그램 2-12]과 같이 될 것이다.

```
#include 〈avr/io.h〉
#include 〈stdlib.h〉                    // rand() 함수 라이브러리를 포함할 수 있는 정보를 가진
                                      // 헤더파일 include

#define __DELAY_BACKWARD_COMPATIBLE__
                                      // Atmel Studio 7에서 _delay_ms() 함수의 인수로
                                      // 상수가 아닌 인수를 사용하는 경우에 선언 필요

#define   F_CPU      16000000UL
#include 〈util/delay.h〉

int main( )
```

```
{
    DDRA = 0xff;                            // 포트 A를 출력 포트로 사용
    while(1)                                // 무한루프 실행
    {
            PORTA = rand()%256;             // 0~255 난수 발생 및 LED 표시
            _delay_ms(((rand()%50)+1)*100); // 0.1초~5.0초까지 1~50 단계 난수 시간 지연
    }
}
```

[**프로그램 2-12**] LED로 꾸미는 크리스마스트리 프로그램

크리스마스트리 프로그램이어서 거창할 줄 알았는데, 중요 부분은 딸랑 2줄밖에 되지 않는다.

첫 번째 줄에서, PORTA는 8비트만 사용하므로(LED가 8개이므로) rand() 함수의 결과를 0~255 값(8비트)으로 한정시켜야 한다. 이런 경우 '%'(나머지) 오퍼레이터를 사용하면 원하는 결과를 얻을 수 있다. 즉, rand()%256의 값은 rand()의 결과인 0~0x7fff 값을 256으로 나눈 나머지가 되므로 항상 0~255의 범위로 한정되어 나타나게 된다.

두 번째 줄에서도 마찬가지로, delay_ms(x)에서 x에 해당되는 값을 넣어 0.1~5.0초 사이의 값을 얻으려면, x는 100, 200, …, 5000의 값을 가져야 하므로 rand()%50을 수행하여 0~49까지 정수값으로 한정하게 하고, 여기에 1을 더한 후(1~50값을 가져야 하므로) 다시 100을 곱하면 원하는 x 값인 100, 200, …, 5000의 값만 얻게 되어, 결과적으로는 0.1초 ~ 5.0초 범위의 50가지 난수를 얻을 수 있는 것이다.

한편, "#define __DELAY_BACKWARD_COMPATIBLE__"를 추가한 것은, Atmel Studio 7에서 이 정의가 없는 경우에는 _delay_ms(x) 형태의 함수에서 x를 상수 외에는 사용할 수 없도록 되어 있어 이것을 해제하기 위함이다.

2.7.5 구현 결과

자, 이제 컴파일하고, 다운로드하여 실행시켜 보자. [그림 2-14]와 같이 멋지게 움직이는 크리스마스트리 불빛을 볼 수 있을 것이다. 지금이 크리스마스 시즌이라면 잘 꾸며서 크리스마스트리 위에 장식해 볼만도 하다.

[그림 2-14] LED로 꾸미는 크리스마스트리 프로그램 실행 결과

> **여기서 잠깐! 진짜 크리스마스트리**
>
> 우리가 실생활에서 사용하는 진짜 크리스마스트리는 어떻게 만들까?
>
> 일반적으로는 꼬마전구 수십 개를 직렬로 연결하고, 마지막 전구는 네온관에 바이메탈이 내장되어 있는 전구를 연결하여 220V에 연결하는 방식을 사용한다.
>
> 바이메탈은 팽창계수가 서로 다른 금속편 2개를 맞붙여서 만든 것이다. 열을 받으면 두 금속의 팽창계수가 다르기 때문에 한쪽으로 휘어지게 되는데, 이 원리를 이용하면 바이메탈은 스위치 역할을 수행할 수 있다. 즉, (전원 ON → 열 발생 → 바이메탈이 휨 → 연결 끊어짐 → 전원 OFF → 열 발생하지 않음 → 바이메탈 복원 → 연결 이어짐 → 전원 다시 ON → 열 다시 발생)의 과정이 반복된다. 이러한 전구 세트를 여러 개 병렬로 연결하고, 각 바이메탈마다 휘는 시간이 다른 것을 사용하면 각 세트가 시간 간격이 다르게 불이 꺼졌다 켜졌다 하므로 전체적으로는 불규칙하게 전구가 점멸하는 것으로 보여 멋진 트리가 된다.
>
> 또, 다른 방식으로는 LED 여러 개를 직렬로 연결하고, 바이메탈 전구 대신 릴레이를 연결하는 방식이 있다. 이 경우는 릴레이를 ON/OFF 시키는 동작으로 불빛을 제어할 수 있으므로 보다 정교한 제어가 가능하다. 다만, 이 경우 릴레이와 이를 제어하기 위한 마이크로컨트롤러가 추가로 필요로 되므로 비용이 비싸진다는 단점이 있다. 하지만 rand() 함수 등을 이용하거나 기타 다른 프로그램을 적용하여 원하는 대로 릴레이를 제어할 수 있으므로 더욱 더 현란한 크리스마스트리를 만들 수 있다는 장점도 있다.
>
>
>
> (2-5) (2-6) (2-7)

2.8 DIY 연습

[LED-1] 왼쪽 LED 4개와 오른쪽 LED 4개가 0.2 초 간격으로 번갈아 가며 꺼졌다 켜졌다를 반복하는 '사이키 조명'을 제작한다.

[LED-2] LED를 가장 오른쪽 1개만 켜고 이를 1초마다 한 칸씩 왼쪽으로 이동시키고 왼쪽 끝에 도달하면 다시 오른쪽으로 한 칸씩 이동시키는 '경계 검출기(Boundary Detector)'를 제작한다. *(* 힌트 : 왼쪽으로 이동은 '<<' 연산자, 오른쪽으로 이동은 '>>' 연산자를 사용하면 편리)*

[LED-3] LED로 0.1초마다 스피커 볼륨처럼 왼쪽 LED 1개 ON → 2개 ON → ⋯ → 8개 ON → 7개 ON → ⋯ → 2개 ON → 1개 ON → 2개 ON → ⋯ 이렇게 반복하여 수행하는 '스피커 볼륨 표시기'를 제작한다. *(* 힌트 : 점점 커질 때는 '<<' 연산 실행 후 +1 하고, 점점 작아질 때는 '>>' 연산 실행)*

3 Course

FND로 전화번호 표시기 만들기

이번 코스의 목표는 FND에 내 전화번호를 표시해 보는 것이다. 주차장에 주차된 승용차의 운전석 앞 유리 부근에 보면 차 주인의 전화번호가 적힌 전화번호 표시기를 자주 볼 수 있다. 4-digit FND를 이용하여 내 전화번호가 움직이며 디스플레이 되는 멋진 전화번호 표시기를 만들어 보자. 내 차가 없다면 아빠 차, 엄마 차에 설치하는 것도 좋을 것이다.

* 이번 코스에 필요한 부품 목록 *

번호	품명	규격	수량	기타
1	저항	330Ω	8	1/4W
2	저항	1KΩ	4	1/4W
3	트랜지스터	MPS2222A	4	NPN형
4	FND	WCN4-0036SR-C11	1	4-digits

3.1 FND와 LED는 형제

3.1.1 FND

FND는 'Flexible Numeric Display'의 약어로, '가변 숫자 표시기'를 의미한다. 예전에는 7-segment (세븐 세그먼트, 도트를 빼면 숫자 표시 부분은 7개의 LED로 이루어졌기 때문)라고 불렀는데 요즘은 FND가 더 보편적인 용어로 사용되고 있다. 기본적인 형태는 [그림 3-1]과 같으며, 실생활에서는 개수가 추가되거나 크기, 색상, 형태 등이 변형되어 [그림 3-2]와 같이 다양한 분야에 사용되고 있다.

[그림 3-1] FND 외형

(3-1)   (3-2)   (3-3)

[그림 3-2] 여러가지 형태의 FND 사용 예

FND의 정체는 무엇일까? FND를 구성하는 1개 숫자 부분을 조금 자세히 들여다보면, 이것이 8조각(오른쪽 아래 점을 포함)으로 구분되어 있고 각 조각은 하나의 LED로 구성된 것을 알 수 있다. 그렇다면? 그렇다. FND는 그 형태와 크기, 놓여 있는 위치가 다른 LED가 8개 모여 있는 것이다. LED 형제들이라고 말할 수 있다. [그림 3-3]을 보면 쉽게 이해가 될 것이다.

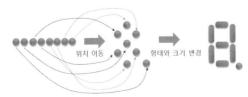

[그림 3-3] 8개의 LED로 구성된 1개의 FND

우리는 이전 코스에서 LED를 가지고 원하는 시간에 원하는 패턴을 자유롭게 표현하는 법을 배웠으므로, 이를 응용하면 FND로도 여러 가지 형태를 쉽게 표현할 수 있다. 즉, FND를 구성하는 8개의 LED를 잘 조합하여 ON/OFF 한다면 숫자 '1'도 표현할 수 있고 숫자 '7'도 표현할 수 있는 것이다.

3.1.2 FND로 숫자를 표현하는 방법

기본적인 원리는 알았으므로, FND로 일단 숫자 1개를 표시하는 방법을 조금 더 자세하게 살펴보자.

[그림 3-4]는 FND의 내부 구조를 나타낸 것이다. (a)는 '공통 애노드 (anode) 타입 FND'라고 하고, (b)는 '공통 캐소드(cathode) 타입 FND'라고 한다.

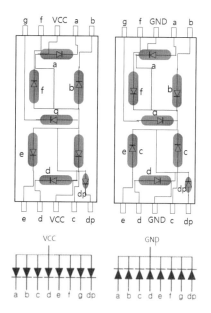

(a) 공통 애노드 타입 FND (b) 공통 캐소드 타입 FND

[그림 3-4] FND의 내부 구조

'공통 애노드 타입 FND'를 먼저 살펴보자. 개별 LED의 한쪽 끝은 신호 a, b, c, …, g 그리고 dp 까지 8개의 알파벳 이름을 갖는 핀에 연결되어 있고, 다른 한쪽 끝은 모두 VCC 핀에 연결되어 있다.

(VCC 핀이 2개 있는 것은 연결의 편리성을 위한 것이다.) VCC 핀에 연결된 LED의 한쪽 끝이 LED 화살표의 시작점인 애노드(anode)에 공통적으로 연결되어 있기 때문에 '공통 애노드 타입 FND'라고 부른다. VCC 핀에 HIGH가 인가된 경우 개별 LED를 ON/OFF 하려면 a, b, c, …, g, dp 핀(신호)에 LOW나 HIGH를 인가하면 되고, 그러므로 이 8개의 신호를 마이크로컨트롤러의 입출력 포트에 연결하여 그 개별 값을 적절하게 제어한다면 원하는 형태의 FND 디스플레이를 얻을 수 있다.

'공통 캐소드 타입 FND'의 경우는 개별 LED의 한쪽 끝은 신호 a, b, c, …, g 그리고 dp 까지 8개의 알파벳 이름을 갖는 핀에 연결되어 있고, 다른 한쪽 끝은 모두 GND 핀에 연결되어 있다. '공통 애노드 타입 FND'와 다른 것은 공통으로 연결되어 있는 핀(신호)이 VCC가 아니고 GND라는 점이다. GND에 연결된 LED의 한쪽 끝이 LED 화살표의 끝점인 캐소드(cathod)에 공통적으로 연결되어 있기 때문에 '공통 캐소드 타입 FND'라 부른다. GND 핀에 LOW가 인가되었을 경우 개별 LED를 ON/OFF 하려면 a, b, c, …, g, dp 핀(신호)에 HIGH나 LOW를 인가하면 개별 LED를 ON/OFF 시킬 수 있다.

한편, FND를 이용하여 회로를 구성할 때에는 다음 2가지 사항을 잊지 않고 꼭 적용하여야만 한다.

첫째, 알파벳으로 표시된 신호를 마이크로컨트롤러 포트와 연결할 때에는 LED 연결 시와 마찬가지로 반드시 직렬 저항을 통하여 마이크로컨트롤러 포트에 연결하여야 한다.

둘째, '공통 애노드 타입 FND'와 '공통 캐소드 타입 FND'의 알파벳으로 표시된 신호는 ON/OFF가 서로 반대로 적용되므로 이 점에 유의하여야 한다. 예를 들어 '공통 애노드 타입 FND'의 'a' 신호에 HIGH를 인가하면 LED가 OFF 되지만, '공통 캐소드 타입 FND'의 'a' 신호에 HIGH를 인가하면 LED가 ON 된다.

3.1.3 FND 회로 설계 기초

앞 절에서는 단순히 FND 신호 연결에 대한 논리적인 설명만 하였는데, 이번에는 실제 작품에서 사용할 FND를 연결하는 방법에 대하여 알아보자.

우리가 사용할 FND는 [그림 3-5]와 같은 형태를 가지고 있는 공통 캐소드 방식의 4-digit FND인 WCN4-0036SR-C11이고 내부 구성은 [그림 3-6]과 같다.

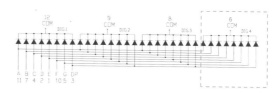

[그림 3-5] WCN4-0036SR-C11 FND 외관 　**[그림 3-6]** WCN4-0036SR-C11 내부 구성 [3-4]

4-digit FND의 동작을 살펴보기에 앞서, 일단 WCN4-0036SR-C11에서 1-digit의 FND([그림 3-6]의 가장 오른쪽에 있는 FND)만 따로 분리하여, 이것을 마이크로컨트롤러(ATmega128)에 어떻게 연결할 수 있을지 조금 더 자세하게 살펴보자.

숫자를 구성하는 신호(A~G, DP)는 ATmega128의 PC7~PC0(Port C)에 연결하고, 공통 신호(COM)는 PG0(Port G)에 연결하기로 한다. [그림 3-7]과 같이 될 것이다.

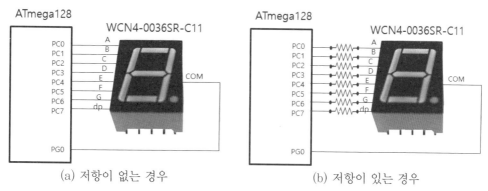

(a) 저항이 없는 경우 　　　　　　　　(b) 저항이 있는 경우

[그림 3-7] ATmega128과 FND 연결 회로 예

(a)는 단순히 논리적으로만 생각하여 연결해 본 회로이다. 뭔가 허전한 느낌이 든다. 뭐가 부족할까? 그렇다. 저항이다. LED를 연결할 때는 항상 직렬 저항을 함께 연결하여야 하므로, (b)와 같이 연결하는 것이 정상적인 회로 구성 방법이다. 보통 300Ω~1KΩ 정도의 저항 값을 갖는 저항을 사용하면 된다.

그런데, 이렇게 설계하여도 아직 해결하여야 할 문제가 더 있다. 모든 LED가 켜지는 경우('PC7~PC0=0xff', 'PG0=0'인 경우), LED A~G 및 DP를 흐르는 모든 전류는 COM 핀(신호) 하나로 묶여 PG0 포트로 흐르게 되는데(캐소드 공통이므로), 이 경우 한꺼번에 흐르는 전류의 양이 많아지게 되므로 문제가 발생한다. 즉, 각 LED를 흐르는 최대 전류를 약 25mA 정도라고 가정한다면 COM 핀(PG0)으로 흐르는 최대 전류는 총 200mA(= 25mA x 8포트)가 된다. 그런데, ATmega128의 각 포트는 전류를 내보는 소스(source) 전류나 전류를 받아들이는 싱크(sink) 전류 모두 최대 40mA 까지만 허용되므로 문제가 발생하게 되는 것이다.

그렇다면, 이 문제는 또 어떻게 해결할 수 있을까? 이런 경우에 가장 많이 사용하는 방법은 [그림 3-8]과 같이 트랜지스터를 이용한 전류 증폭 회로를 꾸미는 것이다.

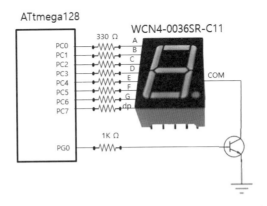

[그림 3-8] 트랜지스터를 이용한 FND 전류 증폭 회로

트랜지스터만 나오면 갑자기 정신이 혼미해지며, "아~" 하고 탄식이 나오는 사람들이 꽤 많이 있을 것이다. 하지만, 이번에는 안심해도 된다. 디지털 회로에서 사용하는 트랜지스터는 사용 범위가 매우 제한되어 있어, 조금만 주의를 기울이면 쉽게 해석이 가능하다. 기왕지사(旣往之事, 이미 지나간 일) 말이 나왔으므로 지금 바로 해보기로 한다.

트랜지스터는 NPN 형과 PNP 형이 있으며 [그림 3-9]와 같은 심볼로 나타낸다.

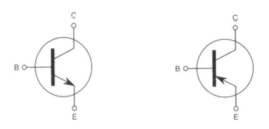

(a) NPN 형 트랜지스터   (b) PNP 형 트랜지스터

[그림 3-9] 트랜지스터 심볼

B는 베이스(Base), C는 컬렉터(Collector), E는 에미터(Emitter)인데, NPN 형과 PNP 형은 B, C, E 표기 및 화살표의 방향 등에 차이가 있으므로 이것은 잘 확인해 놓아야 한다.

보통의 NPN 트랜지스터를 기준으로 디지털 회로에서의 사용 시 해석하는 방법을 간단히 설명하면 다음과 같다. (세부적인 내용은 각 트랜지스터마다 다르다.)

- B−E(베이스−에미터)간 전압이 0.7V 이상 순방향(화살표 방향)으로 걸리면 트랜지스터는 턴온 (turn on)되었다고 하고, 이 때 C−E(컬렉터−에미터)는 서로 직접 연결된 것으로 해석한다.
- B−E(베이스−에미터)간 전압이 0.7V 이하이면 트랜지스터는 턴오프(turn off)되었다고 하고, 이 때 C−E(컬렉터−에미터)는 연결이 끊어진 것으로 해석한다.
- 턴온된 경우 B−E 경로로 수 mA 정도만 흘러도 C−E 경로로는 B−E 전류의 10~100 배 정도의 전류, 즉 수십 mA ~ 수백 mA 정도의 전류가 흐른다. 이것은 트랜지스터의 가장 기본이 되는 전류 증폭 기능이다. 그리고 트랜지스터는 이 정도의 전류가 흐르는 것을 충분히 견딜 수 있도록 이미 설계되어 있다.

이것을 좀 더 단순하게 나타내면 [그림 3−10]이 되는데, 한마디로 **트랜지스터는 베이스(B)에 HIGH(+5V)를 인가하면 C−E가 연결(SHORT)되고, 베이스(B)에 LOW(0V)를 인가하면 C−E가 끊어지는(OPEN) 조건부 스위치**라고 규정할 수 있다.

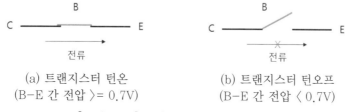

(a) 트랜지스터 턴온
(B−E 간 전압 >= 0.7V)

(b) 트랜지스터 턴오프
(B−E 간 전압 < 0.7V)

[그림 3−10] 트랜지스터의 단순한 해석

이제 다시 [그림 3−8]로 돌아가서 FND의 동작 원리를 살펴보자.

트랜지스터의 베이스(B)는 직렬저항을 통하여 PG0에 연결되어 있고, 컬렉터(C)는 FND의 COM 핀에 연결되어 있으며, 에미터(E)는 GND에 연결되어 있다.

ATmega128에서 'PG0=1'로 프로그램하면 PG0 신호는 HIGH(+5V)가 되어 트랜지스터 B−E로 순방향 전압이 걸려 턴온된다. 이 경우 (+5V − 1KΩ 저항 − 베이스 − 에미터 − GND) 순서로 연결된 것과 같으므로, B-E간 전압은 0.7V, 1KΩ 저항 양단 전압은 4.3V가 되며, 이 때 흐르는 전류의 양을 계산해 보면 '((5-0.7)/1000)=0.0043' A, 즉, 4.3 mA 정도이므로 ATmega128의 포트로 충분히 공급할 수 있는 수준이 된다. 한편, 턴온되면 C-E가 연결된 상태라고 해석할 수 있으므로 결국 FND의 COM핀에는 GND가 연결된 것과 동일한 효과가 나타나게 되고 PORT C(PC7~PC0) 값에 따라 각각의 LED가 ON 또는 OFF되므로 FND의 디스플레이 형태가 결정된다. 이 경우, 만약 모든 LED가 ON되었다면 이 때 전류는 최대 200mA(25mA x 8)가 되는 큰 값이지만 이 전류는 ATmega128의 PG0 포트가 아닌 트랜지스터를 통하여 GND로 흐르게 되므로 전류의 크기로 인한 문제는 발생하지 않는다.

반대로 'PG0=0'으로 프로그램하면 PG0는 LOW(0V, GND)가 되어 트랜지스터 B-E로 순방향 전압이 걸리지 않으므로 트랜지스터는 턴오프된다. 턴오프되면 C-E가 끊어지게 되고, 결과적으로 FND의 COM 핀은 회로 연결이 끊어진(OPEN) 상태가 되므로 전류가 흐를 수 없다. 즉, PORT C(PC7~PC0) 값에 상관없이 모든 LED에는 전류가 흐를 수 없으므로 FND에는 아무것도 디스플레이되지 않게 되는 것이다.

트랜지스터는 FND나 모터 등 전류를 많이 사용하는 전자부품을 제어하는 회로를 설계할 때 자주 사용되므로 이번 기회에 이러한 기본 사용법을 잘 익혀두도록 하자.

3.2 FND에 숫자 '7' 디스플레이하기

3.2.1 목표

WCN4-0036SR-C11 FND의 가장 오른쪽 digit에 '7'을 디스플레이한다.

3.2.2 구현 방법

회로는 [그림 3-8]과 같은 회로를 구현하면 되고, 이 상태에서 행운의 숫자인 '7'을 디스플레이하는 방법을 생각해 보자. '7'을 디스플레이하려면 [그림 3-11]과 같은 형태로 FND에 불이 들어와야 하므로, A, B, C 신호가 ON(HIGH, '1')되어야 하고 나머지 신호는 모두 OFF(LOW, '0')되어야 한다.

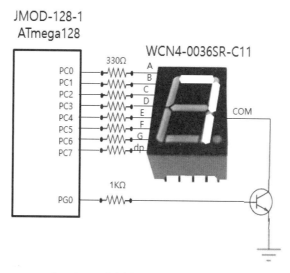

[그림 3-11] '7'을 디스플레이한 FND

그렇다면 'PC0=1', 'PC1=1', 'PC2=1'이고, 'PC3~PC7=0'이므로 PORT C에 써주어야 할 값을 2진수로 표시하면 0b00000111, 16진수로 표시하면 0x07이 된다. 마찬가지로 'PG0=1'이어야 하므로 PORT G에 써주어야 할 값을 2진수로 표시하면 0b00000001, 16진수로 표시하면 0x01이된다.

3.2.3 회로 구성

앞에서 설명한 것을 기반으로 JMOD-128-1와 WCN4-0036SR-C11을 연결하여 보자. [그림 3-12]와 같이 될 것이다. 트랜지스터는 MPS2222A를 사용하는 것으로 한다.

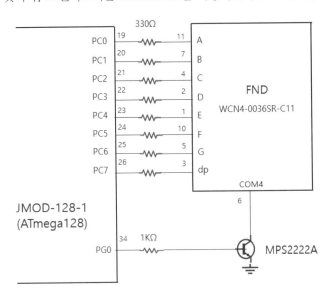

[그림 3-12] JMOD-128-1과 WCN4-0036SR-C11의 연결 회로(1-digit)

한편, [그림 3-12]의 회로를 실제 브레드보드에 연결하면 [그림 3-13]와 같이 된다. *(* 알림 : 사용할 FND는 1 digit FND이지만 여기서는 나중을 위하여 편의상 4 digit FND를 사용하고, 실제 사용은 이 FND의 가장 오른쪽 1 digit만 사용하는 것으로 한다.)*

[그림 3-13] JMOD-128-1과 WCN4-0036SR-C11의 실제 연결 모습

3.2.4 프로그램 작성

구현 방법에서 설명한대로 프로그램을 작성해 보면 다음과 같다. 이번에도 너무 쉽다.

```c
#include <avr/io.h>
int main( )
{
    DDRC = 0xff;              // FND를 연결한 포트 C를 출력으로 설정
    DDRG = 0x0f;              // FND 선택 신호를 연결한 포트 G를 출력으로 설정
    PORTC = 0x07;             // '7' 디스플레이 값, 0b00000111
    PORTG = 0x01;             // 가장 오른쪽 digit 선택 신호값, 0b00000001
}
```

[프로그램 3-1] FND에 숫자 '7' 디스플레이하기 프로그램

3.2.5 구현 결과

프로그램 실행 결과는 [그림 3-14]와 같다. 행운의 숫자 '7'이 FND 오른쪽 digit에 예쁘게 디스플레이된 것을 볼 수 있다.

[그림 3-14] FND에 숫자 '7' 디스플레이하기 프로그램 실행 결과

3.3 FND에 '1234' 디스플레이하기

3.3.1 목표

4-digit FND에 '1234'를 디스플레이한다.

3.3.2 잔상 효과를 이용한 4-digit FND 설계

이제 4개의 FND가 하나로 된 4-digit FND에 대하여 살펴보자. 4-digit FND는 개념적으로는 1개의 FND를 4개 묶은 것이라고 생각하면 이해하기 쉽지만, 실제 부품은 생각한 것과는 약간 다르게 구성되어 있다. 1-digit FND의 경우 신호선의 숫자는 데이터 신호선 8개(A~DP)와 선택 신호 1개(COM)를 합하여 총 9개이다. 단순히 1-digit FND를 4개 묶어서 4-digit FND를 만들었다고 가정하면 '9 x 4 = 36'이 되어 신호가 총 36개 필요한데, 이것은 하나의 부품을 제어하기 위하여 사용하는 신호선의 개수로는 너무 많은 개수이다.

그래서, 사람들은 "더 좋은 방법이 없을까?"하는 생각을 하다가 '잔상효과'를 이용하면 이 문제를 해결할 수 있다는 것을 알게 되었다. 잔상효과라는 것은 방금 전에 눈으로 본 것을 뇌가 기억하고 있어서 그 다음에 본 것과 방금 전에 본 것이 연결되어 보이는 현상을 말하는데, 예를 들어 영화나 애니메이션에서 1초에 여러 장(약 30장 정도)의 사진(그림)을 연속으로 보여주면 이것이 따로 따로 독립된 사진(그림)으로 보이는 것이 아니라 자연스럽게 움직이는 동영상처럼 보이게 되는 현상을 말한다.

[그림 3-15]는 실제로 사용할 WCN4-0036SR-C11의 내부 구성도인데, 이것을 보면 4개의 FND에서 사용하는 숫자 신호(A~G, DP)는 4개가 모두 공통으로 연결되어 있고 COM에 해당되는 포트(COM1, COM2, COM3, COM4)만 각 FND에 따로 할당되어 있음을 알 수 있다. 이렇게 하면 가장 오른쪽의 COM 신호만 '0'으로 하고 나머지 COM 신호를 '1'로 만들면 A~DP까지의 신호는 '0'이건 '1'이건 왼쪽 3개의 FND는 불이 들어오지 않는다. 이런 식으로 COM의 값을 조정하면 선택된 FND만 불을 켤 수 있는 상황을 만들 수 있어, 결과적으로 데이터 신호선 8개와 FND 선택 신호선 4개를 합하여 총 12개의 신호선만 있으면 4개의 FND 모두를 제어할 수 있다.

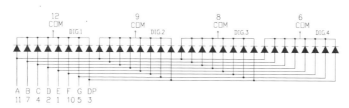

[그림 3-15] WCN4-0036SR-C11의 내부 구성도 [3-5]

이제 잔상효과를 적용해 보자. 위 4개의 FND 선택 신호(COM 4개)를 돌아가면서 활성화시키고 그 때마다 필요한 데이터를 보내는 것이 핵심이다. '1234'를 만들기 위하여 [그림 3-16]의 (a)와 같이 처음에는 '1xxx', 다음에는 'x2xx', 그 다음은 'xx3x', 마지막은 'xxx4'(여기서 'x'는 OFF을 의미함)를 디스플레이하되, 이것을 초 당 30번 이상 반복하면 우리 눈은 잔상효과로 인하여 이러한 변화를 감지하지 못하고, [그림 3-16]의 (b)와 같이 '1234'가 한꺼번에 디스플레이된 것처럼 느끼게 된다.

(a) 4개의 FND에 1개씩 돌아가면서 빠르게 디스플레이하기

(b) (a)의 결과가 실제로 눈에 보이는 형태

[그림 3-16] FND에 4개의 글자를 표현하는 방법

결국, 표현하고 싶은 글자에 해당되는 데이터를 각 FND마다 순서대로 돌아가면서 표현하되, 최소 1/30초 안에 다시 똑같은 동작을 반복한다면, 적은 수의 신호선 만으로도 4개의 FND에 원하는 숫자를 표현할 수 있는 것이다.

3.3.3 회로 구성

앞에서 설명한 것을 기반으로 JMOD-128-1과 WCN4-0036SR-C11을 연결하여 보자. [그림 3-17]과 같이 될 것이다. 또한, 이 회로를 실제 브레드보드에 구현하면 [그림 3-18]과 같이 된다.

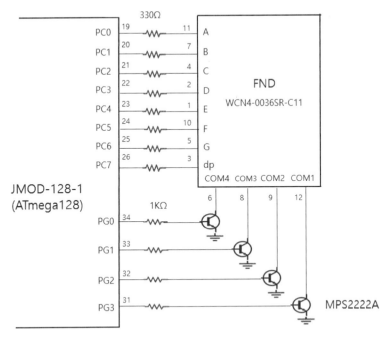

[그림 3-17] JMOD-128-1과 WCN4-0036SR-C11 연결 회로 (4-digit)

[그림 3-18] JMOD-128-1과 WCN4-0036SR-C11의 실제 연결 모습(4-digit)

[그림 3-18]이 이전 회로인 [그림 3-13]과 다른 점은 4-digit를 디스플레이하기 때문에 트랜지스터와 저항, 그리고 이와 관련된 연결선이 4배로 늘어나서 조금 복잡해졌다는 것이다. 하지만 기본적인 회로 구성 방법은 동일하다고 볼 수 있다.

3.3.4 프로그램 작성

이제까지의 설명을 기반으로 프로그램을 작성해 보면 [프로그램 3-2]와 같다. FND의 1-digit 디스플레이 시간을 약 5ms로 정한다면 전체 4-digit FND의 디스플레이 시간은 총 20ms가 되고 이것은 33ms(1/30초) 보다는 적은 값이므로 눈은 순서대로 디스플레이 되는 4개의 숫자가 모두 동시에 디스플레이되는 것처럼 느끼게 된다. 그러므로 이렇게 프로그램해 보자.

```c
#include <avr/io.h>
#define F_CPU        16000000UL
#include <util/delay.h>

int main( )
{
    DDRC = 0xff;                // FND를 연결한 포트 C를 출력으로 설정
    DDRG = 0x0f;                // FND 선택 신호인 포트 G를 출력으로 설정
    while(1)                    // 반복적으로 디스플레이
                                // 1 루프 소요시간 = 5ms x 4 = 20ms
    {
        PORTC = 0x06;          // '1' 디스플레이 값
        PORTG = 0x08;          // 가장 왼쪽 FND(1xxx) 선택
        _delay_ms(5);
        PORTC = 0x5b;          // '2' 디스플레이 값
        PORTG = 0x04;          // 왼쪽에서 2번째 FND(x2xx) 선택
        _delay_ms(5);
        PORTC = 0x4f;          // '3' 디스플레이 값
        PORTG = 0x02;          // 왼쪽에서 3번째 FND(xx3x) 선택
        _delay_ms(5);
        PORTC = 0x66;          // '4' 디스플레이 값
        PORTG = 0x01;          // 가장 오른쪽 FND(xxx4) 선택
        _delay_ms(5);
    }
}
```

[프로그램 3-2] FND에 '1234' 디스플레이하기 프로그램

3.3.5 구현 결과

프로그램을 실행하여 [그림 3-19]와 같이 '1234' 글자가 또렷하게 디스플레이되면 성공이다.

[그림 3-19] FND에 '1234' 디스플레이하기 프로그램 실행 결과

3.4 실전 응용 : FND로 전화번호 표시기 만들기

3.4.1 목표

지금까지 FND의 연결 방법과 디스플레이 방법에 대한 기초를 다졌으니, 이것을 기반으로 유용한 생활용품을 하나 만들어 보자. 목표는 다음과 같다.

4-digit FND로 내 전화번호가 순서대로 디스플레이되는 전화번호 표시기를 만든다. 세부 기능은 다음과 같다.

(1) FND의 가장 오른쪽에서부터 내 전화번호의 첫 번째 숫자가 나타나고, 1초 후 1칸 왼쪽으로 이동하면서 오른쪽에는 두 번째 숫자가 나타난다.

(2) (1)과 같은 방법으로 한 칸씩 왼쪽으로 이동하면서 내 전화번호의 마지막 숫자가 나타날 때까지 계속한다.

(3) 마지막 숫자가 나타나면 그 상태로 1초마다 한 칸씩 계속 왼쪽으로 진행하여 마지막 숫자가 가장 왼쪽 FND를 빠져 나갈 때까지 진행한다.

(4) 모든 디스플레이가 완전히 없어지면, 다시 (1)부터 반복하여 진행한다.

3.4.2 구현 방법

이제 이 기능을 어떻게 구현할 지에 대한 구현 방법을 생각해 보자. 제일 먼저 하여야 할 일은 이 기능대로 동작하는 형상을 동영상 형태로 머릿속에 그려 보는 것이다.

전화번호를 '010-1234-5678' 이라고 가정하고 어떤 순서로 진행되는지 한 번 확인해 보자. 1초 간격으로 진행되는 FND 디스플레이 내용을 나타내면 [그림 3-20]과 같다.

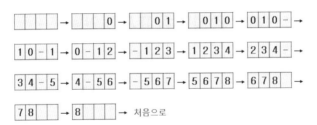

[그림 3-20] 4-digit FND에 전화번호를 디스플레이하는 순서

앞에서 원하는 모든 숫자 패턴은 FND에 디스플레이할 수 있다는 것을 알았다. 그렇다면 이론적으로는 1초 간격으로 위 패턴의 형태를 디스플레이하도록 프로그램하면 될 것 같다. 사람은 동적인 움직임을 생각하여 전화번호가 왼쪽으로 움직이는 것처럼 의미를 부여하여 생각하지만, 마이크로컨트롤러는 하나하나 따로 따로 떼어내어 생각한다. 그러니까 마이크로컨트롤러는 [그림 3-20]을 하나의 스냅 사진처럼 생각한다고 보아야 한다.

그런데 실제로 모든 패턴을 일일이 하나씩 디스플레이하려고 하니 양이 너무 많아 엄두가 나지 않는다. 시간도 상당히 소요될 것 같다. 이럴 때는 지난 코스에서도 언급했듯이 조금 쉽게 처리할 수 있는 방법이 있는지 생각해 보는 것이 좋다. 즉, 어떤 규칙이 있는지를 찾아내고 그 규칙을 간단한 프로그램으로 바꾸어 적용할 수 있는 방법(알고리즘)을 찾아야 하는 것이다.

한 번 찾아보기로 한다. 아래와 같은 규칙을 찾아낼 수 있고 이에 대한 처리 방법(알고리즘)도 생각해 낼 수 있다.

■ 규칙 1 : 디스플레이 하여야 할 패턴은 '010-1234-5678'이다.

[처리 방법]
(1) 위 숫자에 대응되는 포트의 데이터 값은 "0x3f, 0x06, 0x3f, 0x40, 0x06, 0x5b, 0x4f, 0x66, 0x40, 0x6d, 0x7d, 0x27, 0x7f"이다. (예를 들어 '0'을 디스플레이 하려면 8개의 LED가 '0b00111111 = 0x3f' 값을 가져야 함. 다른 숫자도 마찬가지 방법이 적용됨)
(2) 전화번호가 바뀔 수도 있으니까 이 값은 따로 어레이로 저장한다.

■ 규칙 2 : 디스플레이 패턴은 1초마다 1칸씩 왼쪽으로 이동한다.

[처리 방법]
(1) 루프를 돌면서(for 루프), 한 번의 루프마다 한 칸씩 왼쪽으로 디스플레이 포인트를 이동한다.
(2) 디스플레이 시간은 1초이다.

■ 규칙 3 : FND가 표현 가능한 digit의 개수는 4개이다.

[처리 방법]

(1) 한 번의 루프에서는 현재 상태의 4개 숫자를 디스플레이한다.

(2) 아무 것도 디스플레이 되지 않게 하려면 '0x00' 값을 적용한다.

이제 처리 방법을 전체적으로 정리해 보자. 'xxxx010-1234-5678xxx'의 배열을 앞에서부터 4 개씩 1초 동안 디스플레이한 후 왼쪽으로 한 칸씩 이동하여 디스플레이 하는 형태로 총 17번을 실행한 후, 이 과정을 다시 처음부터 무한 반복한다. 이렇게 하면 원하는 결과를 얻을 수 있을 지 는 프로그램을 작성하고 실제로 실행하여 확인해 보기로 하자.

💡 여기서 잠깐! | 어레이와 for 루프의 조합 사용법

C 언어에서 보통 변수는 데이터를 저장하는데 사용한다. 그런데 비슷한 성질을 갖는 여러 개의 데이터를 사용할 때 1개의 데이터마다 다른 변수에 저장하여야 한다면 매우 복잡해 질 것이다. 이 경우, 변수 이름은 하나만 할당하고 여러 개의 데이터에 일련번호를 붙여 사용하면 편리한데, 이러한 구조가 어레이(array)로 '변수명[숫자]' 형태를 가진다. 어레이에서 [ ] 안의 숫자는 0부터 시작하며 첫 번째 데이터가 대응된다. 아래 그림의 for 루프에서 보듯이 어레이의 첨자를 변수로 이용하고, 루프를 한 번 실행할 때마다 이 변수의 값을 증가 또는 감소하도록 하면 매우 효율적인 프로그램을 작성할 수 있다.

for 문은 C 언어에서 가장 많이 사용하는 문장으로 주어진 조건에 따라 for 내부 내용을 반복하는 문장이다. 아래 그림과 같은 구조를 가지고 있어, (1) 초기식에 해당하는 초기화 실행, (2) 조건식을 적용하여 맞으면 반복하고자 하는 문장들을 실행하고, 맞지 않으면 for 문을 빠져 나감, (3) 반복하고자 하는 문장들 실행 후에는 증감식에 해당하는 증감 실행, (4) 다시 (2), (3), (4)를 빠져나갈 때까지 반복의 순으로 진행된다.

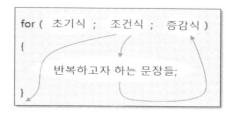

또한, for 문의 내부에 다시 for 문을 중첩하여 사용하면 반복을 중복하는 효과가 나타나게 되어 이 또한 매우 강력한 프로그램의 도구가 되므로 이러한 사용 방법도 함께 기억해 놓으면 좋다.

3.4.3 회로 구성

회로 구성은 이전 구성과 동일하므로 [그림 3-17]을 참조하기로 하자.

3.4.4 프로그램 작성

이제까지의 설명을 기반으로 프로그램을 작성해 보면 [프로그램 3-3]과 같다.

```c
#include <avr/io.h>
#define F_CPU 16000000UL
#include <util/delay.h>

int main( )
{
    char tel_num[20] = {0x00, 0x00, 0x00, 0x00,      // 전화번호 어레이 설정
                        0x3f, 0x06, 0x3f, 0x40,      // 010-1234-5678
                        0x06, 0x5b, 0x4f, 0x66,      // 앞과 뒤의 0x00은 글자가 보이지
                        0x40, 0x6d, 0x7d, 0x27,      // 않도록 하기 위한 NULL 데이터
                        0x7f, 0x00, 0x00, 0x00};

    int i, j;
    DDRC = 0xff;                                     // FND를 연결한 포트 C를 출력으로 설정
    DDRG = 0x0f;                                     // FND 선택 신호인 포트 G를 출력으로 설정
    while(1)                                         // 반복적으로 디스플레이
    {
            for (i=0; i<17; i++)                     // 4-digit 디스플레이를 한 칸씩 옮겨가며 17번 실행
            {
              for (j=0; j<50; j++)                   // 디스플레이 시간 = 50x(5x4)
                                                     // = 1000ms(1초)
              {
                PORTC = tel_num[i];    PORTG = 0x08;  _delay_ms(5);
                PORTC = tel_num[i+1];  PORTG = 0x04;  _delay_ms(5);
                PORTC = tel_num[i+2];  PORTG = 0x02;  _delay_ms(5);
                PORTC = tel_num[i+3];  PORTG = 0x01;  _delay_ms(5);
              }
            }
    }
}
```

[프로그램 3-3] FND로 전화번호 표시기 만들기 프로그램

3.4.5 구현 결과

프로그램을 실행하여 [그림 3-21]과 같이 입력한 전화번호가 오른쪽에서 왼쪽으로 물 흐르듯이 1
초 간격으로 지나가면 성공이다. 실제 구현 시 브레드보드에 연결할 점퍼선이 많아서 성공하기까
지 조금 힘들었을 수도 있긴 하지만 쓸모 있는 결과를 낸 보람찬 코스로 기억될 수 있을 것이다.

[그림 3-21] FND로 전화번호 표시기 만들기 프로그램 실행 결과

3.5 DIY 연습

[FND-1] FND에 숫자 '0'을 디스플레이한다.

[FND-2] FND에 'HELP'를 디스플레이한다.

[FND-3] FND에 아래의 조건을 만족하도록 디스플레이한다.

★ 내 전화번호를 1초 간격으로 오른쪽에서 왼쪽으로 물 흐르듯이 이동하며 디스플레이한다.
★ 깜빡이도록 한다. (0.5초 디스플레이, 0.5초 OFF)

Course

4 스위치로 1/100초 스톱워치 만들기

우리 주변에 스위치가 사용되는 곳은 너무나 많다. 형광등 스위치, 컴퓨터 키보드,
리모컨도 모두 스위치이다. 이번 코스에서는 스위치와 FND로 1/100초 스톱워치를
만들어 보자. 원한다면 1/1000초 스톱워치도 만들 수 있겠지만 육상 세계 신기록을 재기
위한 것은 아니니 이 정도만 해도 충분할 것이다.

* 이번 코스에 필요한 부품 목록 *

번호	품명	규격	수량	기타
1	LED	빨강/노랑/녹색	8	5φ
2	저항	330Ω	8	1/4W
3	저항	1KΩ	4	1/4W
4	저항	10KΩ	2	1/4W
5	트랜지스터	MPS2222A	4	NPN형
6	스위치	TS-1105-5mm	2	tactile 형, 소형
7	FND	WCN4-0036SR-C11	1	4-digits

4.1 스위치 사용법

4.1.1 스위치

스위치는 주변에서 손쉽게 찾아 볼 수 있는 전자부품이다. 아마도 제일 많이 사용되는 곳은 전원 ON/OFF 스위치가 아닐까 싶다. 컴퓨터 키보드, TV 리모컨, 커피 포트 등에도 스위치가 사용된다.

스위치는 '전기회로를 끊거나 잇는 부품'으로 정의할 수 있다. 종류도 매우 다양하므로 자주 사용하는 것만 먼저 간단히 정리하고 넘어가기로 한다. [표 4-1]에 스위치의 종류와 기능을 나타내었다.

[표 4-1] 스위치의 종류와 기능

종류	외관	기능
택타일 (tactile) 스위치		잠시 누르는 시간 동안만 스위치 양단을 연결시켜주는 스위치로 버저용 스위치나 알림용 스위치로 많이 사용됨. JMOD-128-1 에서는 리셋 스위치로 이 스위치를 사용하고 있음
푸시버튼 (push button) 스위치		택타일 스위치와 동일한 기능을 가지거나, 혹은 한 번 눌렀을 때는 ON 되고(lock 상태) 다시 한 번 누르면 OFF 되는(unlock 상태) 스위치로 PC 를 켜고 끄는데 많이 사용되는 스위치
슬라이드 (slide) 스위치		접점의 위치를 바꾸어주는 스위치로 일반적으로 한쪽으로 놓으면 A 쪽이 연결되고, 다른 한쪽으로 놓으면 B 쪽이 연결되는 역할을 하는 스위치
딥(DIP) 스위치		DIP(Dual In Line, 2 줄) 형태의 스위치로 양쪽을 서로 연결하거나 끊어지도록 하는 스위치
토글 (toggle) 스위치		슬라이드 스위치와 비슷한 기능을 수행하나, 스위치의 축은 고정된 위치에 있어 스위치 꼭지가 축을 중심으로 양쪽으로 움직이는(toggle) 형태를 갖는 스위치. 예전에 많이 사용되던 스위치이나 최근에는 사용처가 많이 줄었음
로커 (locker) 스위치		ON/OFF 기능을 갖는 전원 스위치로 가장 많이 사용되며, 크기가 상대적으로 큰 스위치

4.1.2 스위치 회로 설계 기초

회로 연결 시 가장 많이 사용되는 스위치의 하나인 택타일(tactile) 스위치를 기준으로 스위치 회로 설계 시 알아야 할 기초 사항을 살펴보자.

[그림 4-1]은 가장 많이 사용하는 스위치 심볼 중 하나이다.

[그림 4-1] 스위치 심볼

스위치를 누르면 왼쪽과 오른쪽이 연결되는 것이고, 스위치를 놓으면 양쪽의 연결은 끊어지게 된다. 스위치의 한 쪽이 마이크로컨트롤러의 포트 입력으로 연결되어 있다고 가정하고, 스위치의 동작에 따라 이 포트를 HIGH나 LOW로 만들어야 하는 경우를 생각해 보자. HIGH 값을 가지려면 VCC(+5V)가 연결되어야 하고, LOW 값을 가지려면 GND(0V)가 연결되어야 하므로 스위치 심볼을 이용하여 이를 표현하면 [그림 4-2]와 같이 될 것이다.

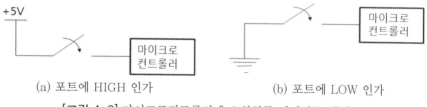

(a) 포트에 HIGH 인가   (b) 포트에 LOW 인가

[그림 4-2] 마이크로컨트롤러에 스위치를 연결하는 방법 1

그런데 [그림 4-2] 회로에는 문제가 있다는 것이 바로 눈에 띈다. 즉, 스위치를 눌렀을 때는 연결된 상태에 따라서 HIGH 또는 LOW가 연결되지만 스위치를 누르지 않았을 때는 선이 끊어진 상태가 되어 이 포트의 값이 HIGH인지 LOW인지가 애매한 아리송한 상태가 되는 것이다. 사실 이 경우는 마이크로컨트롤러의 내부 상태에 따라 HIGH가 될 수도 있고 LOW가 될 수도 있는데, 이렇게 되면 값이 확정되지 않으므로 프로그램을 작성할 때 대략난감(大略難堪, 이러지도 저러지도 못하게 당황스러움)한 상황이 발생할 수 있다.

그러므로 스위치가 눌러지지 않았을 때는 스위치가 눌러졌을 때에 갖는 값과 반대되는 값으로 결정되도록 하는 조치가 필요하다. 즉, 스위치를 눌렀을 때 HIGH가 되는 회로는 눌러지지 않았을 때 LOW가 되도록 해야 하고, 반대로 스위치를 눌렀을 때 LOW가 되는 회로는 눌러지지 않았을 때 HIGH가 되도록 해야 하는데, 이를 반영한 회로가 [그림 4-3]이다.

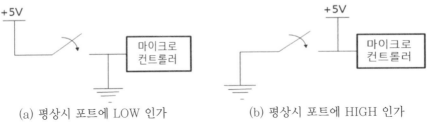

(a) 평상시 포트에 LOW 인가   (b) 평상시 포트에 HIGH 인가

[그림 4-3] 마이크로컨트롤러에 스위치를 연결하는 방법 2

그런데, 이 회로도 자세히 보면 문제가 있어 보인다. 스위치를 눌렀을 때의 상황을 살펴보자. 스위치가 눌러졌다고 생각하면 위 (a), (b) 회로 모두가 +5V와 GND가 직접 연결되는 쇼트(SHORT) 상황이 발생한다. 그러므로 "뿌지직~~~ 번쩍! 푸쉬푸쉬~~~" 스파크가 튀거나, 타는 냄새가 나고… 뭔가 문제가 생긴다.

그러면 어떻게 해결해야 할까. 이것은 저항으로 해결한다. [그림 4-4]를 보자.

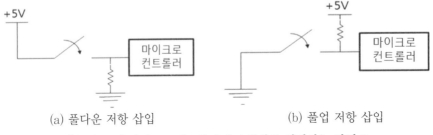

(a) 풀다운 저항 삽입   (b) 풀업 저항 삽입

[그림 4-4] 마이크로컨트롤러에 스위치를 연결하는 방법 3

(a)는 GND 쪽으로 연결된 풀다운(pull down) 저항이 추가되었는데, 이 경우 스위치가 눌러져도 +5V와 GND가 직접 만나지 않으므로 문제가 생기지 않고 포트에는 HIGH 값이 인가된다. 스위치가 눌러지지 않았을 때는 저항을 통하여 GND가 연결되므로 포트에는 당연히 LOW 값이 인가된다. 비슷한 방법으로 (b)는 +5V 쪽으로 연결된 풀업(pull up) 저항이 추가되었는데, 이 경우도 스위치를 눌렀을 때 +5V와 GND가 직접 만나지 않으므로 문제가 생기지 않고 포트에는 LOW 값이 인가되며, 스위치가 눌러지지 않았을 때는 저항을 통하여 +5V가 연결되므로 포트에는 당연히 HIGH 값이 인가된다. (* 참고 : 일반적으로 많이 사용하는 풀업 또는 풀다운 저항의 저항값은 4.7KΩ~10KΩ 정도이다.)

4.2 스위치로 LED 불 켜기

4.2.1 목표

택타일 스위치 2개(SW1, SW2)를 이용하여, SW1을 누르고 있는 동안은 8개의 LED 중 가장 왼쪽에 있는 LED의 불이 켜지고, SW2를 누르고 있는 동안은 가장 오른쪽에 있는 LED의 불이 켜지도록 한다. 스위치가 눌러지지 않으면 모든 LED가 꺼져있는 상태를 유지한다.

4.2.2 스위치 제어 방법

ATmega128의 입장에서 보았을 때 스위치는 출력이 아니고 입력이다. 그러므로 지난 코스에서 살펴 본 LED나 FND는 출력 포트로 설정하여야 하지만 스위치는 입력 포트로 설정하여야 한다.

스위치를 입력으로 사용하는 방법은 직접 입력으로 사용하는 방법과 인터럽트 입력으로 사용하는 방법이 있다. 여기서는 일단 직접 입력으로 사용하는 방법을 먼저 적용해 보자.

ATmega128의 포트를 직접 입력으로 사용할 때는 PIN 레지스터를 사용한다. 원하는 데이터를 출력할 때는 PORT 레지스터에 값을 '쓰기' 하는 것처럼 데이터를 입력할 때는 PIN 레지스터의 값을 '읽기' 하면 된다. 물론 DDR 레지스터의 값을 '읽기'가 가능하도록 세팅한 후에만 유효하다는 것은 주의하여야 한다.

4.2.3 구현 방법

LED가 연결되는 포트는 출력 포트로 선언하고 스위치가 연결되는 포트는 인터럽트 처리가 가능한 포트(PE4, PE5)로 연결하며 입력 포트로 선언한다. SW1이 눌러졌는지 체크하여 눌러졌으면 가장 왼쪽 LED를 ON 시키고, SW2가 눌러졌는지 체크하여 눌러졌으면 가장 오른쪽 LED를 ON 시키며, 두 경우가 모두 아니면 LED 모두를 OFF 시키면 된다. 이 때, PE4 비트와 PE5 비트가 각각 '0'인지 '1'인지를 확인해야 하는데 포트는 8비트씩 함께 처리하여야 하므로 특정 비트(여기서는 PE4, PE5)만 따로 검사할 수 있는 방법을 알아야 할 필요가 있다. 이런 경우에는 마스킹(masking)이라는 방법을 사용하면 쉽게 처리할 수 있는데, 이를 [그림 4-5]에 나타내었다.

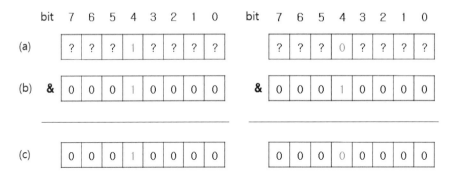

[그림 4-5] 마스킹 방법을 통한 비트 테스트

[그림 4-5]의 (a)과 같이 어떤 데이터의 4번 비트가 '0'인지 '1'인지를 확인하기 위해서는, (b)와 같이 4번 비트만 '1'이고 나머지는 '0'인 데이터를 원래 데이터와 '비트 AND'(&)를 실행한다. 이 결과는 (c)와 같이 4번 비트만 원래 데이터의 값이 반영되고 나머지 비트는 모두 '0'이 된다. 즉, (c)의 결과가 '1'이라면 처음 데이터의 4번 비트는 '1'이었음을 알 수 있고, '0'이라면 처음 데이터의 4번 비트는 '0'이었음을 알 수 있다.

4.2.4 회로 구성

앞에서 설명한 것을 기반으로 ATmega128과 스위치를 연결하여 보자. 사용할 스위치는 택타일 스위치인 TS-1105-5mm이다. TS-1105-5mm는 4접점 스위치이지만 내부적으로 2접점씩 쇼트(SHORT)되어 있으므로 2접점 스위치로 생각하고 회로를 설계하면 된다.

스위치를 ATmega128의 어떤 포트에 연결할 때는 한 가지 더 고려하여야 할 사항이 있다. 즉, 스위치로부터의 입력은 그냥 일반 포트에 연결하여도 사용이 가능하지만 이 입력을 인터럽트로 처리해야 하는 경우에는 ATmega128의 외부 인터럽트 신호로 할당된 포트(INT7~INT0) 중에서 선택하여 연결하여야만 사용이 가능하다. *(* 알림 : 인터럽트에 대하여는 이후 따로 설명한다.)* 이에 대비하여 여기서는 SW1, SW2를 각각 INT4, INT5 신호로노 사용 가능한 PE4, PE5 포트에 연결하기로 한다. LED 8개는 이전과 동일하게 PA7~PA0에 연결한다면 전체 회로는 [그림 4-6]과 같이 되고, 실제 브레드보드에 설치한 모습은 [그림 4-7]과 같이 된다. 회로 구현 시 +5V(VEXT)로 표시된 부분은 JMOD-128-1의 '전원 선택 점퍼' 상의 3핀을 모두 한꺼번에 연결한 후(이렇게 되면 USB 전원이 VEXT에 연결됨), VEXT 핀을 사용하는 것을 의미하므로 주의를 요한다. *(* 알림 : 이것은 이후의 모든 회로에도 동일하게 적용된다.)*

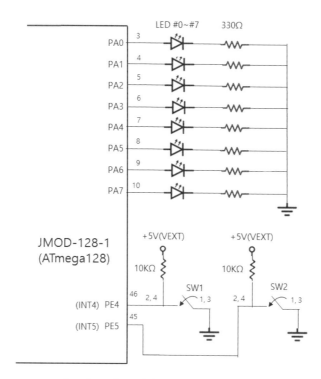

[그림 4-6] 스위치로 LED 불 켜기 회로

[그림 4-7] 스위치로 LED 불 켜기 회로 실제 연결 모습

4.2.5 프로그램 작성

이러한 방법을 이용하여 목표를 이루기 위한 프로그램을 작성해 보면 [프로그램 4-1]과 같이 된다.

```c
#include <avr/io.h>

int main(void)
{
    DDRA = 0xff;        // LED가 연결된 포트 A는 출력으로 선언
    DDRE = 0x00;        // SW1, SW2가 연결되어 있는 포트 E는 입력으로 선언
                        // GPIO는 default가 입력 모드이므로 실제로는 선언해주지 않아도 됨
    while (1)
    {
        if ((PINE & 0x10) == 0x00)        // SW1이 눌러졌으면
            PORTA = 0x80;                 // 가장 왼쪽 LED ON
        else if ((PINE & 0x20) == 0x00)   // SW2가 눌러졌으면
            PORTA = 0x01;                 // 가장 오른쪽 LED ON
        else                              // 아무것도 눌러지지 않았으면
            PORTA = 0x00;                 // 모든 LED OFF
    }
}
```

[프로그램 4-1] 스위치로 LED 불 켜기

'if ((PINE & 0x10) == 0x00)' 부분만 조금 더 설명해 보자. SW1이 연결되어 있는 포트가 PE4 이므로 이 비트만 마스킹하려면 PINE 레지스터를 0x10(0b00010000)과 & 연산을 수행하여야 하므로 'PINE & 0x10'를 실행하였고, 이 결과가 0(0x00)인지를 확인하면 PE4가 '0'인지 '1'인지 를 확인할 수 있으므로 '==00' 연산을 실행한 것이다. 스위치가 눌러지지 않았으면 해당 비트는 '1'이고, 스위치가 눌러졌으면 '0'이 된다는 점에 주목할 필요가 있다.

4.2.6 구현 결과

프로그램 실행 결과 [그림 4-8]과 같이, SW1을 누르고 있는 동안은 가장 왼쪽의 LED가 켜진 상태를 유지하고, SW2를 누르고 있는 동안은 가장 오른쪽의 LED가 켜진 상태를 유지하며, 스 위치를 누르지 않은 상태에서는 LED가 켜지지 않으면 성공이다.

 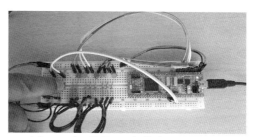

(a) SW1(왼쪽 스위치)가 눌러진 경우 (b) SW2(오른쪽 스위치)가 눌러진 경우

[그림 4-8] 스위치로 LED 불 켜기 프로그램 실행 결과

4.3 인터럽트는 매우 유용한 메카니즘

4.3.1 인터럽트

그런데 이전 프로그램인 [프로그램 4-1]을 잘 살펴보면, 한 가지 비효율적인 것을 발견할 수 있다. 그것은 SW1과 SW2가 언제 눌러질 지 모르기 때문에 메인 프로그램에서는 수시로 이것을 검사해야 한다는 것이다. 이러한 비효율성을 방지하기 위하여 마이크로컨트롤러는 일반적으로 인터럽트(interrupt) 기능을 제공한다. 인터럽트란 "어떤 정해진 조건이 발생하였을 때, 실행 중인 프로그램(메인 프로그램)을 중단하고 이미 준비되어 있는 인터럽트 처리 프로그램(인터럽트 서비스 루틴)을 실행시키며, 그 처리가 끝나면 중단되었던 프로그램(메인 프로그램)을 다시 실행하는 것"을 말한다. 쉬운 예로, 식사 중에 애인에게서 전화가 오면 그 즉시 식사를 중지하고 애인과 전화 통화를 한 다음 통화가 끝나면 다시 식사를 계속하는 것과 비슷하다고 생각하면 된다. [그림 4-9]는 인터럽트 처리 방식을 개념적으로 나타낸 그림이다.

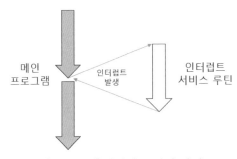

[그림 4-9] 인터럽트 처리 방식

4.3.2 ATmega128의 외부 인터럽트

ATmega128은 외부 장치에서 인터럽트 신호를 생성할 수 있도록 8개의 신호를 할당하고 있다. 그것은 INT7~INT0인데, SW1과 SW2의 신호로 PE4(INT4), PE5(INT5)를 연결해 놓았으므로 이들 신호는 인터럽트로 처리가 가능하다.

그러면 ATmega128과 관련하여 어떤 조치를 취해야 인터럽트 발생 시 처리가 가능한지 살펴보자.

첫째, 모든 인터럽트는 상태레지스터(SREG)에 있는 전체 인터럽트 허용 비트(Global Interrupt Enable, I비트, 비트 7)가 '1'이어야만 인터럽트가 생성될 수 있다. SREG는 [표 4-2]과 같은 형태로 구성되어 있는데, 여기에서 I(Global Interrupt Enable) 비트가 '1' 이면 인터럽트의 발생이 허용되고 '0'이면 인터럽트 발생이 허용되지 않는다. 이것은 ATmega128의 모든 인터럽트에 적용된다.

[표 4-2] SREG 레지스터 구조

비트	7	6	5	4	3	2	1	0
기능	I	T	H	S	V	N	Z	C

둘째, 외부 장치의 인터럽트를 가능하게 하려면 [표 4-3]의 EIMSK(External Interrupt Mask Register)를 해당 비트에 알맞게 '1'로 만들어 놓아야 한다('1'인 경우 인터럽트 마스크 안함). 예를 들어 INT4, INT5의 인터럽트만 활성화하여야 한다면 EIMSK의 값은 '0x30'이 될 것이다.

[표 4-3] EIMSK 레지스터 구조

비트	7	6	5	4	3	2	1	0
기능	INT7	INT6	INT5	INT4	INT3	INT2	INT1	INT0

셋째, 외부 장치의 인터럽트가 생성되는 조건인 트리거(trigger) 조건을 설정하여야 한다. 이것은 EICRA(External Interrupt Control Register A)와 EICRB(External Interrupt Control Register B)가 담당하고 있는데, EICRA는 INT3~INT0에 대한 트리거 조건을, EICRB는 INT7 ~INT4에 대한 트리거 조건을 담당한다.

예를 들어 INT4, INT5 인터럽트 신호가 '0'일 때(SW1 또는 SW2가 눌러져 있는 동안) 인터럽트가 발생하여야 한다면 ISC41~ISC40 값과 ISC51~ISC50 값은 모두 '00'이어야 하므로 이를 반영한 'EICRB = 0x00'을 실행하여야 한다. 이와 다르게 스위치를 누르는 순간만 인터럽트가 발생하여야 한다면 [표 4-4]에서와 같이 ISC41~ISC40 값과 ISC51~ISC50 값은 모두 '10'이어야 하므로 이를 반영한 'EICRB = 0x0a'을 실행하여야 함은 당연하다.

[표 4-4] EICRB 레지스터 구조

비트	7	6	5	4	3	2	1	0
기능	ISC71	ISC70	ISC61	ISC60	ISC51	ISC50	ISC41	ISC40

ISCn1	ISCn0	설명
0	0	INTn 의 LOW 레벨에서 인터럽트 발생
0	1	INTn 의 핀에 논리적인 변화가 있을 때 발생
1	0	INTn 의 하강 에지에서 인터럽트 발생
1	1	INTn 의 상승 에지에서 인터럽트 발생

넷째, 인터럽트 서비스 루틴(ISR, Interrupt Service Routine)을 준비하여야 하는데 이것을 작성하는 방법은 마이크로컨트롤러의 통합 개발 플랫폼마다 고유의 방법으로 정의되어 있으므로 이것을 이용하면 된다. Atmel Stuio 7에서는 'ISR' 형식을 사용하는데, '외부 인터럽트 4'를 처리하는 인터럽트 서비스 루틴의 형식을 나타내면 [프로그램 4-2]와 같다.

```
ISR(INT4_vect)                      // 인터럽트 이름은 인터럽트마다 이미 정해져 있음
                                    // INT4인 경우 'INT4_vect', INT5인 경우 'INT5_vect'

{
            인터럽트에서 처리할 내용

}
```

[프로그램 4-2] Atmel Studio 7에서 사용하는 인터럽트 처리 형식

마지막으로, 이러한 인터럽트 처리가 가능하도록 하는 헤더 파일인 "interrupt.h" 파일을 추가하여야 한다. 즉, 프로그램 첫 부분에 "#inlcude 〈avr/interrupt.h〉"가 삽입되어야 한다.

4.3.3 인터럽트를 이용한 LED 불 켜기

지금까지 설명한 내용을 기반으로 '스위치로 LED 불 켜기' 프로그램을 인터럽트 방법을 이용하여 다시 작성해 보자. SW1이 눌려지면('0', LOW) INT4가 발생하고, SW2가 눌려지면('0', LOW) INT5가 발생하므로, [프로그램 4-3]과 같이 프로그램을 작성할 수 있다.

```
#include 〈avr/io.h〉
#include 〈avr/interrupt.h〉            // 인터럽트 처리 시 필요한 헤더 파일 include
int main(void)
```

```
{
    DDRA = 0xff;                  // LED가 연결된 포트 A는 출력으로 선언
    DDRE = 0x00;                  // SW1, SW2가 연결되어 있는 포트 E는 입력으로 선언
    SREG |= 0x80;                 // SREG의 I(Interrupt Enable) 비트(bit7)는 '1'로 세트
                                  // SREG 레지스터의 다른 비트는 원래 값이 변경되지 않도록
                                  // OR 연산자를 사용함
    EIMSK = 0x30;                 // INT4, INT5 인터럽트 Enable
    EICRB = 0x00;                 // INT4, INT5 트리거 레벨 : LOW('0')일 때 인터럽트 발생
    while (1)
             PORTA = 0x00;        // SW1 또는 SW2가 눌러져 있지 않은 평상시에는
                                  // 모든 LED OFF
}


ISR (INT4_vect)                   // INT4 인터럽트 발생시
{
    PORTA = 0x80;                 // 가장 왼쪽 LED ON
}


ISR (INT5_vect)                   // INT5 인터럽트 발생시
{
    PORTA = 0x01;                 // 가장 오른쪽 LED ON
}
```

[프로그램 4-3] 인터럽트를 이용한 LED 불 켜기 프로그램

이 프로그램을 실행한 결과는 이전의 결과인 [그림 4-8]과 동일하다.

4.4 스위치로 입장객 수 세기

국립공원 같은 곳에 가면 관리사무소라는 곳이 있어서 입장료를 받는다. 단체 관광객이 오는 경우 관리사무소 직원이 한 손에 [그림 4-10]과 같이 생긴 계수기를 들고 사람들을 한 사람씩 들여보내면서 찰칵찰칵 스위치를 누르는 것을 볼 수 있다. 스위치를 한 번 누를 때마다 숫자가 1씩 증가하여 사람 수를 셀 수 있는 편리한 장치이다. 조금 더 발전한 것은 은행에 가면 볼 수 있다. 지폐를 한 덩어리 올려놓으면 "타다다닥~" 소리를 내며 지폐를 세는 계수기가 그것이다.

[그림 4-10] 스위치와 숫자판으로 구성된 계수기

계수기에 나타나는 숫자는 FND로 표시가 가능하므로 FND와 스위치를 함께 사용하면 간단한 디지털 계수기를 만들 수 있다.

4.4.1 목표

처음 FND에는 '0000'이 디스플레이 되고, SW1을 누르는 순간 FND 숫자가 '0001'→'0002'→'0003' ……→'9998'→'9999'→'0000'→'0001' 형태로 1씩 증가하며, SW2를 누르는 순간 현재의 디스플레이에 상관없이 FND가 '0000'으로 초기화되는 계수기를 제작한다.

4.4.2 구현 방법

인터럽트는 특수한 경우에 발생하는 사건이므로 인터럽트 서비스 루틴은 가능한 짧은 시간 동안만 실행되도록 프로그램을 구성하고 나머지 부분은 메인 프로그램에서 이를 감지하여 실행하게 하는 것이 좋다. 이렇게 하는 이유는 인터럽트 서비스 루틴이 처리되는 동안에는 보통 다른 인터럽트가 발생하더라도 이에 대한 서비스가 지연될 가능성이 있기 때문이다. 이러한 것을 염두에 두고, 메인 프로그램과 인터럽트 서비스 루틴을 어떻게 프로그램 하여야 할 지 개략적으로 생각해 보자. 메모를 하면서 정리하는 것도 좋은 방법이다. 특별한 형식이 없이 자신이 이해하기 쉬운 형태로 편하게 기술하면 된다. *(* 참고 : 이런 방식을 보통 'psudo dscription'이라고 한다.)* 낙서처럼 해도 괜찮다.

- **INT4 인터럽트 서비스 루틴 (SW1을 누른 경우)**

  ① 스위치 바운스 체크를 위하여 100ms 기다림
  ② 그동안 발생하였을 수 있는 스위치 바운스에 의한 대기 인터럽트 리셋 (EIFR 의 해당 비트 클리어)
  ③ 실제 스위치가 눌러진 것이 아니면 그냥 리턴
  ④ 실제 스위치가 눌러진 것이면 count 변수 값을 1 증가시킴

- **INT5 인터럽트 서비스 루틴 (SW2를 누른 경우)**

  ① 스위치 바운스 체크를 위하여 100ms 기다림
  ② 그동안 발생하였을 수 있는 스위치 바운스에 의한 대기 인터럽트 리셋 (EIFR 의 해당 비트 클리어)
  ③ 실제 스위치가 눌러진 것이 아니면 그냥 리턴
  ④ 실제 스위치가 눌러진 것이면 count 변수 값을 0으로 초기화

- **메인 프로그램**

  ① 사용할 포트 방향 초기화
  ② 인터럽트 초기화
  ③ count 변수 값을 0으로 초기화
  ④ 무한 루프 실행
    - count 변수 값을 FND에 디스플레이 (display_fnd(int count))

> 💡 **여기서 잠깐!** **스위치 바운스(bounce)와 디바운싱(debouncing)**
>
> '스위치 바운스(bounce)'란 기계적인 스위치의 접점을 연결하거나 릴리즈할 때 순간적으로 매우 짧은 시간 동안

(100ms 이내) 고속으로 접점이 붙었다 떨어지는 것을 반복하는 현상을 말한다. 마치 공이 바닥에 떨어졌을 때 탄성으로 인하여 튀어 올랐다 떨어지는 것을 반복하는 것과 비슷하다고 생각하면 이해가 쉽다. 만약 스위치에 회로가 연결되어 있는 경우 스위치 바운스로 인하여 회로가 ON/OFF 되어 원하지 않는 동작이 발생할 수 있으므로 이 현상을 방지할 수 있는 방법이 필요한데 이것을 '스위치 디바운싱(debouncing)'이라고 한다.

'스위치 디바운싱'은 하드웨어적인 방법이 있고, 소프트웨어적인 방법이 있다.

첫째, 하드웨어적인 방법은 아래 그림과 같이 접점 부위에 저항(R)과 컨덴서(C)를 장착하거나 이에 더하여 히스테리시스가 있는 버퍼 게이트(G)를 연결하여 처리하는 방법이다.

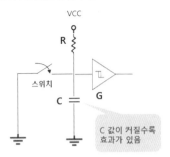

디바운싱 하드웨어가 없는 경우의 바운스 신호가 (a)와 같다면, 컨덴서와 저항만으로 디바운싱 회로를 꾸민 신호는 (b)와 같이 RC 값에 따라 '0' → '1' 변환 시나 '1' → '0' 변환 시의 신호가 부드럽고 천천히 변하는 형태를 갖게 된다. 이렇게 되면 회로에서 '0'과 '1'을 구분하는 경계 전압(V_t, threshold voltage)을 넘지 않는 신호의 경우는 바운스 방지가 가능하다. 디지털 입력으로 해석하면 (c)와 같은 신호로 해석된다. 만약 부가적으로 V_{t+} 및 V_{t-} 의 히스테리시스(hysteresis) 특성을 갖는 슈미트트리거(schmitt trigger) 게이트(G)를 추가로 더 사용한다면 (d)와 같이 좀 더 쉽게 안정된 신호를 얻을 수 있을 것이다.

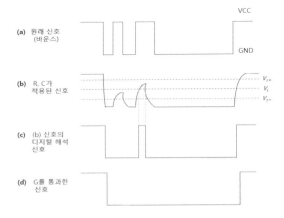

둘째, 소프트웨어적인 방법은 프로그램 내에서 딜레이를 이용하여 처리하는 방법이다. 즉, 스위치가 눌러지거나 릴리즈된

것이 확인된 시점에서 일단 바운스가 안정될 때까지의 시간(100ms 이내) 동안 기다린 후에 다시 스위치의 상태를 확인하여, 값이 동일하다면 정해진 일을 처리하고, 그렇지 않다면 스위치의 상태가 변화된 것이 아니라고 판단하여 처리하는 방법이다. 이렇게 하면 스위치의 상태가 변화된 것에 대한 서비스를 오직 한 번만 실행하게 되므로 바운스 문제를 해결할 수 있다. 단, 스위치 변화에 대한 검출이 인터럽트에 의한 것이라면 그동안 바운스에 의하여 생긴 신호 변화가 인터럽트 펜딩(대기) 상태로 남아 있을 수 있으므로 이것을 모두 해소(클리어)하는 작업을 반드시 추가로 실행해 주어야 한다.

스위치 바운스는 보통 스위치가 접점과 붙을 때 발생하는 빈도가 높지만 스위치가 접점과 떨어질 때에도 발생할 수 있으므로 정밀도를 요하는 회로에서는 이것도 고려 대상에 넣을 필요가 있다는 점도 잊지 않도록 하자.

이와 같이 프로그램하면 SW1이 눌러질 때 count 값이 1 증가하므로 숫자가 1 증가하게 되고, SW2가 눌러질 때는 count 값이 0으로 초기화 된다. 메인 프로그램에서는 항상 count 값을 FND에 디스플레이하므로 원하는 목표를 달성할 수 있다.

메인 프로그램 중에 count 값을 FND에 디스플레이하는 것은 한 문장으로 설명하였는데, 사실 어떤 숫자를 FND에 디스플레이한다는 것은 개념적으로는 간단하지만 실제로는 수~수십 라인의 프로그램을 작성하여야 하는 부분이다. 하지만 이렇게 전체적인 틀을 구성할 때는 위와 같이 명확하게 설명할 수 있는 것은 간략화하여 기술하고 그 부분만 따로 함수를 만들어서 처리하는 것이 좋을 때가 많다. 이렇게 처리하는 방식을 'divide-and-conquer'라고 한다. 좀 더 엄밀한 사전적 의미의 'divide-and-conquer'는 "원래 문제를 성질이 똑같은 여러 개의 부분 문제로 나누어 해결하여 원래 문제의 해를 구하는 방식"을 말하는데, 간단히 말하면 복잡한 것을 여러 개로 나누어서 하나씩 따로따로 해결하는 것을 의미한다. 물론 나누어진 하나가 아직도 복잡하면 또 나누면 된다.

메인 프로그램에서 어떤 숫자가 있을 때, 이것을 4-digit FND에 디스플레이하는 함수를 display_fnd(int count)라는 간략한 형태로 표현했으므로(divide) 이것은 또 어떻게 구현할지(conquer) 세부적으로 기술해 보자.

■ count 값을 FND에 디스플레이하는 프로그램
　① 0, 1, 2, …, 9 까지의 숫자에 대응되는 FND 값을 어레이로 선언하고, 4개의 FND 중 어떤 FND를 선택할 지를 결정하는 신호도 어레이로 처리
　　• 숫자 대응 값 : 0 → 0x3f, 1 → 0x06, …, 9 → 0x6f
　　　그러므로, digit[10] = {0x3f, 0x06, …, 0x6f}
　　• FND 선택 신호 : fnd_sel[4] = {0x01, 0x02, 0x03, 0x04}
　② count 값을 4개의 FND에 나누어 디스플레이하여야 하므로 4개의 숫자로 각각 분리하고

'/'(나눗셈) 및 '%'(나머지) 연산자를 잘 이용하여 처리 (count 값이 '1234'라고 가정하고 생각해보면 쉬움)

- 천 자리 숫자 : (count / 1000) % 10

  예 : (1234 / 1000) % 10 = (1 % 10) = 1

- 백 자리 숫자 : (count / 100) % 10

  예 : (1234 / 100) % 10 = (12 % 10) = 2

- 십 자리 숫자 : (count / 10) % 10

  예 : (1234 / 10) % 10 = (123 % 10) = 3

- 일 자리 숫자 : count % 10

  예 : (1234 % 10) = 4

③ 분리된 천, 백, 십, 일 자리 숫자에 해당되는 digit[숫자] 값을 실제로 각 FND에 디스플레이

마지막으로 한 가지 더 고려하여야 할 사항을 인터럽트 트리거 조건이다. 지난번 예에서는 인터럽트 트리거 조건을 'LOW Level에서 인터럽트 발생'으로 설정하였는데, 이번에는 이렇게 설정하면 문제가 발생한다. 즉, SW1이나 SW2는 한 번 눌러졌을 때 오직 한 번만 실행되어야 하는데, EICRB 레지스터의 해당 비트 세팅 값을 'LOW Level에서 인터럽트 발생'으로 설정하면 인터럽트 처리 후 다시 메인 프로그램으로 돌아갔는데도 아직 SW1이나 SW2가 눌러져 있는 상황이 되어 또 인터럽트 서비스가 실행될 수 있기 때문이다. 즉, 이러한 경우는 SW1이나 SW2가 눌러지는 순간 오직 한 번만 인터럽트 서비스 루틴이 실행되도록 하여야 하는데 이것은 EICRB 레지스터의 해당 비트 세팅 값을 '하강 에지에서 인터럽트 발생'으로 설정하면 된다. 이렇게 설정하면 SW1이나 SW2가 눌러진 순간에만 이 포트의 상태가 '1'→'0'으로 변하기 때문에 인터럽트는 이 때 오직 한 번만 발생하게 되므로 원하는 동작을 얻을 수 있다.

4.4.3 회로 구성

FND 연결은 이전 코스에서 사용한 것과 동일하게 포트를 할당하고, 스위치 포트도 이전에 사용한 포트를 할당하여 회로를 구성하면 [그림 4-11]과 같이 되며, 이것을 브레드보드에 실제로 구현한 모습은 [그림 4-12]와 같다.

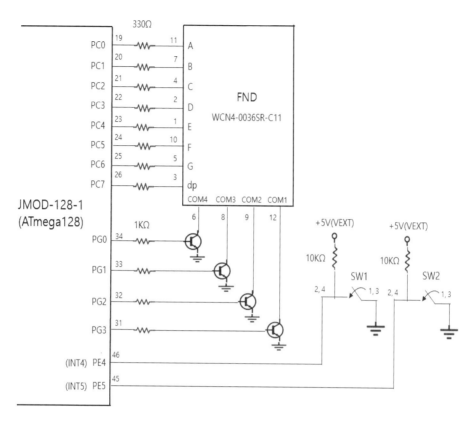

[그림 4-11] 스위치로 입장객 수 세기 회로

[그림 4-12] 스위치로 입장객 수 세기 회로 실제 연결 모습

4.4.4 프로그램 작성

지금까지의 내용을 기반으로 프로그램을 작성하면 [프로그램 4-4]와 비슷한 형태가 될 것이다.

```c
#include <avr/io.h>
#include <avr/interrupt.h>        // 인터럽트 처리 시 필요한 헤더 파일 include
#define F_CPU 16000000UL
#include <util/delay.h>

unsigned char digit[10] = {0x3f, 0x06, 0x5b, 0x4f, 0x66, 0x6d, 0x7c, 0x07, 0x7f, 0x67};
volatile int count = 0;           // 입장객수(count)는 전역변수

ISR(INT4_vect)
{
    _delay_ms(100);               // 스위치 바운스 기간 동안 기다림
    EIFR = 1 << 4;                // 그 사이에 바운스에 의하여 생긴 인터럽트는 무효화
    if ((PINE & 0x10)==0x10)      // 인터럽트 입력 핀(PE4)을 다시 검사하여
        return;                   // 눌러진 상태가 아니면('1') 인터럽트가 아니므로 리턴
    count++;                      // 눌러진 상태이면('0') 제대로 된 것이므로 입장객 수 증가
}

ISR (INT5_vect)
{
    _delay_ms(100);               // 스위치 바운스 기간 동안 기다림
    EIFR = 1 << 5;                // 그 사이에 바운스에 의하여 생긴 인터럽트는 무효화
    if ((PINE & 0x20)==0x20)      // 인터럽트 입력 핀(PE5)을 다시 검사하여
        return;                   // 눌러진 상태가 아니면('1') 인터럽트가 아니므로 리턴
    count = 0;                    // 눌러진 상태이면('0') 제대로 된 것이므로 입장객 수 초기화
}

void display_fnd(int count)
{
    int num_1000, num_100, num_10, num_1;
    num_1000 = (count/1000)%10;                        // 천 자리 숫자 추출
    PORTC = digit[num_1000];      PORTG = 0x08;  _delay_ms(2);
    num_100 = (count/100)%10;                          // 백 자리 숫자 추출
    PORTC = digit[num_100];       PORTG = 0x04;  _delay_ms(2);
    num_10 = (count/10)%10;                            // 십 자리 숫자 추출
    PORTC = digit[num_10];        PORTG = 0x02;  _delay_ms(2);
    num_1 = count%10;                                  // 일 자리 숫자 추출
```

```
    PORTC = digit[num_1];          PORTG = 0x01;    _delay_ms(2);
}


int main(void)
{
    DDRC = 0xff;                // C 포트는 FND 데이터 출력 신호
    DDRG = 0x0f;                // G 포트는 FND 선택 출력 신호
    DDRE = 0x00;                // PE4(SW1), PE5(SW2)을 포함한 PE 포트는 입력 신호
    EICRB = 0x0a;               // INT4, INT5 하강 에지(Falling Edge) 트리거
    EIMSK = 0x30;               // INT4, INT5 인터럽트 활성화
    SREG |= 0x80;               // SREG의 I(Interrupt Enalbe) 비트(bit7) '1'로 세트
    while (1)
            display_fnd(count);  // 평상시에는 항상 FND 디스플레이
}
```

[프로그램 4-4] 스위치로 입장객 수 세기 프로그램

4.4.5 구현 결과

프로그램을 실행시킨 후, SW1을 눌렀을 때 [그림 4-13]과 같이 숫자가 1씩 증가하고, SW2를 눌렀을 때는 항상 '0000'으로 초기화되면 성공이다.

[그림 4-13] 스위치로 입장객 수 세기 프로그램 실행 결과

4.5 실전 응용 : 스위치로 1/100초 스톱워치 만들기

4.5.1 1/100 스톱워치

스톱워치를 만들려면 일단 어떤 기능을 넣어서 어떤 형태로 구현할 것인지 규격을 정해야 한다. 현재 시중에서 판매하고 있는 스톱워치를 살펴보도록 하자.

[그림 4-14] 스톱워치 종류 [4-1], [4-2]

왼쪽 것은 아날로그(기계식) 스톱워치이다. 오른쪽 것은 왼쪽 것을 디지털로 바꾸어 놓은 것처럼 보이는 스톱워치이다. 한 가지 공통점은 최소 2개의 누름(tactile) 스위치를 가지고 있다는 것이다. 스톱워치의 기능상 최소한 stop/go를 결정하는 스위치가 1개는 있어야 하고, 처음부터 다시 시작할 필요가 있으므로 초기화용 스위치도 1개는 있어야 한다. 요즈음은 스마트폰의 앱이 이러한 스톱워치 기능도 가지고 있으므로 따로 스톱워치를 구입할 필요가 별로 없겠지만 연습의 목적으로 만들어 볼 필요는 있다. 앞에서 언급한 2종류의 스위치는 SW1, SW2로 대치하도록 하고 디지털 디스플레이는 FND로 대치하도록 한다면 JMOD-128-1을 이용하여 1/100 스톱워치를 만들 수 있을 것이다.

4.5.2 목표

우리가 DIY로 제작할 스톱워치의 기능을 다시 명확하게 기술해 보자. 제대로 제작하려면 일단 대상의 기능을 명확하게 규정해 놓는 것이 중요하기 때문이다.
목표는 다음과 같다.

- 처음에 전원이 들어오면 FND에는 '00.00'이 디스플레이 된다.
- SW1을 누르면 스톱워치가 동작(go)하게 되고 이 때부터 1/100초 단위로 시간을 재서 실시간으

로 디스플레이한다. 이 때 FND의 왼쪽의 2개 digit는 초 값이 나타나며, 오른쪽의 2개 digit는 1/100초 값이 나타난다. 구분을 위하여 왼쪽에서 2번째 digit에는 점(.)이 표시되어야 한다.

- SW1을 다시 누르면 스톱워치가 정지(STOP)되고 그 순간의 시간을 디스플레이한다.
- SW1을 한 번 더 누르면 스톱워치는 다시 동작(GO)하고 실시간으로 시간을 디스플레이한다. 이 때 디스플레이 되는 시간은 최초 SW1을 눌러 동작(GO)된 후로부터 지나간 총 시간을 의미한다. 즉, 내부적으로 시간은 정상적으로 계속 흐르고 있어야 한다. 다시 SW1을 누르면 당연히 정지 (STOP)되며 이후의 SW1 동작은 동작/정지를 반복한다.
- SW2를 누르면 현재의 상태와 관계없이 '00.00'을 디스플레이하는 초기 상태(IDLE)로 돌아간다.
- 동작(GO) 상태인 경우 '99.99' 초가 되면 그 다음은 '00.00' 초를 디스플레이한 후 계속 진행한다.

4.5.3 상태 천이

이번 구현에서 이전에 사용한 스위치의 기능과 눈에 띄게 다른 것은 SW1의 용도이다. SW1은 처음 누르면 스톱워치를 가게(go)하고, 다시 누르면 정지(stop)하도록 되어 있는데 이는 SW1을 누른다는 동작은 동일하지만, 현재의 상태에 따라 실행되는 내용(기능)이 달라지게 됨을 의미한다. 좀 더 쉽게 말하면, [그림 4-15]처럼 현재 상태가 STOP상태라면 SW1이 눌러졌을 때 GO 상태로 변하면서 '1'을 실행할 것이고, 현재 상태가 GO 상태라면 SW1이 눌러졌을 때 STOP 상태로 변하면서 '2'를 실행할 것이다. (* 참고 : 상태가 변하는 것은 상태 천이(state transition)라고 하며, 상태와 상태 천이를 모두 한꺼번에 그려놓은 그림을 상태도(state diagram)라고 한다.)

사실 상태와 관련한 개념은 설명이 조금 더 필요한 개념이나, 여기서는 [그림 4-15] 정도를 이해하는 수준에서 만족하도록 하고 이것이 어떻게 사용되는지는 프로그램을 구현하는 과정을 통하여 조금 더 자세히 살펴보도록 하자.

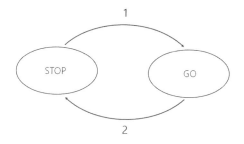

[그림 4-15] 스톱워치의 GO/STOP 상태 천이

4.5.4 구현 방법

이제 스톱워치를 어떻게 구현할까를 생각해야 하는데, '상태'에 대한 개념을 배웠으므로 이것을 잘 이용해서 구현해 보자.

일단 SW1은 GO/STOP용 스위치로 할당하고, SW2는 리셋(초기화, IDLE)용 스위치로 할당하며, 스위치가 눌러지는 순간이 중요하므로 인터럽트는 하강에지(falling edge) 시에 동작하는 것으로 설정한다. 상태 다이어그램의 경우, 처음에 아무것도 시작하지 않은 상태는 IDLE 상태, 스톱워치가 흘러가는 시간을 디스플레이 하는 상태는 GO 상태, 스톱워치가 멈춰서 스위치가 눌러진 시간을 디스플레이하는 상태는 STOP 상태로 정의한 후, 메인 프로그램과 인터럽트 서비스 루틴을 어떻게 프로그램하면 되는지 생각해 보자.

■ INT4 인터럽트 서비스 루틴(SW1을 누른 경우)

사용자가 스톱워치의 SW1을 한 번 눌렀다는 것은 누른 순간의 시간을 확인하고자 하는 것이므로 그 순간의 현재시간 값(cur_time)을 저장하고 이 값만 계속 디스플레이한다. SW1을 한 번 더 누르면 이번에는 진행하고 있는 현재 시간 값(cur_time)을 디스플레이한다. 즉, 다음과 같이 동작하도록 프로그램한다.

　① SW1이 눌러진 시점이 만약 IDLE 또는 STOP 상태라면 현 상태를 GO 상태로 바꾸고, GO 상태라면 STOP 상태로 바꾸면서 현재시간(cur_time)을 정지시간(stop_time)으로 저장함

■ INT5 인터럽트 서비스 루틴(SW2를 누른 경우)

사용자가 스톱워치의 SW2를 눌렀다는 것은 처음부터 다시 초기화(리셋)하기 위한 것이므로 다음과 같이 동작하도록 프로그램한다.

　① 현 상태를 무조건 IDLE 상태로 바꾸면서 현재시간 값(cur_time)과 정지시간 값(stop_time)을 0으로 초기하시킴

■ 메인 프로그램

초기화와 디스플레이를 실행할 수 있도록 다음과 같이 프로그램한다.

① 사용할 포트 방향 초기화

② 인터럽트 초기화

③ 현재시간 값(cur_time)과 정지시간 값(stop_time)을 0으로 초기화하고 상태(state)를 IDLE 상태로 초기화함

④ 아래 내용을 무한히 반복 실행

- 현재 상태를 검사하여,
  - 만약 IDLE이나 STOP 상태이면 FND에 정지시간 값(stop_time)을 디스플레이 함(상태가 바뀌지 않는 한 디스플레이 값은 변화가 없음)
  - 만약 GO 상태이면 FND에 현재시간 값(cur_time)을 디스플레이하고 현재시간 값(cur_time)을 업데이트함(상태가 바뀌지 않으면 디스플레이 값은 계속 변함)

이제 알고리즘은 준비가 끝났으므로, 상태(state)에 대한 이야기만 조금 더 진행한 후, 실제로 프로그램을 작성해 보자. GO 상태와 STOP 상태는 이해가 되는 것 같은데 IDLE 상태는 무엇일까? IDLE과 STOP은 동일한 상태가 아닌가? 무엇이 다를까? IDLE 상태는 최초 전원이 들어가거나 SW2에 의하여 리셋이 된 상태로 아직 SW1이 한 번도 눌러지지 않은 초기 상태이므로 시간이 흐르지 않지만(cur_time = 0), STOP 상태는 SW1이 최소 한 번은 눌러진 이후에 생성된 상태여서 시간이 계속 흐르고 있는(cur_time++) 점이 다르다. 그러므로 이를 기반으로 1/100 스톱워치에 적용될 상태도(state diagram)를 그려보면 [그림 4-16]와 같이 된다.

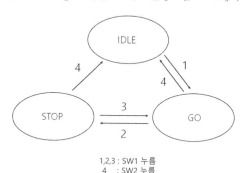

1,2,3 : SW1 누름
4 : SW2 누름

[그림 4-16] 1/100 스톱워치의 상태도

SW1을 누르면 상태가 IDLE → GO → STOP → GO → STOP → ... 형태로 계속 진행되며, SW2를 누르면 현 상태에 상관없이 무조건 IDLE 상태로 변하게 되는 것을 확인할 수 있다.

4.5.5 회로 구성

회로 구성은 '스위치로 입장객 수 세기' 회로인 [그림 4-11]과 동일하다.

4.5.6 프로그램 작성

이제까지 설명한 이론들을 프로그램으로 구현해보자. 전반적으로 인터럽트 서비스 루틴 작성 방법이나, FND에 숫자를 디스플레이하는 방법들은 이미 다 습득하였으므로 크게 어려울 것이 없으리라 생각되며, 세부 내용은 [프로그램 4-5]의 주석을 참조하기 바란다.

이번 프로그램에서 눈여겨보아야 할 것은, 상태 변수(state) 값이 메인 프로그램과 인터럽트 서비스 루틴에서 어떻게 연관되어 사용되는 지를 잘 확인하고 사용법을 숙지하는 것이다. SW1과 SW2가 눌러질 때마다 상태는 IDLE, GO, STOP의 3가지 상태로 변하며 또한 각 상태에서의 실행 내용도 각각 다르다는 것을 확인하고 이해하여야 한다. 그리고 혹시 몰라 한 가지만 더 부연 설명한다면, 1/100초의 시간을 측정하는 메인 기능은 FND 디스플레이를 실행하는데 소요되는 시간을 1/100초(10ms)로 맞추고, 이때마다 현재시간 값(cur_time)을 1 증가시키는(cur_time++) 방법을 이용하여 구현하였다는 점을 확인하기 바란다.

내용 중, sei( ) 함수는 'SEt Interrupt'의 약어로 SREG의 I(Global Interrupt Enable) 비트를 세트('1')시켜서 전체적으로 인터럽트가 허용되도록 하는 라이브러리 함수이다. 이 함수는 'interrupt.h' 파일을 include 시켜야만 사용할 수 있다. 이와 반대되는 개념의 cli( ) 함수는 'CLear Interrupt'의 약어로 SREG의 I(Global Interrupt Enable) 비트를 클리어('0')시켜서 전체적으로 인터럽트가 마스크되도록 하는 라이브러리 함수이므로 이 함수의 사용법도 함께 익혀두자.

```
#include <avr/io.h>              // ATmega128 register 정의
#include <avr/interrupt.h>       // 인터럽트 서비스 루틴 처리 시 사용
#define F_CPU 16000000UL
#include <util/delay.h>
#define IDLE        0            // IDLE 상태 값
#define STOP        1            // STOP 상태 값
#define GO          2            // GO 상태 값
```

```c
volatile int cur_time = 0;              // '현재 시간' 변수 초기화
volatile int stop_time = 0;             // 'stop 시간' 변수 초기화
volatile int state = IDLE;              // state : 현재 상태를 나타내는 전역변수(Global Variable)
                                        // 처음 시작 시에는 IDLE 상태에서 출발

unsigned char digit[]= {0x3f, 0x06, 0x5b, 0x4f, 0x66, 0x6d, 0x7c, 0x07, 0x7f, 0x67};
unsigned char fnd_sel[4] = {0x01, 0x02, 0x04, 0x08};      // FND 선택 신호 어레이

ISR(INT4_vect)
{
    _delay_ms(100);                     // 스위치 바운스 기간 동안 기다림
    EIFR = 1 << 4;                      // 그 사이에 바운스에 의하여 생긴 인터럽트는 무효화
    if ((PINE & 0x10)==0x10)            // 인터럽트 입력 핀(PE4)을 다시 검사하여
        return;                         // SW1이 눌러진 상태가 아니면 리턴

    if (state == IDLE || state == STOP)   // IDLE 또는 STOP 상태라면
            state = GO;                   // → GO (상태 변경)
    else                                  // 만약 GO 상태라면
    {
        state = STOP;                     // → STOP (상태 변경)
        stop_time = cur_time;             // 그리고, "현재 시간"을 "stop 시간"으로 복사
    }
}

ISR(INT5_vect)
{
    _delay_ms(100);                     // 스위치 바운스 기간 동안 기다림
    EIFR = 1 << 5;                      // 그 사이에 바운스에 의하여 생긴 인터럽트는 무효화
    if ((PINE & 0x20)==0x20)            // 인터럽트 입력 핀(PE5)을 다시 검사하여
        return;                         // SW2가 눌러진 상태가 아니면 리턴

    state = IDLE;                       // 상태(state) 초기화, RESET 시 → IDLE
    cur_time = 0;                       // '현재 시간' 변수 초기화
    stop_time = 0;                      // 'stop 시간' 변수 초기화
}

void init_stopwatch(void);              // main 함수가 call하는 함수는 main
                                        // 함수보다 먼저 나타나거나 그 타입만
                                        // 먼저 나오고 나중에 call 경우 유효함
void display_fnd(int);                  // 마찬가지 이유

int main()
```

```
{
    init_stopwatch( );
    while(1)
    {
            if (state == IDLE)                  // IDLE 상태이면
                display_fnd(stop_time);         // 초기값 00.00 디스플레이, 시간은 가지 않음
            else if (state == STOP)             // STOP 상태이면
            {
                display_fnd(stop_time);         // SW1이 눌러진 순간의 stop 시간 디스플레이
                cur_time++;                     // 시간은 계속 증가
            }
            else                                // GO 상태이면
            {
                display_fnd(cur_time);          // 현재 시간 디스플레이
                cur_time++;                     // 시간은 계속 증가
            }
            if (cur_time == 10000)              // 99.99 다음은 00.00
                cur_time = 0;
    }
}

void init_stopwatch(void)
{
    DDRC = 0xff;                     // C 포트는 FND 데이터 신호
    DDRG = 0x0f;                     // G 포트는 FND 선택 신호
    DDRE = 0x00;                     // PE4(SW1), PE5(SW2)을 포함한 PE 포트는 입력 신호
    sei();                          // SREG 7번 비트(I) 세트
                                    // sei() 는 "SREG |= 0x80" 와 동일한 기능을 수행

    EICRB = 0x0a;                   // INT4, INT5 트리거는 하강 에지(Falling Edge)
    EIMSK = 0x30;                   // INT4, INT5 인터럽트 enable
}

void display_fnd(int count)         // 이 함수의 1회 수행시간은
                                    // 약 10ms(1/100초)로 _delay_ms()
                                    // 외의 코드 실행시간은 us 단위이므로 무시

{
    int i, fnd[4];                  // 각 자리수의 변수를 다르게 해도 되지만
                                    // 여기처럼 변수를 어레이로 잡는 것도 방법임

    fnd[3] = (count/1000)%10;       // 천 자리
    fnd[2] = (count/100)%10;        // 백 자리
    fnd[1] = (count/10)%10;         // 십 자리
    fnd[0] = count%10;              // 일 자리
    for (i=0; i<4; i++)             // 어레이의 첨자를 이용하면 프로그램 단순화 가능
```

```
    {
        if (i==2)
            PORTC = digit[fnd[i]] | 0x80;    // 2번째 digit에는 원래 값에 구분점(dot)을 추가하여 디스플레이
        else
            PORTC = digit[fnd[i]];           // 나머지 digit에는 원래 값만 디스플레이
        PORTG = fnd_sel[i];                  // FND 선택 신호 결정
        if (i%2)
            _delay_ms(2);                    // i가 홀수일 때는 2ms,
        else
            _delay_ms(3);                    // i가 짝수일 때는 3ms
                                             // 4번 루프를 돌므로 총 10ms(1/100초) 경과
    }
}
```

[프로그램 4-5] 1/100초 스톱워치 프로그램

4.5.7 구현 결과

프로그램을 실행 시킨 후, SW1과 SW2를 눌렀을 때 [그림 4-17]과 같이 정해진 기능에 맞게 잘 동작하면 성공이다.

휴일에 이 1/100 스톱워치를 들고 동네에 있는 학교 운동장에 가족과 함께 가서 각자의 100m 달리기 기록을 1/100초 단위로 측정해 보는 것은 어떨까? ... 조금 번거로울라나?

[그림 4-17] 1/100초 스톱워치 프로그램 실행 결과

4.6 DIY 연습

[SW-1] 다음의 조건을 만족하는 '초시계'를 제작한다.

- ★ FND 디스플레이는 1초마다 1씩 증가한다.
- ★ '0000'에서 시작하고 '9999' 다음은 다시 '0000'이 된다.
- ★ SW1을 한 번 누르면 진행을 멈추고 다시 누르면 진행한다.
- ★ SW2를 누르면 디스플레이는 초기 상태인 '0000'이 된다.

[SW-2] 다음의 조건을 만족하는 '시한폭탄 카운트 계수기'를 제작한다.

- ★ FND 디스플레이는 1/10 초마다 1씩 감소한다.
- ★ 초기 값은 '9999'이고 정지 상태이다.
- ★ SW1을 한 번 누르면 진행하고 한 번 더 누르면 정지하며, 이러한 것은 반복된다.
- ★ SW2를 누르면 디스플레이는 '9999'로 초기화된다.

[SW-3] 다음의 조건을 만족하는 '엘리베이터 층 수 표시기'를 제작한다.

- ★ 건물 층은 지하 3층부터 지상 22층까지 있다.
- ★ 엘리베이터는 2초마다 1층씩 올라가거나 내려오며, 최상층이나 최하층에 도달하면 자동으로 이동 방향이 바뀐다.
- ★ 엘리베이터 층 수 숫자 표시는 4-digit FND의 가운데 2개만 사용하여 디스플레이하며, 지하 표시는 숫자 앞에 '-'를 붙여 구분한다.
  (예 : 지하 1층은 '-1' 로 표시됨)
- ★ SW1은 한 번 누르면 정지하고 한 번 더 누르면 다시 진행한다.
- ★ SW2는 한 번 누를 때마다 엘리베이터의 이동 방향이 바뀐다.

Course

5 버저로 '산토끼' 노래 연주하기

이번 코스의 목표는 버저를 이용하여 여러 가지 소리를 내보는 것이다. 삐~ 소리,
전화벨 소리, 도레미파솔라시도 음계, … 이 모든 것이 다 잘 된다면 '산토끼' 노래를
연주해보고, 자신이 좋아하는 노래도 그럴 듯하게 연주해 보자.
혹시 비틀즈의 'Let It Be'도 가능할라나?

✳ 이번 코스에 필요한 부품 목록 ✳

번호	품명	규격	수량	기타
1	LED	빨강/노랑/녹색	8	5Φ
2	저항	330Ω	8	1/4W
3	삐에조 버저	GEC-13C	1	소형

5.1 소리와 버저

5.1.1 소리

ATmega128로 소리를 만들어보기 전에, 먼저 소리에 대한 간단한 기초 지식을 보충해 보자.

소리는 공기를 진동시켜 생성된 압력파가 귀의 고막으로 전달되어 감지되는 것으로, 보통 다양한 종류의 사인파를 중첩한 형태의 파형이 주기적으로 반복되는 형태를 가진다. 전자회로로 간단히 소리를 생성할 때는 디지털 주기 파형으로 HIGH 값과 LOW 값을 번갈아 오르내리는 구형파(사각파)를 생성하면 되는데 이 구형파는 사인파에 비하여 소리가 날카롭고 듣기에 조금 거슬리는 단점이 있다. [그림 5-1]은 사인파와 구형파의 형태를 나타낸 것이다.

[그림 5-1] 사인파와 구형파

소리를 구별하는 3 요소는 세기, 높이, 맵시이다. 소리의 세기는 보통 데시벨(dB)로 표시하며, 진폭이 클수록 큰 소리가 된다. 소리의 높이는 보통 음계로 나타내며, 주파수가 높아지면 고음의 소리가 나게 된다. 마지막으로 소리의 맵시는 파형의 형태로 나타내며, 소리를 생성한 소스에 따라 소리의 생긴 모양이 다르게 되는 것으로, 같은 세기의 같은 음계라도 바이올린 소리와 플루트 소리는 맵시가 다르므로 구별할 수 있게 되는 것이다. [그림 5-2]는 소리의 3 요소를 나타내고 있다.

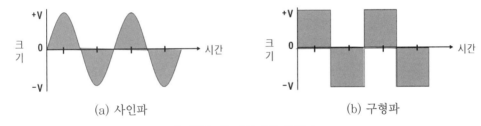

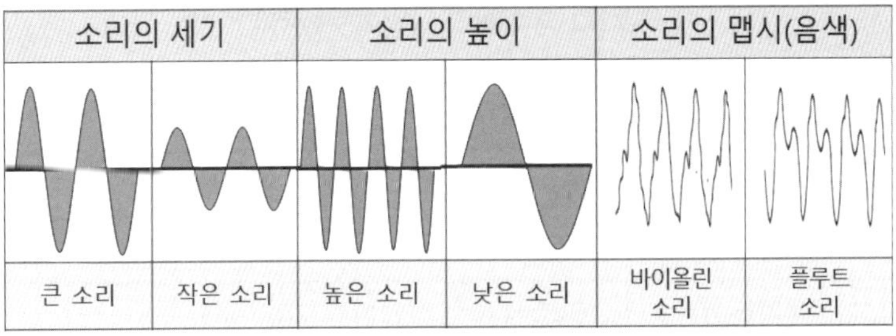

소리의 세기		소리의 높이		소리의 맵시(음색)	
큰 소리	작은 소리	높은 소리	낮은 소리	바이올린 소리	플루트 소리

[그림 5-2] 소리의 3 요소

5.1.2 버저

버저는 소리를 생성해 내는 하나의 장치이다. 보통 버저에는 2개의 선이 연결되어 있는데, 여기에 전압(+5V 등)을 가해주면 바로 소리가 나는 버저를 액티브(active) 버저라고 하고, 전압을 일정한 주기로 HIGH → LOW → HIGH → LOW… 형태로 반복해 줄 때 소리가 나는 버저를 패시브(passive) 버저라 한다. 프로그램을 이용하여 여러 가지 소리를 만들어 보기를 원한다면 패시브 버저를 사용하여야 한다. [그림 5-3]은 일반적인 패시브 버저의 외관이다.

[그림 5-3] 패시브 버저의 외관

버저의 내부는 [그림 5-4]와 같은 구조를 갖는데 이를 이용하여 동작 원리만 간단히 설명하면 다음과 같다.

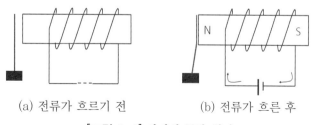

(a) 전류가 흐르기 전   (b) 전류가 흐른 후

[그림 5-4] 버저의 동작 원리

(a)과 같이 철심에 코일을 감아 놓은 구조에서 (b)와 같이 코일에 전류를 흘리면 철심은 N, S 극을 갖는 전자석이 된다. 이때 고정된 철판이 이 전자석의 왼편에 있다면, 전자석이 철판을 끌어당겨 서로 맞붙게 되는데 이 때 금속이 부딪히면서 소리가 난다. 이 상태에서 전류를 끊으면 전자석은 더 이상 자석이 아니므로 철판을 잡아 당겼던 힘이 사라지고 붙어있던 철판이 철심과 떨어지면서 다시 (a)의 상태로 되돌아가게 된다. 이런 동작을 1초에 수십 ~ 수천 번 반복하면, 이 주파수에 해당되는 만큼 철판이 부딪혀 소리가 생성된다. *(* 참고 : 사람이 알아들을 수 있는 소리의 주파수는 약 20 ~ 20,000Hz 범위이다.)*

5.1.3 삐에조 버저

한편, 버저 중에는 위와 같이 전자석을 이용하지 않고 소리를 발생시키는 것으로 수정진동자를 이용한 삐에조 버저도 있다.

삐에조 버저는 수정진동자에 연속적으로 전류를 보내면 이에 따라 수정진동자 판이 늘어졌다 수축되었다 하면서 공기를 진동시켜 소리가 발생하는 원리를 이용한다. 전자석을 이용한 버저의 경우는 유도기전력의 발생에 따른 부작용을 감쇄시키기 위하여 관성 다이오드 등이 필요한 경우가 있지만, 삐에조 버저는 그와 같은 현상이 발생하지 않기 때문에 부가적인 부품이 필요하지 않고 극성이 없다는 장점이 있어 최근 실습용 버저로 많이 사용된다.

[그림 5-5]은 일반적인 삐에조 버저와 그 심볼을 나타낸 것인데, 예를 들어 한 쪽을 ATmega128의 포트 하나에 연결해 놓고 다른 한 쪽을 GND에 연결한 다음 이 포트에 적당한 주기를 갖도록 '1' → '0' → '1' → '0' 값이 나타나도록 프로그램한다면 어떤 소리를 만들 수 있을 것이다.

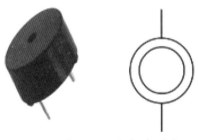

[그림 5-5] 삐에조 버저 및 심볼

5.1.4 버저 회로 설계 기초

버저 회로를 설계할 때 가장 중요한 사항은 버저에 HIGH, LOW 의 출력을 제공하는 ATmega128의 포트 실장이다. GPIO 포트 중 아무 것이나 선택하여 버저를 직접 제어할 수도 있지만, 추후 구현을 위하여 PWM(Pulse Width Modulation, 펄스폭 변조) 기능도 제공될 수 있는 포트를 할당하는 것이 좋다. PWM 은 [그림 5-6]과 같이 주기적으로 반복되는 신호에 있어서 듀티사이클(duty cycle, 펄스 간격에 대한 HIGH 신호 길이의 비율)을 조절할 수 있는 기능인데, 이와 같은 기능은 타이머/카운터라는 ATmega128 의 내부 자원에 의하여 구현될 수 있으므로 매우 편리하게 응용될 수 있다.

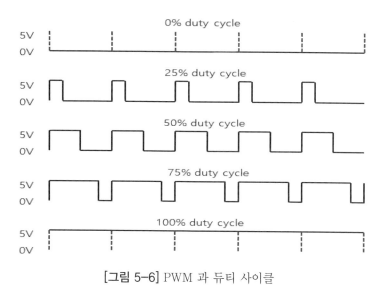

[그림 5-6] PWM 과 듀티 사이클

5.2 버저로 "삐~" 소리 내기

5.2.1 목표

삐에조 버저를 이용하여 500Hz 주파수의 "삐~" 소리를 발생시킨다.

5.2.2 구현 방법

삐에조 버저는 다른 부가적인 부품이 필요하지 않으므로 설계가 단순하다. 앞에서 이야기한대로 한 쪽은 ATmega128의 PWM 기능을 가진 GPIO 단자에 연결하고 다른 한 쪽은 GND에 연결해 놓으면 된다. *(* 참고 : ATmega128에서 PWM 기능을 가진 GPIO 포트는 'OCx' (x는 숫자) 형태의 또 다른 이름을 가진다.)*

프로그램은 일단 직접적으로 포트를 제어하여 HIGH, LOW 신호를 생성하여 500Hz 신호(주기 2ms)를 만들면 되므로, 1ms 동안은 HIGH, 다음 1ms 동안은 LOW 신호를 반복적으로 생성하도록 작성하면 된다.

5.2.3 회로 구성

[그림 5-7]과 같이 ATmega128의 PWM 포트 중 하나인 PB4(OC0)에 삐에조 버저의 한 쪽을 연결하고, 다른 한 쪽은 GND에 연결한다. [그림 5-8]은 브레드보드에 실제로 구성한 모습이다.

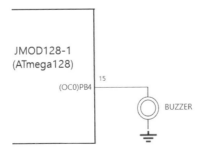

[그림 5-7] "삐~" 소리 발생 장치 회로

[그림 5-8] "삐~" 소리 발생 장치 회로 실제 연결 모습

5.2.4 프로그램 작성

구현 방법에서 설명한대로, PB4를 1ms 동안 HIGH('1'), 다음 1ms 동안 LOW('0')가 되도록 프로그램을 작성하면 된다. 단, 이제까지 LED, FND, 스위치를 연결한 포트는 포트 전체를 출력 또는 입력의 한 가지로 통일하여 신호를 제어하였다면, 이번 프로그램에서는 버저가 할당된 PB4를 제외한 다른 포트는 그대로 둔 채 오직 PB4 신호만 제어할 수 있도록 프로그램하기로 한다.

ATmega128의 GPIO 핀은 비트 단위로 인터페이스가 가능하지만 프로그램 처리는 포트의 크기인 바이트 단위로 이루어진다. 이런 경우 다른 비트의 값은 원래의 값을 유지하면서 자신이 원하는 비트만 '1'로 세트(set) 시키거나 '0'으로 클리어(clear) 시켜야 하는 상황이 발생할 수 있는데 이럴 때 써먹을 수 있는 일반적인 방법을 먼저 알아보자. 이것이 해결되면 PB4 신호만 제어하는 것은 저절로 해결될 수 있을 것이다.

먼저 특정 비트를 '1'로 세트하는 방법은, 원하는 비트만 '1'이고 나머지 비트는 모두 '0'인 바이트 값을 생성하고 이 값을 원래 값과 '비트 OR'(|) 연산을 수행하면 된다. 이렇게 되는 이유는 원하는 비트는 '1'과 '비트 OR'를 수행하므로 무조건 '1'이 되고, 나머지 비트는 '0'과 '비트 OR'를 수행하므로 자신이 가지고 있는 원래 값이 유지되기 때문이다.

예를 들어, PORTB 레지스터의 4번 비트를 '1'로 세트하고 싶다면 'PORTB = PORTB | 0x10;'을 실행하면 된다. 0x10은 0b00010000이므로 앞의 설명과 일치함을 알 수 있을 것이다. 또한, 'PORTB = PORTB | (1<<4);'와 같이 시프트 연산자를 사용하는 방법도 자주 사용된다. 1을 4번 좌측으로 시프트 시키면 0x10이 되므로 같은 결과가 나온다. 좀 더 우아하게 프로그램하고 싶다면 '#define'을 이용하여 미리 '#define BIT4 4'와 같이 선언해 놓은 뒤 이 후 'PORTB |=

(1〈〈BIT4);'와 같이 코딩할 수도 있을 것이다.

특정 비트를 '0'으로 클리어하는 방법은, 원하는 비트만 '0'이고 나머지 비트는 모두 '1'인 바이트 값을 생성하고 이 값을 원래 값과 '비트 AND'(&) 연산을 수행하면 된다. 이렇게 되는 이유는 원하는 비트는 '0'과 '비트 AND'를 수행하므로 무조건 '0'이 되고, 나머지 비트는 '1'과 '비트 AND'를 수행하므로 자신이 가지고 있는 원래 값이 유지되기 때문이다.

예를 들어, PORTC 레지스터의 3번 비트를 '0'으로 클리어하고 싶다면 'PORTC = PORTC & 0xf7;'을 실행하면 된다. 0xf7은 0b11110111이므로 위의 설명과 일치함을 알 수 있을 것이다. 또한, 'PORTC = PORTC & ~(1〈〈3);'와 같이 시프트 연산자와 비트 NOT 연산자를 함께 사용하는 방법도 자주 사용된다. 1을 3번 좌측으로 시프트 시키면 0x08이 되고 이것에 비트 NOT 연산을 적용하면 0xf7이 되므로 같은 결과가 나온다. 미리 '#define BIT3 3'과 같이 선언해 놓은 뒤 'PORTC &= ~(1〈〈BIT3);'와 같이 코딩할 수도 있을 것이다. 이러한 방법은 변수의 특정 비트를 세트하거나 클리어할 때도 적용이 가능하므로 이번 기회에 사용법을 잘 숙지해 놓기 바란다.

이제 다시 처음으로 돌아가 보자. 구현된 프로그램은 [프로그램 5-1]과 같다. 방법을 알고 나니 이렇게 간단할 수가!

```c
#include <avr/io.h>

#define F_CPU 16000000UL
#include <util/delay.h>

int main()
{
    DDRB |= 0x10;              // PB4만 출력 상태로 세팅
    while(1)
    {                         // 500Hz로 동작
            PORTB |= 0x10;    // PB4만 1ms 동안 HIGH 상태 유지
            _delay_ms(1);
            PORTB &= 0xef;    // PB4만 1ms 동안 LOW 상태 유지
            _delay_ms(1);
    }
}
```

[프로그램 5-1] "삐~" 소리 발생 장치 프로그램

5.2.5 구현 결과

프로그램 실행 결과 "삐~" 소리가 끊기지 않고 시끄럽게 들리면 성공이다. 소리는 보이지 않으므로 실행 결과 사진은 없다.

5.3 전화벨 소리 울리기

5.3.1 목표

삐에조 버저를 이용하여 "찌르릉~"하고 울리는 전화벨 소리를 생성한다.

5.3.2 구현 방법

일단 "찌르릉~"하고 울리는 소리의 주파수를 알아야 구현이 가능한데, 우리가 소리 분석 전문가는 아니므로 이미 알려져 있는 전화벨 분석 내용을 참조하기로 한다. 전화벨 소리는 개략적으로 [그림 5-9]와 같이 2 종류의 주파수를 갖는 소리와 묵음이 적당한 간격으로 반복적으로 구성되어 있다고 알려져 있다.

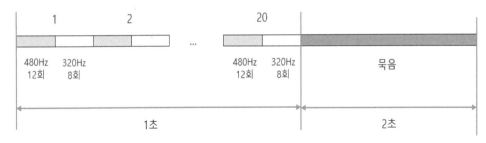

[그림 5-9] 전화벨 소리의 주파수 구성

그러므로 2가지 주파수의 신호를 교대로 1초 동안 생성하고, 약 2초 동안 아무런 소리 없이 쉬었다가, 이후 이를 계속적으로 반복하는 패턴을 만들어 내면 "찌르릉~" 소리를 생성할 수 있다. 이전에 500Hz의 신호를 생성하는 프로그램을 만들어 보았으니 하나씩 순서대로 차근차근 만들어 가면 어렵지 않게 프로그램이 가능할 것이다.

5.3.3 회로 구성

회로는 이전 "삐~" 소리 발생기 회로인 [그림 5-7]과 동일하다.

5.3.4 프로그램 작성

반복적인 부분이 많으므로, 특정 주파수의 펄스를 주어진 개수만큼 만드는 buzzer(int hz, int count)라는 함수를 먼저 만들고 이것을 이용하여 전체를 구현하면 좀 더 편리할 것 같으므로 이렇게 처리하기로 하자. [프로그램 5-2]는 완성된 프로그램이다.

```c
#include <avr/io.h>
#define F_CPU 16000000UL
#define __DELAY_BACKWARD_COMPATIBLE__
                            // Atmel Studio 7에서 _delay_ms() 함수의 인수로
                            // 상수가 아닌 인수를 사용하는 경우에 선언 필요
#include <util/delay.h>
void buzzer(int hz, int count);    // 함수 원형을 main() 뒤에 쓰기 위하여 먼저 선언

int main()
{
    int i;
    DDRB |= 0x10;           // PB4만 출력으로 설정

    while(1)
    {
            for(i=0; i<20; i++)    // 1초 동안 2개 주파수의 소리 혼합 생성
            {
                buzzer(480, 12);   // 480Hz로 12회
                buzzer(320, 8);    // 320Hz로 8회
            }
                _delay_ms(2000);   // 2초 동안 묵음
    }
}


void buzzer(int hz, int count)     // hz의 주파수를 갖는 펄스를 count 개수만큼 생성
{
    int i, us;
    us = (1000UL * 1000)/hz/2;     // 1개 펄스의 ON 또는 OFF의 us 단위
    for(i=0; i<count; i++)
    {
            PORTB |= 1 << 4;       // buzzer ON
            _delay_us(us);         // (us)us 동안 delay
            PORTB &= ~(1 << 4);    // buzzer OFF
            _delay_us(us);         // (us)us 동안 delay
    }
}
```

[프로그램 5-2] 전화벨 소리 생성 프로그램

_delay_ms( )가 ms 단위의 시간 지연을 위한 라이브러리라면 _delay_us( )는 us 단위의 시간 지연을 위한 라이브러리이다. 좀 더 정확한 주파수 생성을 위하여 여기서는 _delay_us( )를 사용하였다. 이 라이브러리의 입력 매개 변수로 사용하는 us의 계산은 'us = (1000UL * 1000) /hz/2;'로 되어 있는데 여기서 '1000UL'로 표시된 부분은 상수 1000을 unsigned long(4 바이트) 타입으로 처리하라는 의미로, 이렇게 하여야만 '1000UL * 1000'의 결과인 1000000이 제대로 저장되기 때문이다. *(* 주의 : 만약 그냥 '1000 * 1000'으로 코딩한다면, Atmel Studio 7 환경에서 일반적인 상수 처리 타입인 unsigned int의 크기인 2바이트를 넘어가게 되어 오버플로우가 발생하므로 잘못된 결과가 생성된다.)*

5.3.5 구현 결과

프로그램 실행 결과 "찌르릉~" 소리가 연속적으로 들리면 성공이다. 소리는 보이지 않으므로 역시 실행 결과 사진은 없다.

5.4 '도레미파솔라시도' 음계 만들기

5.4.1 음계

'도레미파솔라시도'는 음계라고 하는데, 이는 소리의 3 요소 중 음의 높이(tone, pitch)를 말하는 것이다. 앞에서 살펴본 것과 같이 음계를 결정짓는 것은 바로 소리 성분의 주파수이다. 그러면 어떤 주파수가 어떤 음계의 소리를 낼까? '도레미파…' 음계는 총 8옥타브까지 있으며, 한 옥타브 간 음계의 주파수 차이는 2배 차이가 나도록 이미 표준 음계가 정해져 있다. 결국, 모든 음계는 이미 정해진 고유 주파수가 있다는 뜻이다. 하나의 포트만 있으면 어떤 임의의 주파수를 갖는 펄스를 만들 수 있으므로, '도레미파…' 각각의 표준 주파수를 안다면 어떤 음이던 소리를 낼 수가 있다. [표 5-1]는 한 예로 6번째 옥타브에 해당하는 음계의 주파수를 표로 나타낸 것이다.

[표 5-1] 6번째 옥타브 음계의 주파수

음계	도	레	미	파	솔	라	시	(도)*
주파수	1046.5	1174.7	1318.5	1396.9	1568.0	1760.0	1975.5	(2093.0)

(도)* 로 표시된 것은 7번째 옥타브의 '도'

각 음계 사이에도 정해진 수학적인 계산 방법이 있지만, 여기서는 그냥 한 단계 높은 옥타브의 '도'에 해당되는 주파수가 한 단계 낮은 옥타브의 '도'에 해당되는 주파수의 2배가 된다는 사실, 즉, 한 옥타브의 음계 차이가 나면 주파수는 2배가 된다는 정도만 상식으로 기억해 놓도록 하자.

5.4.2 목표

삐에조 버저를 이용하여 6번째 옥타브의 '도레미파솔라시도' 소리를 각 1초간 생성하며, 이 때 각 음계에 대응하는 LED(8개)가 ON 되도록 한다.

5.4.3 구현 방법

정해진 음계에 해당하는 주파수의 역수를 취하면 1개 펄스의 주기가 나오므로 이 주기의 1/2에 해당되는 시간 동안 HIGH, 다시 1/2에 해당되는 시간 동안 LOW가 되도록 삐에조 버저에 연결된 포트의 값을 프로그램 하되, 각 음계 당 1초가 되도록 프로그램하며 이 때 대응되는 LED도 ON 시킨다. 아직은 타이머/카운터(Timer/Counter)와 같이 정확하게 시간을 잴 수 있는 내부 하드웨어의 사용법을 모르므로, 그냥 _delay_ms() 와 _delay_us()만을 사용하여 구현해 보도록 하자.

5.4.4 회로 구성

회로는 이전의 회로에 LED 회로를 추가한 형태로 [그림 5-10]과 같고, 브레드보드에 실제로 구성한 모습은 [그림 5-11]과 같다. (*참고 : LED 연결이 번거로운 사람은 이것을 생략해도 좋다. 단, LED는 디버깅 용도로 많이 사용되므로 실제 사용하지 않는 경우에도 연결해 놓는 것이 편리할 수 있다.)

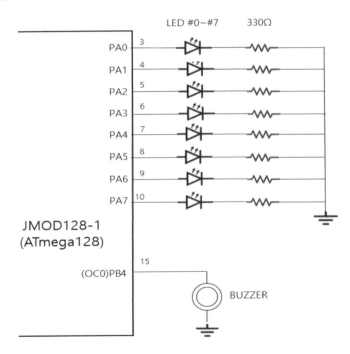

[그림 5-10] '도레미파솔라시도' 음계 만들기 회로

[그림 5-11] '도레미파솔라시도' 음계 만들기 회로 실제 연결 모습

5.4.5 프로그램 작성

이전에는 _delay_us( ) 라이브러리만 사용하였는데 이번에는 연습의 의미로 _delay_ms( ) 라이브러리와 _delay_us( ) 라이브러리를 함께 사용하여 프로그램해 보기로 한다. [프로그램 5-3]은 완성된 '6 번째 옥타브 음계 생성 프로그램'이다. 버저 음을 생성할 때 그 음에 대응되는 LED를 ON 시키는 코드가 함께 삽입되도록 유의하자.

```c
#include <avr/io.h>
#define F_CPU 16000000UL
#define __DELAY_BACKWARD_COMPATIBLE__
#include <util/delay.h>

void buzzer(int hz, int count);                 // 함수 원형을 main() 뒤에 쓰기 위하여 먼저 선언

int main()
{
    int i;
    int hertz[] = {1047, 1175, 1319, 1397, 1568, 1760, 1976, 2093};
                                                // 도~도 주파수, 반올림하여 정수 표시
    int loop[] = {1047, 1175, 1319, 1397, 1568, 1760, 1976, 2093};
                                                // 1초간 실행 횟수
    char LED[] = {0x01, 0x02, 0x04, 0x08, 0x10, 0x20, 0x40, 0x80};
                                                // 각 음계에 대응되는 LED의 값
    DDRA = 0xff;                                // PORTA(LED)는 출력으로 설정
    DDRB |= 0x10;                               // PB4(버저)는 출력으로 설정
    while(1)
```

```
        {
                for (i=0; i<8; i++)
                {
                    PORTA = LED[i];                  // LED로 도~도 음 디스플레이, 시각화 조치
                    buzzer(hertz[i], loop[i]);       // 도~도 음 1초간 생성
                }
                _delay_ms(1000);                     // 생성 후 1초 동안 묵음
        }
}

void buzzer(int hz, int count)                       // hz의 주파수를 갖는 펄스를 count 개수만큼 생성
{
    int i, millis, micros;
    millis = 1000/(2*hz);                            // 1개 펄스의 ON 또는 OFF의 ms 단위
    micros = (1000.0/(2*hz) − millis) * 1000;        // 1개 펄스의 ON 또는 OFF의 us 단위
    for (i=0; i<count i++)
    {
            PORTB |= 1 << 4;                         // buzzer ON
            _delay_ms(millis);                       // (millis)ms동안 delay
            _delay_us(micros);                       // (micros)us 동안 delay
            PORTB &= ~(1 << 4);                      // buzzer OFF
            _delay_ms(millis);                       // (millis)ms 동안 delay
            _delay_us(micros);                       // (micros)us 동안 delay
    }
}
```

[프로그램 5-3] 6번째 옥타브 음계 생성 프로그램

'millis = 1000/(2*hz);'에서 millis는 정수이다. 'micros = (1000.0/(2*hz) − millis) * 1000;'의 계산에서 '1000.0/(2*hz)'는 1000.0이 소수이므로 계산된 결과도 소수이다. 그러므로 '1000.0/(2*hz) − millis'는 결국 밀리초(ms) 단위로 계산된 소수 부분이므로 이것을 1000배한 값의 정수를 취한 값인 micros는 마이크로초(us) 단위로 환산된 시간이 된다.

5.4.6 구현 결과

프로그램 실행 결과는 [그림 5-12]와 같다. 6번째 옥타브에 해당되는 '도레미파솔라시도' 음계가 순서대로 1초씩 생성됨과 동시에 마치 피아노 건반이 눌러진 것 같은 형태로 LED의 불빛이 차례

로 함께 변하는 것을 확인할 수 있다.

[그림 5-12] 음계 생성 프로그램 실행 결과 ('솔' 음계가 생성된 모습)

5.5 타이머/카운터는 1급 내부 자원

5.5.1 타이머/카운터

정교하지 않은 시간을 처리할 때는 별 문제가 생기지 않지만, 1 us 보다 작은 시간을 정밀하게 처리하여야 하는 경우, 일반적으로 제공되는 _delay_ms()나 _delay_us()와 같은 딜레이 라이브러리를 사용하는 것은 한계가 있다. 즉, 딜레이 라이브러리는 딜레이 중 인터럽트가 발생하는 경우 그 처리 시간만큼 더 지연이 되어 정확한 시간을 제공하지 못하며, 또한 딜레이 라이브러리를 수행하는 동안에는 다른 프로그램을 동시에 진행할 수 없다는 단점이 있다.

그러면 이러한 문제를 해결할 수 있는 방법은 없는 것일까?

ATmega128 은 내부에 타이머/카운터(timer/counter)라는 하드웨어를 내장하여 이러한 요구를 해결하도록 도와준다. 타이머/카운터는 마이크로컨트롤러 응용에서는 상당히 많이 사용되는 매우 중요한 1 급 자원이다. 타이머/카운터를 사용하는 방법이 꽤 어렵다고 생각하는 사람도 있겠지만, 사실 기본 동작은 별로 어렵지 않다. 사용하지도 않을 복잡한 내용은 다 떼어 내고, 꼭 필요한 것만 머리에 쏙 넣어서 쉽게 사용해 보도록 하자. 복잡한 제어가 필요한 경우가 생기면 그 때 가서 조금 더 공부하면 된다.

타이머(timer)는 말 그대로 타임(time) 즉, 시간을 측정하는 장치이다. 0.1초, 0.01초, 0.001초... 나노초(ns) 단위까지 측정이 가능하다. 이전 코스에서 딜레이 함수를 이용하여 1/100초 스톱워치를 구현해 본 경험이 있지만, 타이머는 좀 더 정밀한 시간을 측정하는 응용에 사용될 수 있다. 왜냐하면 타이머는 마이크로컨트롤러가 사용하는 클록(ATmega128의 경우 16MHz) 펄스 개수를 기반으로 측정하므로 매우 정밀한 측정이 가능하기 때문이다.

한편, 카운터(counter)는 우리말로 계수기라고 하는데, 한마디로 어떤 사건의 개수를 세는 장치를 말한다. 이것도 이전 코스에서 스위치로 사람 수를 세는 장치를 제작해 본 경험이 있다. 입장객 수, 사건 발생 횟수, 끌음 수 등을 측정할 때 유용하다.

타이머와 카운터는 기능이 비슷하므로 보통 동일한 하드웨어로 구현되며, ATmega128의 경우도 하나의 자원으로 통합되어 있는데, 이것을 조금 더 자세하게 살펴보자.

5.5.2 ATmega128의 Timer/Counter0 제어

ATmega128의 내부에는 4개의 타이머/카운터가 있는데 이들 중 Timer/Counter0와 Timer/Counter2는 8비트 타이머/카운터이고, Timer/Counter1, Timer/Counter3는 16비트 타이머/카운터이다. 2종류의 타이머/카운터는 비트수를 제외하고는 기능적으로 거의 동일하다.

[그림 5-13]을 통하여 Timer/Counter0의 동작을 살펴보자. 모드에 따라 동작이 다를 수 있지만 여기서는 가장 간단한 'Normal' 모드를 기준으로 설명하도록 한다.

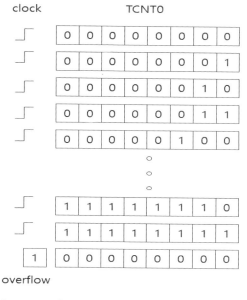

[그림 5-13] Timer/Counter0(TCNT0) 동작

TCNT0는 Timer/Counter0의 카운터 값을 저장하는 레지스터로 외부 클록이 한 번 입력될 때마다 자신이 가지고 있는 카운터 값을 1씩 증가시켜, $0 \rightarrow 1 \rightarrow 2 \rightarrow 3 \rightarrow 4 \rightarrow \cdots \rightarrow 254(\text{0xfe})$ $\rightarrow 255(\text{0xff}) \rightarrow 0 \cdots$ 이런 패턴으로 동작한다. 물론 읽고 쓰기가 가능하므로 어떤 특정 값을 초기에 써 놓으면 그 값부터 1씩 증가한다. 그런데, 255(0xff)인 상태에서 클록이 입력되는 경우 8비트 숫자가 더 이상 커질 수 없으므로 오버플로우(overflow)가 생기면서 255(0xff) $\rightarrow$ 0으로 변화하며, 이 때 내부에 미리 설정해 놓은 경우, 오버플로우(overflow) 인터럽트가 발생하도록 만들 수 있다. 기본 동작은 크게 어려운 것이 없다.

나머지 추가적으로 필요한 내용을 간단히 몇 가지만 더 확인해 두자. Timer/Counter0 관련하여 동작을 제어하기 위한 레지스터로는 TCCR0(Timer Counter Control Register 0)가 있고 형태는 [표 5-2], [표 5-3], [표 5-4], [표 5-5]와 같다.

[표 5-2] TCCR0의 각 비트

7	6	5	4	3	2	1	0
FOC0	WGM01	COM01	COM00	WGM00	CS02	CS01	CS00

[표 5-3] WGM01~00 값에 따른 파형 생성(Waveform Generation) 모드 선택

WGM01	WGM00	설명
0	0	일반(Normal) 모드
0	1	위상정정 PWM(Phase Correct PWM) 모드
1	0	CTC(Clear Timer on Compare match) 모드
1	1	고속 PWM(Fast PWM) 모드

[표 5-4] COM01~00 값에 따른 비교 출력(Compare Output) 모드 선택

COM01	COM00	설명 (*일반 모드의 경우)
0	0	일반(Normal), OC0 미작동
0	1	비교 매치 시 OC0 토글(Toggle)
1	0	비교 매치 시 OC2=0
1	1	비교 매치 시 OC2=1

[표 5-5] CS02~00 값에 따른 프리스케일러 선택

CS02	CS01	CS00	설명
0	0	0	클럭 입력 차단
0	0	1	1 분주, No 프리스케일러
0	1	0	8 분주
0	1	1	32 분주
1	0	0	64 분주
1	0	1	128 분주
1	1	0	256 분주
1	1	1	1024 분주

■ CS02~00 (Clock Select)

CS02~00은 프리스케일러(pre-scaler)를 선택하는 것인데 고속의 클럭을 사용하여 타이머를 동작시킬 때나 긴 주기의 시간을 측정하기 위해 클럭을 분주하는 경우에 사용된다. [그림 5-14]와 같이 8분주 프리스케일러를 선택한 경우에는 8번의 클럭이 발생하여야 TCNT0에 1번의 클럭이 전달되게 된다. 만약 큰 프리스케일러 값을 선택하게 된다면 좀 더 긴 시간 동안 동작하는 타이머를 만들 수 있다. ATmega128의 Timer/Count0는 최대 1024분주까지 가능하고, 만약 1분주를 선택하면 기본 클럭이 그대로 TCNT0의 클럭으로 입력된다.

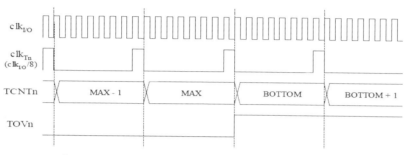

[그림 5-14] 8분주 프리스케일러 사용시 카운팅 방법 [5-1]

TIMSK(Timer Counter Interrupt Mask Register)는 타이머/카운터의 인터럽트 생성 여부를 결정하는 레지스터로 형태는 [표 5-6]과 같다. TCNT0 값이 255(0xff) → 0(0x00)로 변하면서 오버플로우가 발생할 때 인터럽트가 발생하도록 하려면 해당 비트인 TOIE0(Timer0 Overflow Interrupt Enable)를 '1'로 세트하면 된다.

[표 5-6] TIMSK의 각 비트

7	6	5	4	3	2	1	0
OCIE2	TOIE2	TICIE1	OCIE1A	OCIE1B	TOIE1	OCIE0	TOIE0

■ TOIE0 (Timer0 Overflow Interrupt Enable) – '1'로 세트시 TCNT0에서 오버플로우가 발생하면 인터럽트 발생

5.5.3 타이머/카운터로 원하는 시간을 세팅하는 방법

이제 타이머로 원하는 시간을 세팅하는 방법을 살펴보자. 예를 들어 100us 마다 반복적으로 인

터럽트가 걸리도록 하는 방법은 다음과 같다.

- 프리스케일러의 값을 정하여 타이머의 기본 주기를 계산한다. 예를 들어, 16MHz 클럭 사용시 프리스케일러가 32이면, 타이머 클럭의 주기는 '(1/(16*1000000)) * 32 = 2us'가 된다.
- 주기적으로 인터럽트가 걸리기를 원하는 시간을 타이머의 기본 주기로 나누어 필요한 클록 사이클을 계산한다. 100us마다 인터럽트가 걸리게 하려면 '100/2 = 50' 클록이 필요하다.
- '256 – 필요한 클록 사이클 값'을 TCNT0에 저장한다.
  앞의 예라면, '256–50 = 206' 값을 TCNT0에 저장하면 된다.
- 오버플로우 인터럽트를 활성화 상태로 만든다.

엄밀하게 말하면 TCNT0에 값을 쓰거나 인터럽트가 걸려서 이것을 처리하는 시간 등도 전체 시간에 포함되므로 아주 정밀하게 시간을 맞출 수는 없지만 이런 시간들은 나노초(ns) 단위이므로 무시하는 것이 보통이다.

5.6 타이머/카운터를 이용하여 '도' 소리 내기

5.6.1 목표

삐에조 버저를 이용하여 6번째 옥타브의 '도' 소리를 지속적으로 생성한다. 단, 마이크로컨트롤러의 타이머/카운터 자원을 이용하여 구현한다.

5.6.2 구현 방법

주파수에 해당하는 펄스를 생성하여야 하는 것은 이전과 동일하다. 다만, 이 펄스의 ON/OFF 시간에 해당되는 측정을 딜레이 라이브러리를 사용하지 않고, Timer/Counter0을 이용하여 처리할 수 있도록 한다.

6번째 옥타브 '도'의 주파수는 1046.5인데 이것의 역수, 1/1046.5초를 계산해 보면 1개 펄스의 주기는 955.5us가 된다. 듀티 사이클을 50%라고 가정하면 [그림 5-15]와 같이 이 신호의 ON 시간은 약 478 us 가 되고 OFF 시간도 약 478 us가 된다.

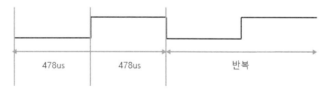

478us 478us 반복

[그림 5-15] 듀티 사이클이 50% 인 경우 '도' 음계의 주기

지금까지 학습한 것을 바탕으로 어떻게 하면 Timer/Counter0로 이 펄스를 만들 수 있는지 방법을 찾아보자.

- ATmega128은 16Mhz로 동작한다. 즉, 1 클록의 주기는 '1/16000000 = 0.0625 us'이다.
- 프리스케일러를 32분주로 선택한다면, 이 클록의 주기는 '0.0625 X 32 = 2us' 이다.
- 478us 동안 ON 상태를 유지하여야 하고 1개의 클록 주기는 2us이므로, 총 '478/2 = 239개'의 클록 시간 동안 지나가면 된다.
- 239개의 클록이 지나가면 인터럽트를 발생시키고, 인터럽트 서비스 루틴에서는 버저 신호가 ON

상태이면 OFF 상태로 만들고, OFF 상태이면 ON 상태로 바꾸어 펄스 신호를 발생시킨다.

- 이 주기로 인터럽트를 발생시키기 위해서는 TCNT0에 '(256 - 239) = 17' 값을 써 넣고 기다리면 TCNT0 값이 17 → 18 → 19 → ⋯ → 254 → 255(0xff) → 0 으로 변하면서 총 239 클록 후에 TCNT0 오버플로우 인터럽트가 발생된다. 물론 처음에 TIMSK의 TOIE0 비트는 '1'로 세트시켜 놓아야만 한다.
- 인터럽트 서비스 루틴 마지막에는 TCNT0 값을 다시 17로 써 넣고 인터럽트 서비스루틴을 빠져 나온다. 이렇게 하면 이때부터 다시 239 클록이 지난 후에 TCNT0 오버플로우 인터럽트가 또 발생하게 되므로 반복적으로 처리된다.

이와 같은 방법을 사용하면 '도'뿐만 아니라 임의의 음계도 자유롭게 생성해 낼 수 있을 것이다.

5.6.3 회로 구성

회로는 이전 "삐~" 소리 발생기 회로 [그림 5-7]과 동일하다.

5.6.4 프로그램 작성

조금 편리하게 프로그램하기 위하여 TCNT0에 들어갈 음계에 해당하는 값을 미리 계산해 놓으면 좋을 것이다. 예를 들어 '도'의 경우, 이 값은 17이므로 #define으로 이 값을 미리 정해 놓으면 프로그램에서 처리하기가 쉬워진다. 또한, 오버플로우 인터럽트가 걸릴 때마다 버저 신호의 ON/OFF가 바뀌면(toggle) '도' 소리가 생성되는 것이므로, 버저의 상태를 나타내는 상태 변수를 하나 생성하고 이것을 인터럽트 서비스루틴 내에서 값이 바뀌도록 처리하면 간단하게 기능을 구현할 수 있다. 완성된 프로그램은 [프로그램 5-4]와 같다.

```
#include <avr/io.h>
#define F_CPU 16000000UL
#include <util/delay.h>
#include <avr/interrupt.h>


#define ON            1          // 버저 ON
#define OFF           0          // 버저 OFF
```

```
#define DO_DATA       17            // '도' 음을 내기 위한 TCNT0 값
volatile int state = OFF;


ISR(TIMER0_OVF_vect)                // Timer/Counter0 오버플로우 인터럽트 서비스 루틴
{
    TCNT0 = DO_DATA;                // TCNT0 초기화 (DO 음을 만들기 위한)
    if (state == OFF)
    {
            PORTB |= 1 << 4;        // 버저 포트 ON
            state = ON;
    }
    else
    {
            PORTB &= ~(1 << 4);     // 버저 포트 OFF
            state = OFF;
    }
}


int main()
{
    DDRB |= 0x10;                   // 버저 연결 포트(PB4) 출력 설정
    TCCR0 = 0x03;                   // 프리스케일러 32분주
    TIMSK = 0x01;                   // 오버플로우 인터럽트 활성화, TOIE0 비트 세트
    sei();                          // 전역 인터럽트 활성화
    TCNT0 = DO_DATA;                // TCNT0 초기화 (DO 음의 경우)
    while(1)
            ;
}
```

[프로그램 5-4] 타이머/카운터를 이용한 '도' 음계 생성 프로그램

5.6.5 구현 결과

프로그램 실행 결과 6번째 옥타브의 '도' 음이 끊이지 않고 계속 들리면 성공이다. 소리는 보이지 않으므로 실행 결과 사진이 없다.

5.7 실전 응용 : 버저로 '산토끼' 노래 연주하기

5.7.1 목표

삐에조 버저를 이용하여 '산토끼' 노래를 연주한다. 이 때 각 음계에 대응하는 LED(8개)는 ON이 되도록 한다.

5.7.2 구현 방법

어떤 음계든 소리를 낼 수 있다면 이론적으로는 어떠한 노래의 연주도 가능하다. 정말 그런지 '산토끼' 노래가 연주되는 프로그램을 작성할 수 있도록 구현 방법을 생각해 보자.

- '산토끼' 노래의 음계(계명) 및 음길이를 준비한다.
  - 음계인 '솔미(R)미 솔미도 레미레 도미솔 또솔또솔또솔미 솔레파 미레도(EOS)'를 어레이로 준비하고, 각 음계에 대응되는 음길이도 어레이로 준비함. (높은 '도'는 '또'로 표기하였음) 추후 이것을 하나씩 꺼내서 소리를 발생시킴
  - '(R)'로 표시된 부분은 같은 높이의 음계가 연음인 경우 통합되어 하나의 소리로 들리는 것을 방지하기 위하여 매우 짧은 시간(1 ms) 동안의 묵음(rest)을 나타내는 임시 음계임
  - '(EOS)'로 표시된 부분은 노래의 마지막을 나타내는 임시 음계임
  - 음길이는 보통빠르기로 연주하였을 때 1분간 4분음표의 박자수가 96개가 되는 것을 기준으로 함(그러므로 4분음표의 음길이는 '60초/96 → 60*1000/96 ms → 약 625ms'가 됨)

- 메인 프로그램에서는 다음을 실행한다.
  - Timer/Counter0 초기화 (TCCR0, TIMSK, TCNT0, 전역인터럽트 등)
  - 음계 어레이로부터 한 음씩 읽어서 TCNT0에 이에 대응되는 값을 넣음과 동시에 연계된 LED를 ON 시킨 후, 이 음계에 대응되는 음길이 어레이 값만큼 딜레이 시킨 후 다음 음으로 넘어감
  - 음계의 마지막을 검사하여 마지막이면 다시 처음부터 시작

- TCNT0 오버플로우 인터럽트 서비스 루틴에서는 아래를 실행한다.
  - 상태(state)를 검사하여 상태(state)를 반대 상태로 변경하고 버저 포트도 반대로 ON/OFF 시킴

- 인터럽트가 동일한 간격으로 계속 발생할 수 있도록 TCNT0를 메인프로그램에서 사용하는 음계 어레이의 대응되는 값으로 세트

5.7.3 회로 구성

회로는 이전 '도레미파솔라시도' 음계 만들기 회로인 [그림 5-10]과 동일하다.

5.7.4 프로그램 작성

[프로그램 5-5]는 완성된 산토끼 연주 프로그램이다.

```
#include <avr/io.h>
#include <avr/interrupt.h>
#define F_CPU          16000000UL
#define __DELAY_BACKWARD_COMPATIBLE__
                              // Atmel Studio 7에서 _delay_ms() 및 함수의 인수로
                              // 상수가 아닌 인수를 사용하는 경우에 선언 필요
#include <util/delay.h>

#define    DO       0
#define    RE       1
#define    MI       2
#define    FA       3
#define    SOL      4
#define    RA       5
#define    SI       6
#define    DDO      7
#define    REST     8
#define    EOS      -1         // End Of Song 표시
#define    ON       0          // 버저 ON
#define    OFF      1          // 버저 OFF

#define    N2       1250       // 60*1000/96*2
#define    N4       625        // 60*1000/96
#define    N8N16    469        // N8+N16
#define    N8       313        // 60*1000/96/2
#define    N16      156        // 60*1000/96/4
```

```
#define    R        1          // 묵음은 1ms

volatile int state, tone;
char f_table[] = {17, 43, 66, 77,                       // 도레미파솔라시도에 해당하는
              97, 114, 129, 137, 255};                  // TCNT0 값을 미리 계산한 값
int song[] = {SOL, MI, REST, MI, SOL, MI, DO, RE, MI, RE, DO, MI, SOL, DDO,
              SOL, DDO, SOL, DDO, SOL, MI, SOL, RE, FA, MI, RE, DO,
              EOS};                                     // 산토끼 계명, EOS = End Of Song

int time[] = {N4, N8, R, N8, N8, N8, N4, N4, N8, N8, N8, N8, N4,
              N8N16, N16, N8, N8, N8, N8, N4, N4, N8, N8, N8, N8, N4};
                                                        // 산토끼 박자
char LED[] = {0x01, 0x02, 0x04, 0x08, 0x10, 0x20, 0x40, 0x80, 0x00};   //각 음계에 대응되는 LED의 값

ISR(TIMER0_OVF_vect)             // Timer/Counter0 오버플루우 인터럽트 서비스 루틴
{
    TCNT0 = f_table[tone];       // TCNT0 초기화 (주어진 음을 만들기 위한)
    If (state == OFF)
    {
            PORTB |= 1 << 4;     // 버저 포트 ON
            state = ON;
    }
    else
    {
            PORTB &= ~(1 << 4);  // 버저 포트 OFF
            state = OFF;
    }
}

int main()
{
    int i=0;
    DDRA = 0xff;                 // LED는 출력
    DDRB |= 0x10;                // 버저 연결 포트(PB4) 출력 설정
    TCCR0 = 0x03;                // 프리스케일러 32분주
    TIMSK = 0x01;                // 오버플로우 인터럽트 활성화, TOIE0 비트 세트
    TCNT0 = f_table[song[i]];    // TCNT0 초기화
    sei();                       // 전역인터럽트 활성화
    while(1)
    {
            i=0;                                         // 노래 반복 초기화
            do {
                tone = song[i];                          // 현재 음계
                PORTA = LED[tone];                       // LED 표시
                _delay_ms(time[i++]);                    // 한 계명당 지속 시간
            } while (song[i] != EOS);                    // 노래 마지막 음인지 검사
```

```
        }
}
```

[프로그램 5-5] 버저로 '산토끼' 노래 연주하기 프로그램

노래의 음계 끝에 'EOS'를 선언한 것은 어디가 노래의 끝인지 모르기 때문에 어레이의 마지막임을 알리기 위한 것으로 활용법을 익혀 놓으면 다른 프로그램에서도 유용하게 응용할 수 있다. f_table[8]은 '도레미파솔라시도'에 해당되는 TCNT0 값을 미리 계산해서 할당해 놓은 어레이이다. 이렇게 어레이로 만들어 놓은 후, 나중에 각 음계가 나왔을 때 이에 대응되는 값을 찾아서 TCNT0를 세팅한다면 원하는 소리를 낼 수 있다. FND 코스에서 1, 2, 3, … 숫자에 해당되는 FND 데이터 값을 미리 구해서 어레이에 저장해 놓고 사용한 예와 같은 맥락이다.

인터럽트 서비스루틴에 있는 'TCNT0 = f_table[tone];'에서 f_table[tone]은 tone에 해당되는 음계 소리를 내기 위한 것인데, tone 값은 메인프로그램에서 각 음계의 음길이만큼의 딜레이 직후에 바뀌게 됨을 확인해 보자. 즉, 메인프로그램에서는 'do~ while' 문을 사용하면서 루프를 수행하게 되는데 그 루프 안에서 tone 값을 노래 음계 순서대로 음길이 후마다 바뀌게 되므로 각 음계는 그 음길이 동안만 소리가 지속되게 된다.

💡 여기서 잠깐! 'do~ while' 문 사용 시 주의사항

'do~ while' 문은 아래와 같은 형태를 가지고 있는 구문으로, 최소 1번은 무조건 실행문을 실행한 후 조건식을 검사하여 '참'이면 계속하여 실행문 루프를 다시 실행하고 '거짓'이면 다음 프로그램으로 진행하는 C 언어 구문이다.

```
    do
    {
        실행문;
    } while (조건식);
```

조건식에 상관없이 최소 1 번은 무조건 실행하여야 할 일이 있을 때 사용하며, 이 구문을 사용할 때 마지막 줄 'while(조건식);' 오른쪽에 있는 ';' 은 반드시 넣어주어어 하므로 주의를 요한다.

5.7.5 구현 결과

프로그램 실행 결과는 [그림 5-16]과 같다. '산토끼' 노래가 적당한 빠르기로 박자에 맞게 연주되는 것으로 들리면 성공이다. 음계에 해당되는 LED가 ON 되도록 프로그램하였으므로 연주를 들으면서 반짝이는 불빛을 함께 보는 것도 쏠쏠한 재미를 선사할 것이다.

[그림 5-16] 버저로 '산토끼' 노래 연주하기 프로그램 실행 결과 (음계 '미' 연주)

5.8 DIY 연습

[BUZZ-1] 자신이 좋아하는 노래가 연주되는 '노래 연주기'를 제작한다.

[BUZZ-2] 노래가 연주되는 동안 노래의 음 높이에 해당되는 개수만큼의 LED에 불이 켜지는 '비주얼 노래 연주기'를 제작한다. 예를 들어 '도'이면 LED 1개만 불이 켜지고 '솔'이 면 LED 5개에 불이 켜져야 한다.

[BUZZ-3] 3개의 노래가 저장되어 있고, 이것이 스위치를 누를 때마다 새로운 노래로 바뀌어 연주되는 '노래방 반주기'를 제작한다.

6 모터로 자연풍 선풍기 만들기

이번 코스의 목표는 모터로 자연풍 선풍기를 만드는 것이다. 우리 주변에는 수많은 모터가 있다. 자동차, 엘리베이터, 에어컨, 청소기, 믹서, 로봇, … 움직이는 전자제품 속에는 예외 없이 모터가 들어 있다. 우리도 모터를 이용하여 움직이는 장치를 만들어 보자. DC 모터로 자연풍 선풍기를 만들어서, 머리 감은 후 이것으로 말려보는 것은 어떨까?

＊ 이번 코스에 필요한 부품 목록 ＊

번호	품명	규격	수량	기타
1	LED	빨강/노랑/녹색	4	5Φ
2	저항	330Ω	4	1/4W
3	저항	150Ω	1	1/4W
4	저항	10KΩ	2	1/4W
5	트랜지스터	MPS2222A	1	NPN형
6	모터 드라이브 모듈	JMOD-MOTOR-1	1	2 채널
7	DC 모터	RC260B 또는 3~6V 미니 모터	1	소형
8	다이오드	1N4001	1	모터 역전압 방지용
9	프로펠러	플라스틱 프로펠러	1	모터 결합용
10	전원공급기	JBATT-D5-1	1	DC 5V 레귤레이터
11	건전지 팩	AA 타입 4구	1	직렬 연결
12	건전지	AA 타입	4	1.5V x 4 = 6V

6.1 움직이는 것은 모두 모터다

6.1.1 모터의 동작 원리

모터는 전기에너지를 운동에너지로 바꾸는 장치로, 한마디로 전류를 흘리면 축을 중심으로 몸체가 "왱~" 하고 회전하는 장치이다. 주변의 전자기기 중 움직이는 것은 전부 모터라고 해도 틀리지 않을 정도로 모터는 매우 다양한 곳에서 다양한 용도로 사용된다. [그림 6-1]에 우리가 흔히볼 수 있는 소형 DC 모터를 나타내었다.

[그림 6-1] 소형 DC 모터

DC 모터는 DC 전원을 사용하는 모터인데 영구자석의 자기장 속에서 도체에 DC 전류를 흐르게하면 [그림 6-2]와 같이 '플레밍의 왼손 법칙'에 나타나는 방향으로 힘이 발생하여 모터 몸체가움직이게 되는 원리를 이용한 모터이다.

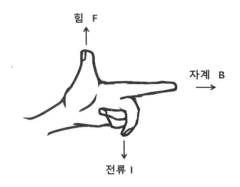

[그림 6-2] 플레밍의 왼손 법칙

플레밍의 왼손 법칙은 집게손가락 방향의 자계가 있는 곳에서 가운뎃손가락 방향으로 전선에 전류를 흘리면 엄지손가락 방향으로 전선에 힘이 작용한다는 물리 법칙인데, [그림 6-3]을 보면서조금 더 자세하게 원리를 설명해 보자.

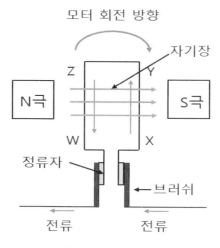

[그림 6-3] 모터의 내부 구조

N극 → S극 방향으로 자기장이 형성되므로 집게손가락의 방향은 오른쪽이다. 그림에서 ZW로 표시되는 도선으로는 Z → W 방향으로 전류가 흐르므로, 집게손가락의 방향은 그대로 유지한 채 가운뎃손가락의 방향을 위쪽에서 아래쪽 방향으로 취하면 힘의 방향은 엄지손가락 방향인 앞쪽 방향이 된다. 한편, XY로 표시되는 도선은 ZW와 전류 방향이 반대이므로 힘을 뒤쪽 방향으로 받게 된다. 결국, XYZW의 도선은 한쪽은 앞으로, 한쪽은 뒤로 힘을 받으므로 축을 중심으로 시계 방향으로 돌게 된다. 180° 회전하였을 때는 XY가 ZW위치에, ZW는 XY 위치에 도착하게 되는데, 이 때 정류자에 의하여 흐르던 전류의 방향이 반대로 바뀌게 되므로 힘도 반대 방향으로 작용하여, 항상 시계 방향으로 돌게 되는 것이다. 만약 전류를 반대 방향으로 공급한다면 이번에는 모터가 반시계 방향으로 회전할 것이라는 것은 쉽게 추측할 수 있을 것이다.

6.1.2 모터 제어 회로 설계 기초

기본적인 동작 원리는 이해가 되었으니, 이 모터를 제어하려면 모터를 어떻게 마이크로컨트롤러와 연결하여야 할 것인지 생각해보자. 예를 들어 [그림 6-4]와 같이 연결하면 어떨까? (M 표시가 있는 것은 모터 심볼이다.)

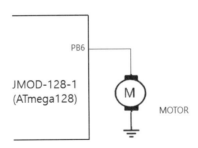

[그림 6-4] 모터에 포트를 직접 연결하는 경우

모터의 한쪽에 PORT B의 한 비트를(PB6)를 연결하고 다른 한 쪽은 GND에 묶어 놓으면 PB6 포트로 모터 제어가 가능할까? PB6이 HIGH이면 모터로 전류가 흐르므로 힘을 받아 모터가 돌고, PB6이 LOW이면 모터로 전류가 흐르지 않으므로 힘이 작용하지 않아 모터가 정지하지 않을까? 그럴듯하긴 한데, 그렇게 동작하지는 않는다. 모터의 회전력은 많은 전류를 필요로 한다. 모터는 규격에 따라 수백 mA ~ 수십 A까지의 전류를 필요로 할 수 있으므로 PB6 포트가 이 전류를 공급할 수 있어야 한다. 그런데, 아쉽지만 ATmega128의 데이터시트에 의하면 GPIO 핀 한 개에서의 공급할 수 있는 최대 전류는 40mA로 한정된다. 즉, 이렇게 연결하면 전류 공급 부족으로 모터를 구동시키지 못하는 경우가 대부분이 된다.

그렇다면 해결책은 무엇인가? FND 작품을 만들 때 이런 경우에 대비하여 사용할 수 있는 부품에 대하여 공부한 적이 있다. 바로 트랜지스터이다. 적은 전류로 많은 전류를 ON/OFF 할 수 있는 기능을 트랜지스터가 가지고 있으니까 이것을 이용하여 회로를 꾸며보자. 즉, 모터 공급 전류는 전원에서 직접 공급하고 PB6 포트는 트랜지스터의 베이스에 연결하여 트랜지스터 ON/OFF 제어용으로만 사용하도록 한다. [그림 6-5]과 같은 구성이 될 것이다.

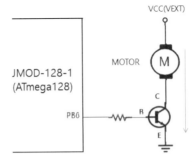

[그림 6-5] 트랜지스터를 이용한 모터 제어 회로

PB6이 HIGH이면 트랜지스터 베이스(B)-에미터(E) 사이가 순방향이 되므로 트랜지스터가 ON 되고, 그러면 트랜지스터의 콜렉터(C)-에미터(E)가 연결(SHORT)되는 효과가 발생한다고 이야기 한 바 있다. 그렇게 되면 결국, VCC → 모터 → 트랜지스터 콜렉터(C) → 트랜지스터 에미터(E) 순으로 전류가 흐르게 되며, 모터의 구동 전류는 전원(VCC)으로부터 직접 충분히 공급받을 수 있으므로 모터가 돌게 된다. 이 경우, PB6이 공급하는 전류는 트랜지스터를 ON시키기 위하여 필요로 되는 적당한 정도의 전류(40mA 이하)로 가능하므로 이것은 문제가 되지 않는다. 한편, PB6이 LOW가 되면 트랜지스터는 OFF 되고, 트랜지스터 콜렉터(C)와 트랜지스터 에미터(E) 사이의 연결이 끊어진 상태가 되므로 모터에는 전류가 흐르지 않아 모터는 정지하게 된다.

마지막으로 한 가지만 더 짚고 넘어가자. 그것은, 모터가 동작하다가 갑자기 트랜지스터가 OFF 되어 모터에 전류가 공급되지 않을 때에 대비하여야 한다는 것이다. 모터 본체는 코일이 감겨진 전기자인데, 전류가 끊기는 순간 급격한 전류 변화가 일어나고, 이러한 전류 변화는 코일에 작용하여 유도기전력이 생기게 된다. (이것은 코일의 특성이다.)
이때 생기는 유도기전력(전압)을 v라고 하면, 아래와 같은 식이 성립한다.

$$v = -L\frac{di}{dt}$$

- − (마이너스) : 전류가 감소하면 증가하는 방향으로, 증가하면 감소하는 방향으로 유도기전력 생성 (관성처럼 변화를 방해하는 방향으로 생성됨)
- L : 코일의 인덕턴스로 상수값
- $\frac{di}{dt}$: 시간에 따른 전류의 변화량으로 미분값 (쉽게 말하면 순간변화량. 만약, 1A에서 0A로 감소하는데 1ms가 걸렸다면 이 값은 (0−1)/0.001 = −1000

트랜지스터가 OFF 되는 순간 VCC → 모터 → 트랜지스터로 연결되는 전류의 흐름을 유지하는 방향으로 모터에 순간적인 유도기전력이 생기게 되는데, 이 유도기전력은 값이 상당히 커서 트랜지스터가 견딜 수 있는 한계를 넘어서는 경우 트랜지스터가 파괴되는 결과를 초래할 수 있다. 그래서 이런 상황을 방지하기 위하여 유도기전력이 생겼을 때 트랜지스터가 아닌 다른 폐회로가 생성될 수 있도록 [그림 6-6]과 같이 다이오드를 회로에 추가해 주는 것이다. 이런 용도로 사용되는 다이오드를 관성다이오드(플라이휠 다이오드, flywheel diode)라고 한다. 이렇게 구성하면 순간적으로 생기는 역기전력이 다이오드를 ON 시키면서 다이오드로 쪽으로 전류를 흐르게 하므로 트랜지스터가 보호될 수 있다. **관성다이오드는 모터뿐만 아니라 릴레이 등 코일이 포함되어**

있는 전자기기를 제어하는 회로를 설계할 때는 반드시 고려해 주어야 하는 항목이므로 잊지 말도록 노력하자.

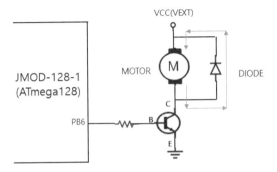

[그림 6-6] 관성다이오드(flywheel diode)가 추가된 모터 제어 회로

6.2 모터 움직이기

6.2.1 목표

DC 모터를 5초간 최고 속도로 돌게 하고 3초간 정지하는 것을 무한 반복한다. 모터가 ON/OFF 되는 시간을 확인하기 위하여 모터 ON 시에는 LED 4개가 모두 ON 되고, 모터 OFF 시에는 LED 4개가 모두 OFF 된다. *(* 알림 : LED는 시각적인 효과가 분명하므로 디버깅의 목적으로 도 많이 사용된다. 필요에 따라서 LED 관련 회로의 구현은 생략할 수 있다.)*

6.2.2 구현 방법

앞에서 설명한 형태로 회로를 구성하고 모터 제어용 포트만 HIGH, LOW로 제어하면 된다.

6.2.3 회로 구성

DC 모터는 RC260B(소모 전류 0.15A)나 3~6V 미니 모터, 트랜지스터는 MPS2222A(최대 전 류 0.6A), 다이오드는 1N4001, 트랜지스터용 저항은 150Ω을 사용한다. 비슷한 규격의 다른 부 품을 사용하여도 괜찮다. 구성된 회로는 [그림 6-7]과 같고 브레드보드 상에 구성된 실제 연결 회로는 [그림 6-8]과 같다.

실제 연결 시에는 모터에 알맞은 작은 플라스틱 프로펠러를 장착하면 좀 더 실감나는 모터 동작 을 감상할 수 있다. 구하기가 어렵다면 손가락 한 마디 정도 크기의 종이를 모터 축에 살짝 붙여 보자. 그런대로 쓸 만하다. 그리고 모터는 프로펠러가 걸리지 않도록 하여 종이컵 위에 올려놓고 양면테이프로 붙여놓아야 안정적이다. 그렇지 않으면 어떻게 될 지는... 궁금한 사람은 한 번 시 도해 보기 바란다.

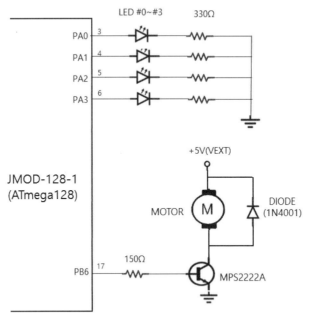

[그림 6-7] 모터 움직이기 회로

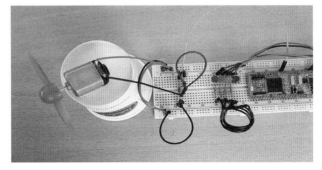

[그림 6-8] 모터 움직이기 회로 실제 연결 모습

6.2.4 프로그램 작성

프로그램은 너무 단순하여 설명할 것이 별로 없다. [프로그램 6-1]과 같이 된다.

```
#include <avr/io.h>
```

```
#define F_CPU          16000000UL
#include <util/delay.h>
#define MOTOR_ON    0x40                      // PB6 = 1, 모터 회전
#define MOTOR_STOP  0x00                      // PB6 = 0, 모터 정지

int main(void)
{
    DDRA = 0x0f;                              // LED 표시
    DDRB = 0x40;                              // PB6만 출력 처리

    while(1)
    {
        PORTB = MOTOR_ON;                     // 모터 회전
        PORTA = 0x0f;                         // 모터 회전 시 LED ON
        _delay_ms(5000);                      // 5초 대기

        PORTB = MOTOR_STOP;                   // 모터 정지
        PORTA = 0x00;                         // 모터 정지 시 LED OFF
        _delay_ms(3000);                      // 3 초 대기
    }
}
```

[프로그램 6-1] 모터 움직이기 프로그램

6.2.5 구현 결과

프로그램을 실행하여 [그림 6-9]와 같이 모터가 회전과 정지를 반복하면 성공이다. 모터 앞에
손을 갖다 대면 프로펠러를 통하여 나오는 바람이 잔잔한 행복감을 전달해 준다.

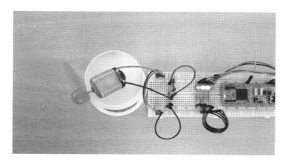

[그림 6-9] 모터 움직이기 프로그램 실행 결과

6.3 모터 드라이브

6.3.1 H 브릿지

모터를 한쪽 방향으로만 움직일 때는 별 문제가 없겠지만 모터를 반대 방향으로도 움직여야 할 필요성이 생길 수도 있다. 이런 경우에 대비하려면 전류 방향이 반대로 바뀌어야 하니 이전에 사용하였던 회로를 조금 더 수정하여야 한다. 이 경우 모터 양단의 전압은 '1'(HIGH) 값도 되고 '0'(LOW) 값도 되어야 하므로, 2가지 값을 마음대로 가질 수 있도록 양단에 각각 다른 포트인 PB6, PB7를 할당하고, PB6은 '0', PB7은 '1'인 경우는 모터가 순방향으로 회전하며, PB6은 '1', PB7은 '0'인 경우는 모터가 역방향으로 회전하도록 꾸며보자.

순방향 회전의 경우, [그림 6-10]의 (a)와 같은 연결이 되는데, 이 경우 PB6은 '0' PB7은 '1' 값을 가질 때 ON 되어야 하므로, PB6에 연결된 Q1 트랜지스터는 PNP 타입, PB7에 연결된 Q2 트랜지스터는 NPN 형 트랜지스터를 사용하여야 한다. 역방향의 경우는 반대로 [그림 6-10]의 (b)와 같이 PB7에 연결된 Q3 트랜지스터는 PNP 타입, PB6에 연결된 Q4 트랜지스터는 NPN 형 트랜지스터를 사용하여야 한다.

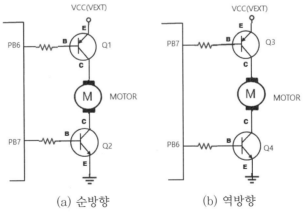

(a) 순방향　　　　　(b) 역방향

[그림 6-10] 순방향, 역방향 회전을 위한 모터 제어 회로

이해를 돕기 위하여 PNP 형 트랜지스터에 대하여 조금만 더 설명해보자. PNP 형 트랜지스터는 [그림 6-11]의 (a)와 같은 심볼을 갖는데 NPN 형과 비교할 때 콜렉터(C)와 에미터(E)의 위치가 바뀌어 있고, 화살표 방향이 '에미터(E) → 베이스(B)'로 되어 있는 것에 주의할 필요가 있다. (NPN 형은 화살표 방향이 B → E 로 되어 있음) 위 아래를 뒤집어 놓은 형태인 (b) 형태로도 많

이 사용한다. 화살표 방향(E → B)으로 순방향 전압이 걸리면 턴온되어 E-C가 연결되고, 그렇지 않으면 턴오프되어 E-C 연결이 끊어지는 것으로 생각하면 이해가 쉽다.

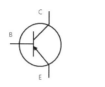

(a) 기본 심볼   (b) 변형된 심볼

[그림 6-11] PNP 트랜지스터

다시 [그림 6-10]으로 돌아가 보자. (a)의 경우, PB6은 '0', PB7은 '1'이라면 위쪽 PNP 트랜지스터도 ON되고 아래쪽 NPN 트랜지스터도 ON되어 모터의 위쪽은 VCC, 아래쪽은 GND에 연결되는 것과 같은 효과가 나타나므로 모터가 회전하게 된다. 하지만 이 경우에도 트랜지스터는 방향성을 가지고 있어서, 'PB7 → M → PB6'의 순서로 전류를 흐르게 할 수는 없다. 이렇게 전류가 흐르게 하려면 [그림 6-10]의 (b)와 같이 PB6과 PB7 신호의 위치가 반대로 된 회로가 더 필요하게 되는데, 이 경우는 PB6은 '1', PB7은 '0'인 경우에 모터가 동작하고, 모터 회전 방향은 이전과 반대 방향이 된다.

[그림 6-10]의 (a), (b)에서 PB6와 PB7은 같은 신호이고 모터는 1개이므로 위 2개의 그림을 합쳐보자. [그림 6-12]의 형태가 된다. (* 주의 : PB6, PB7 선의 연결 형태와 Q1, Q2, Q3, Q4의 위치가 바뀌었음을 확인하기 바란다.)

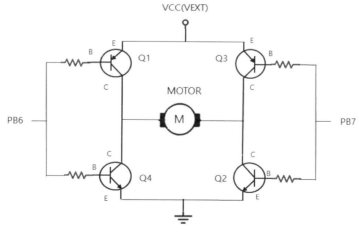

[그림 6-12] 양방향 회전 모터 제어 회로

PB6은 '0', PB7은 '1'이면 Q1 ON, Q2 ON, Q3 OFF, Q4 OFF이므로, [그림 6-13]과 같이 'VCC → Q1 → 모터(M) → Q2 → GND' 방향으로 전류가 흐르므로 모터가 순방향으로 회전하고, PB6은 '1', PB7은 '0'인 경우는 Q1 OFF, Q2 OFF, Q3 ON, Q4 ON이므로 'VCC → Q3 → 모터(M) → Q4 → GND' 방향으로 전류가 흐르므로 모터가 역방향으로 회전한다. 한편, PB6과 PB7이 동시에 '1' 이거나 '0'이면 VCC 쪽(Q1, Q3) 또는 GND 쪽(Q2, Q4)에 연결된 트랜지스터가 동시에 OFF 되어 모터로 전류가 흐르지 않으므로 모터는 정지한다.

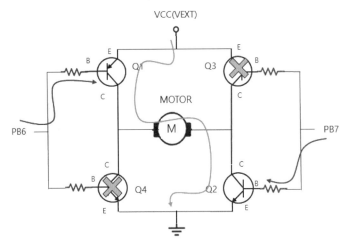

[그림 6-13] 양방향 회전 모터 제어 회로의 전류 흐름(순방향 회전 시)

이렇게 만들어진 회로는 H 글자 모양으로 생겼다고 하여 'H 브릿지'라는 이름으로 부른다. 또한, H 브릿지에 플라이휠 다이오드 회로 및 기타 회로를 추가하여 상용 IC(Integrated Circuit, 집적회로)로 제작한 것은 '모터 드라이브'라고 한다. 모터 드라이브 IC로 많이 알려진 것은 LB1630, L298N, TB6612FNG 등이 있다.

6.3.2 TB6612FNG − 2채널 모터 드라이브

TB6612FNG는 2채널 모터 드라이브로 내부에 H 브릿지를 2개 가지고 있는 모터 드라이브 IC이다. 이후 모터 드라이버는 TB6612FNG를 사용하는 것으로 하고, 이 칩의 규격을 간단히 알아보면 다음과 같다.

• 모터 채널 수 : 2개

- 모터 최대 전압 : 15V
- 최대 출력 전류 : 1.2A(평균), 3.2A(순간 최대)
- 기능 : CW(Clock Wise, 시계 방향) 기동, CCW(Counter Clock Wise, 반시계 방향) 기동, Short
  Brake(일시 정지), Stop(정지) 기능

핀 구성은 [그림 6-14]와 같고, 그 의미는 [표 6-1]과 같다.

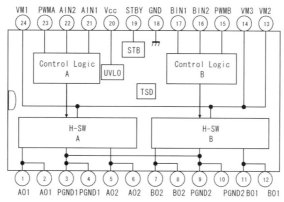

[그림 6-14] TB6612FNG 핀 구성 [(6-1)]

[표 6-1] TB6612FNG 핀 설명

핀 번호	핀 이름	핀 설명	핀 번호	핀 이름	핀 설명
1	A01	A 모터 출력 1	13	VM2	Motor supply
2	A01	A 모터 출력 1	14	VM3	Motor supply
3	PGND1	Power GND 1	15	PWMB	B 모터 PWM 신호
4	PGND1	Power GND 1	16	BIN2	B 모터 입력 2
5	A02	A 모터 출력 2	17	BIN1	B 모터 입력 1
6	A02	A 모터 출력 2	18	GND	GND
7	B02	B 모터 출력 2	19	STBY	Standby 신호
8	B02	B 모터 출력 2	20	Vcc	5V
9	PGND2	Power GND 2	21	AIN1	A 모터 입력 1
10	PGND2	Power GND 2	22	AIN2	A 모터 입력 2
11	B01	B 모터 출력 1	23	PWMA	A 모터 PWM 신호
12	B01	B 모터 출력 1	24	VM1	Motor supply

한편, 입력 신호에 대한 모터 출력 기능은 [표 6-2]와 같다.

[표 6-2] TB6612FNG의 입력에 따른 출력 기능(A 모터의 경우)

입력				출력		모드
AIN1	AIN2	PWMA	STBY	AO1	AO2	
H	H	H/L	H	L	L	Short Brake(정지)
L	H	H	H	L	H	CCW(역방향)
		L	H	L	L	Short Brake(정지)
H	L	H	H	H	L	CW(순방향)
		L	H	L	L	Short Brake(정지)
L	L	H	H	Off		Stop(정지)
H/L	H/L	H/L	L	(High Impedance)		Standby(정지)

(* H는 HIGH, L은 LOW를 의미)

STBY 신호는 모터 활성화 신호이고, PWMA 신호는 모터 회전 속도를 결정하며, AIN1, AIN2 신호는 모터의 방향을 결정한다고 생각하면 이해가 쉽다. 예를 들어 모터를 순방향으로 최대 속도로 동작시키려면, 모터를 활성화시켜야 하므로 STBY는 HIGH, 순방향이므로 AIN1과 AIN2는 각각 HIGH와 LOW, 모터의 속도는 최대이므로 PWMA는 지속적으로 HIGH이어야 한다. 한편, 모터를 정지시키는 방법은 여러 가지가 있을 수 있는데, 다른 신호와 상관없이 STBY를 LOW로 하여 모터를 비활성화시키거나, PWMA를 LOW로 하여 속도를 0으로 만들거나, AIN1과 AIN2를 각각 HIGH와 HIGH, 또는 LOW와 LOW로 만드는 방법이 있다.

6.3.3 JMOD-MOTOR-1

JMOD-MOTOR-1은 TB6612FNG 모터 드라이브 IC를 사용하기 쉽게 모듈화한 제품으로 외관은 [그림 6-15]와 같고, 핀 인터페이스는 [그림 6-16]과 같다.

핀헤더를 장착하여 TB6612FNG의 핀을 외부에서 쉽게 연결할 수 있도록 하였으며, 모터의 전원으로 외부 전원과 이 모듈에 공급하는 +5V 전원을 선택하여 사용할 수 있도록 선택용 핀헤더를 제공한다. 또한, 10핀 박스헤더 인터페이스도 제공하므로 10핀 케이블로도 연결이 가능하다. 모터 출력은 2핀 핀헤더 형태로 A, B의 2개 출력을 제공한다.

[그림 6-15] JMOD-MOTOR-1 외관

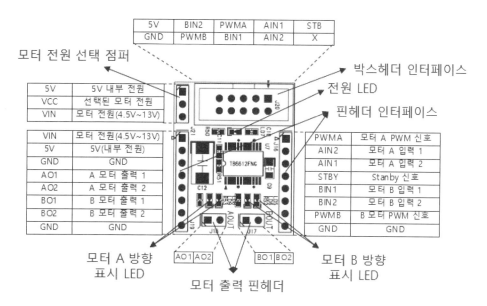

5V	BIN2	PWMA	AIN1	STB
GND	PWMB	BIN1	AIN2	X

모터 전원 선택 점퍼

박스헤더 인터페이스

전원 LED

핀헤더 인터페이스

5V	5V 내부 전원
VCC	선택된 모터 전원
VIN	모터 전원(4.5V~13V)

VIN	모터 전원(4.5V~13V)
5V	5V(내부 전원)
GND	GND
AO1	A 모터 출력 1
AO2	A 모터 출력 2
BO1	B 모터 출력 1
BO2	B 모터 출력 2
GND	GND

PWMA	모터 A PWM 신호
AIN2	모터 A 입력 1
AIN1	모터 A 입력 2
STBY	Stanby 신호
BIN1	모터 B 입력 1
BIN2	모터 B 입력 2
PWMB	B 모터 PWM 신호
GND	GND

모터 A 방향 표시 LED

AO1	AO2

BO1	BO2

모터 B 방향 표시 LED

모터 출력 핀헤더

[그림 6-16] JMOD-MOTOR-1 핀 인터페이스

6.4 모터 양방향 회전시키기

6.4.1 목표

DC 모터 드라이브를 사용하여 DC 모터를 '5초간 순방향으로 회전 → 5초간 정지 → 10초간 역방향으로 회전 → 5초간 정지'하는 것을 반복한다. LED 4개는 순방향 동작인 경우에는 오른쪽 2개가 ON, 역방향 동작인 경우에는 왼쪽 2개가 ON이며, 정지 시에는 모두 OFF이 되도록 하여 모터의 움직임을 알 수 있게 한다.

6.4.2 구현 방법

모터의 양단을 JMOD-MOTOR-1 모터 드라이브 모듈의 A 출력에 연결하고, STBY, PWMA, AIN1, AIN2 신호를 ATmega128의 GPIO 포트에 연결하여 제어하면 된다. **한 가지 조심하여야 할 것은 모터의 전원은 모터의 규격을 확인하여 용량이 적절한 것을 사용하여야 하며, 가능하면 모터 전원과 제어용 전원은 서로 다른 전원 소스를 사용하는 것이 좋다.** 왜냐하면 모터는 초기 기동 시 많은 전류를 필요로 하기 때문에 전원 소스의 공급 전압을 불안정하게 만들 수 있는 여지가 있어, 동일한 전원을 함께 사용하는 경우 ATmega128이 리셋되는 등의 문제가 생길 수 있기 때문이다.

6.4.3 회로 구성

DC 모터는 RC260B(0.15A)나 3~6V 미니 모터를 사용하고 모터 드라이버 모듈은 JMOD-MOTOR-1을 사용하며, 모터 전원과 JMOD-128-1의 전원은 분리하여 사용하는 것으로 꾸며본다. 즉, JMOD-128-1 전원과 JMOD-MOTOR-1의 +5V 전원은 USB 전원을 사용하도록 하고, DC 모터의 전원은 JBATT-D5-1 전원공급기의 전원을 사용하도록 하여 [그림 6-17]과 같이 구성한다. JBATT-D5-1 전원공급기는 +6V 이상의 입력 전압을 받아 +5V의 출력 전압을 생성해 주는 레귤레이터 모듈인데 여기서는 AA 건전지 4개를 직렬 연결한 배터리팩 전원을 입력으로 받아 사용한다. 브레드보드 상에 구성된 실제 회로는 [그림 6-18]과 같다.

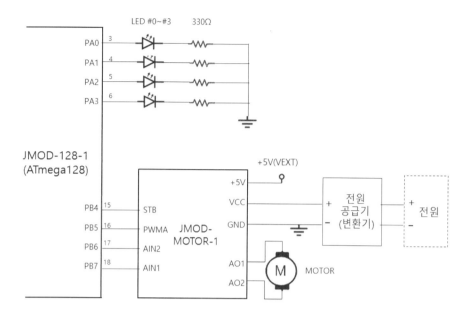

[그림 6-17] 양방향 회전을 위한 모터 제어 회로

[그림 6-18] 양방향 회전을 위한 모터 제어 회로 실제 연결 모습

6.4.4 프로그램 작성

JMOD-MOTOR-1 내부에 있는 TB6612FNG의 입출력 표인 [표 6-2]를 참조하여 '순방향 회전 (5초) → 정지(5초) → 역방향 회전(10초) → 정지(5초)' 동작을 반복하도록 프로그램하면 된다. 프로그램은 이번에도 단순하다.

```c
#include <avr/io.h>
#define F_CPU            16000000UL
#include <util/delay.h>

                                   // PB7 = AIN1, PB6 = AIN2, PB5 = PWMA, PB4 = STBY
#define MOTOR_CW        0xb0        // 모터 Forward : AIN1=1, AIN2=0, PWMA=1, STBY=1
#define MOTOR_CCW       0x70        // 모터 Reverse : AIN1=0, AIN2=1, PWMA=1, STBY=1
#define MOTOR_BRAKE     0xd0        // 모터 Short Brake: AIN1=1, AIN2=1, PWMA=0, STBY=1
#define MOTOR_STOP      0x30        // 모터 Stop : AIN1=0, AIN2=0, PWMA=1, STBY=1

int main(void)
{
   DDRB = 0xf0;                     // PB7~ PB4 출력 처리
   DDRA = 0x0f;                     // LED 출력
   while(1)
   {
        PORTB = MOTOR_CW;           // 순방향 회전
        PORTA = 0x03;               // LED 오른쪽 2개 ON
        _delay_ms(5000);            // 5초 Forward
        PORTB = MOTOR_BRAKE;        // 일시 정지
        PORTA = 0x00;               // LED OFF
        _delay_ms(5000);            // 5초 Brake(Stop)
        PORTB = MOTOR_CCW;          // 역방향 회전
        PORTA = 0x0c;               // LED 왼쪽 2개 ON
        _delay_ms(10000);           // 10초 Reverse
        PORTB = MOTOR_STOP;         // 정지
        PORTA = 0x00;               // LED OFF
        _delay_ms(5000);            // 5초 Stop(Stop)
   }
}
```

[프로그램 6-2] 양방향 회전을 위한 모터 제어 프로그램

6.4.5 구현 결과

프로그램을 실행하여 [그림 6-19]와 같이 모터가 방향을 바꿔가면서 회전과 정지를 반복하면 성공이다. 이제부터는 모터드라이버를 이용하여 좀 더 큰 모터도 마음대로 제어할 수 있을 것 같은 자신감도 살짝 생길 것이다. 좋은 현상이다.

[그림 6-19] 양방향 회전을 위한 모터 제어 프로그램 실행 결과

6.5 PWM 제어

6.5.1 PWM

최종 목표인 자연풍 선풍기를 만들기 위해서는 모터의 속도를 저속, 중속, 고속 등 마음대로 변화시킬 수 있어야 하는데, 이러한 속도 제어는 어떻게 구현할 수 있을까? 모터 속도는 '모터가 회전한 횟수 ÷ 시간'이므로 속도를 변화시키려면 단위 시간당 회전수를 조절할 수 있어야 한다. 회전수를 조절하는 방법은 2가지가 있는데, 하나는 모터의 회전력을 줄이거나 늘리는 방법이고, 다른 하나는 모터의 회전과 정지를 적절하게 조합함으로써 평균 회전수를 조절하는 방법이다.

첫 번째 방법은 모터에 인가하는 전압 또는 전류를 조절하여야 가능한데 현재 환경에서는 정해진 DC 전압과 고정된 부하를 사용해야 하므로 이 방법은 부가 회로를 따로 추가하지 않는 한 적용하기 어렵다. 두 번째 방법은 모터의 회전과 정지의 간격을 잘 조절하여 평균적인 속도를 조절하는 방법으로 이것은 프로그램에 의하여 구현이 가능하다.

[그림 6-20]을 살펴보자. 모터가 ON되는 신호를 끊었다 연결했다 하는 경우 ON 시간이 길어지면(즉, 펄스의 ON 간격이 넓어질수록) 모터의 총 회전수는 늘어나므로 평균 속도가 빨라진다. 이러한 동작은 0에서 +V 사이의 평균 전압(가운데 점선)을 모터에 항상 인가하는 것과 비슷한 효과를 얻을 수 있으므로 이것을 이용하면 모터의 회전수 제어가 가능한 것이다.

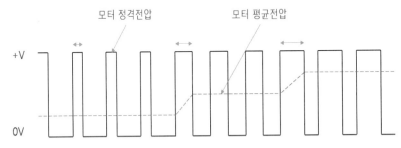

[그림 6-20] 모터 ON/OFF의 간격 조절을 통한 모터의 회전수 조정

이와 같이 펄스이 ON 또는 OFF이 간격(시간)을 조절하는 방식을 '펄스폭 변조'(PWM : Pulse Width Modulation)라고 하며, 이러한 펄스폭 변조를 매우 짧은 시간 동안 원하는 수준으로 가능하게 하는 하드웨어가 있다면 위와 같은 형태의 PWM 제어가 가능하다.

6.5.2 ATmega128 타이머/카운터의 PWM 모드

ATmega128은 타이머/카운터를 내장하고 있는데, 이 타이머/카운터에는 PWM 펄스 생성 회로가 함께 내장되어 있으므로 이 기능을 이용하면 우리가 원하는 임의의 펄스폭을 갖는 PWM 펄스를 쉽게 만들 수 있다.

조금 더 자세하게 살펴보자. 타이머/카운터 내부에는 OCRn(Output Compare Register n, 여기서 n은 0, 1, 2, 3 숫자)이라는 레지스터가 있고, OCn(Output Compare n) 이라는 신호가 있는데, OCRn에 어떤 값을 써 넣은 경우, TCNTn의 값이 OCRn 값과 같아질 때, OCn의 신호는 타이머/카운터의 현재 모드에 따라 ON/OFF 되도록 설정할 수 있다. 그러므로 이 기능을 이용하면 정밀한 PWM 펄스를 만들 수 있고, 이 신호를 모터에 연결하는 경우 모터를 원하는 펄스폭과 원하는 주기로 ON/OFF 시킬 수 있다.

이전 코스에서는 '일반(Normal)'모드만 설명을 하였는데, 이번에는 모든 모드에 대하여 간략하게 살펴보고, 이중에서 모터 동작에 적합한 것을 하나 선택하여 적용해 보기로 하자.

타이머/카운터는 [그림 6-21]과 같이 '일반(Normal)', '위상정정 PWM(Phased PWM)', 'CTC(Clear Timer/Counter)', '고속 PWM(Fast PWM)' 모드의 4가지 모드로 동작할 수 있다

모드	TCCR0		TCNT0의 카운팅 방법
	WGMn1	WGMn0	
일반모드	0	0	
위상정정 PWM 모드	0	1	
CTC 모드	1	0	

고속 PWM 모드	1	1	

[그림 6-21] 타이머/카운터의 4가지 동작 모드 (TCNT0의 예)

그림에서 보듯이, '일반 모드'는 TCNTn이 0~(TCNTn 최대값)까지 단계적으로 1씩 증가하며 그 다음에는 다시 0으로 변하는 모드이다. OCRn나 OCn과는 상관이 없다. '위상정정 모드'는 타이머/카운터가 0부터 (TCNTn 최대값)까지 1씩 증가한 이후 (TCNTn 최대값)에서는 (TCNTn 최대값 − 1)로 1 감소하고 이후 0까지 진행되고, 여기에서 다시 1로 1씩 증가를 반복하는 형태의 모드로 OCn의 펄스 레벨이 TCNTn과 OCRn의 일치(match) 여부에 따라 변화하는 모드이다. 'CTC 모드'는 타이머/카운터가 0에서 OCRn의 값까지 1씩 증가한 후 여기에 도달하면 다시 0부터 카운트를 진행하는 모드로 OCn의 펄스 레벨이 TCNTn과 OCRn의 일치(match) 시 변화하는 모드이다. '고속 PWM 모드'는 '일반 모드'와 동일하게 움직이나 OCn의 펄스 레벨이 TCNTn과 OCRn의 일치(match) 시 변화하는 모드이다.

'일반 모드'가 아닌 나머지 3개 모드는 TCNTn의 동작 형태가 조금씩 다를 뿐 적용하는 방법은 비슷하므로 여기서는 '고속 PWM 모드'를 이용한 경우를 예로 들어 동작을 확인해 보자.

[그림 6-22]와 같이 TCCRn의 비트를 'WGNn=11', 'COMn=10'으로 세팅하면 '고속 PWM 모드'가 되고, OCRn 값과 TCNTn 값이 같아지는 순간에 OCn은 '0'이 되고, TCNTn이 (TCNTn 최대값)이 되는 순간에 OCn은 '1'이 된다. 즉, 그림에서와 같은 OCn 펄스가 만들어지는 것이다.

여기서 주의 깊게 보아야 할 것은 OCn 펄스의 폭은 결국 OCRn 값을 어떻게 설정하느냐에 따라 결정된다는 것이다. 즉, 작은 값을 주면 OCn이 HIGH 상태로 있는 신호의 폭이 줄어들고, 큰 값을 주면 OCn이 HIGH 상태로 있는 신호의 폭이 늘어나게 된다. 이 신호를 모터의 입력 신호로 연결한 상태에서 프로그램에서 OCRn 값을 필요에 따라 임의로 조정한다면, OCn의 펄스 모양이 바뀌게 되고, 결국 모터의 평균전압이 조절되는 것과 같은 효과가 나타나므로 모터를 저속, 중속, 고속으로 동작시킬 수 있게 되는 것이다.

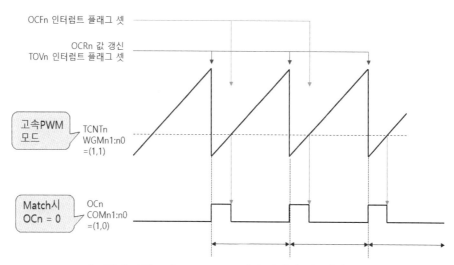

[그림 6-22] 고속 PWM 모드에서 다양한 펄스(폭) 생성

6.5 PWM 제어   **177**

6.6 실전 응용 : 모터로 자연풍 선풍기 만들기

6.6.1 목표

미풍(저속), 약풍(중속), 강풍(고속), 정지의 기능을 가지며, 각 기능이 임의의 순서, 임의의 시간 (최소 3초, 최대 6초)만큼 동작하는 '자연풍 선풍기'를 제작한다. LED 4개는 고속, 중속, 저속, 정지의 상태를 알 수 있도록 순서대로 대응되게 할당하여 모터의 움직임을 알 수 있게 한다.

6.6.2 구현 방법

타이머/카운터2(Timer/Counter2)의 '고속 PWM' 기능을 이용하여 아래와 같이 동작하도록 프로그램한다. *(* 주의 : Timer/Counter0가 아닌 Timer/Counter2이므로 두 자원의 어떤 부분이 같은지, 다른 부분은 없는지 등의 사항은 꼼꼼히 챙겨 볼 필요가 있다.)*

- 미풍(저속)은 펄스폭 30%
- 약풍(중속)은 펄스폭 60%
- 강풍(고속)은 펄스폭 90%
- 정지는 펄스폭 0%

또한, 정지, 미풍, 약풍, 강풍을 사용자가 임의로 쉽게 선택 및 수정할 수 있도록 어레이로 처리하도록 하며, 랜덤 값을 생성하기 위하여 rand() 함수를 이용하도록 한다.

6.6.3 회로 구성

자연풍 선풍기 제작을 위한 모터 구성 회로는 [그림 6-17]과 동일하다.

6.6.4 프로그램 작성

ATmega128 데이터시트를 찾아보면, Timer/Counter2의 제어를 담당하는 TCCR2는 이전에 사용하였던 TCCR0와 프리스케일러 선택 내용이 약간 다르므로 값 세팅 시 주의하여야 한다. [표 6-3]은 TCCR2의 비트 기능을 나타내고, [표 6-4], [표 6-5], [표 6-6]은 TCCR2 각 비트 값에 따른 세부 기능을 나타낸다.

[표 6-3] TCCR2의 각 비트

7	6	5	4	3	2	1	0
FOC2	WGM20	COM21	COM20	WGM21	CS22	CS21	CS20

[표 6-4] WGM21~20 값에 따른 파형(Waveform) 모드 선택

WGM21	WGM20	설명
0	0	일반(Normal) 모드
0	1	위상정정 PWM(Phase Correct PWM) 모드
1	0	CTC(Clear Timer on Compare match) 모드
1	1	고속 PWM(Fast PWM) 모드

[표 6-5] COM21~20 값에 따른 비교 출력(Compare Output) 모드 선택

COM21	COM20	설명 (고속 PWM 모드의 경우)
0	0	일반(Normal), OC2 미작동
0	1	예약(미사용)
1	0	비교 매치 시 OC2 클리어, Bottom 에서 세트
1	1	비교 매치 시 OC2 세트, Bottom 에서 클리어

[표 6-6] CS22~20 값에 따른 프리스케일러 선택

CS22	CS21	CS20	설명
0	0	0	클럭 입력 차단
0	0	1	1 분주, No 프리스케일러
0	1	0	8 분주
0	1	1	64 분주
1	0	0	256 분주
1	0	1	1024 분주
1	1	0	T2 핀 입력 클록, 하승 에지
1	1	1	T2 핀 입력 클록, 상승 에지

프로그램은 일단 초기화 부분에서는 아래와 같이 선택한다.

- 파형 모드는 FastPWM 모드 사용, 비교 출력 모드는 클리어 OC2 모드 선택, 스케일러는 64분주 선택.
  - WGM21~20 = 11 : Fast PWM 모드
  - COM21~20 = 10 : 비교 매치 시 OC2=0, TCNT2=0x00시 OC2=1
  - CS22~20 = 011 : 64분주
  - 이것을 종합하면 TCCR2 = 0b01101011 = 0x6b;

- TCNT2의 1주기 시간 = 1/16000000 x 64 x 256 (sec) = 1024 (us) = 약 1 (ms)이므로 약 1ms 마다 인터럽트가 생성됨. 이것을 이용하면 1초를 계산할 수 있음 (16Mhz, 프리스케일러 64분주, TCNT2 카운트 루프의 카운터 개수 256)

- 듀티 사이클(1주기의 펄스에서 HIGH의 비율)은 저속은 30%, 중속은 60%고속은 90% 정도가 되도록 OCR2의 값을 설정
  - 저속 : 255 x 0.3 = 77 : OC2는 77회의 TCNT2 증가 동안 HIGH
  - 중속 : 255 x 0.6 = 153 : OC2는 153회의 TCNT2 증가 동안 HIGH
  - 고속 : 255 x 0.9 = 230 : OC2는 230회의 TCNT2 증가 동안 HIGH

속도는 rand() 함수를 이용하여 랜덤 값이 0, 1, 2, 3의 값을 가지게 한 후 이것이 정지, 미풍, 약풍, 강풍의 4가지 값에 대응되도록 하면, 자연풍 선풍기의 속도를 얻을 수 있다. 또한, 딜레이 시간도 비슷한 방법으로 0, 1, 2, 3까지의 값을 가지게 한 후 여기에 3을 더하여 3, 4, 5, 6의 값을 가지도록 하면 최소 3초, 최대 6초인 랜덤한 딜레이 시간을 얻을 수 있다.

작성된 프로그램은 [프로그램 6-3]과 같다.

```
#include <stdlib.h>          // rand() 함수 사용을 위하여 삽입
#include <avr/io.h>
#define F_CPU        16000000UL
#define __DELAY_BACKWARD_COMPATIBLE__
                             // Atmel Studio 7에서 _delay_ms( ) 함수에
                             // 상수 대신 변수를 넣으려고 할 때 필요함
#include <util/delay.h>
```

```
                                            // Motor Speed
#define STOP_SPEED   0                       // Duty Cycle 0%의 값
#define LOW_SPEED    77                      // duty cycle 30%의 값 (= 255 x 0.3)
#define MID_SPEED    153                     // duty cycle 60%의 값 (= 255 x 0.6)
#define HIGH_SPEED   230                     // duty cycle 90%의 값 (= 255 x 0.9)

                                    // 모터 제어
                                    // PB7 = AIN1, PB6 = AIN2, PB5 = PWMA, PB4 = STBY
#define MOTOR_CW       0xb0         // 모터 Forward : AIN1=1, AIN2=0, PWMA=1, STBY=1
#define MOTOR_CCW      0x70         // 모터 Reverse : AIN1=0, AIN2=1, PWMA=1, STBY=1
#define MOTOR_BRAKE    0xd0         // 모터 Short Brake : AIN1=1, AIN2=1, PWMA=0, STBY=1
#define MOTOR_STOP     0x30         // 모터 Stop : AIN1=0, AIN2=0, PWMA=1, STBY=1
#define MOTOR_STANDBY 0x00          // 모터 Standby : AIN1=0, AIN2=0, PWMA=0, STBY=0


volatile int count=0; value=0;


int motor_speed[4] = {STOP_SPEED, LOW_SPEED, MID_SPEED, HIGH_SPEED};
                                    // STOP, LOW, MID,  HIGH 4단계 임의 속도 선택

int main(void)
{
    DDRA = 0x0f;                        // LED Display를 위해 출력
    DDRB = 0xf0;                        // 모터 제어를 위해 PB7~PB4 사용
    PORTB = MOTOR_STANDBY;              // 초기는 Standby 상태
    TCCR2 = 0x6b;                       // WGM21~20 = 11 : Fast PWM 모드
                                        // COM21~20 = 10 : match시 OC2 = 0,
                                        // TCNT2 0xff에서 OC2 =1
                                        // CS22~20 = 011 : 64분주

    PORTB = MOTOR_CW;                   // 모터 기동 준비
    while (1)
    {
        value = rand() % 4;             // 랜덤값 추출
        OCR2 = motor_speed[value];      // 속도 선택, 정지, 저속, 중속, 고속 중 선택
        PORTA = 1 << value;             // LED에 현재 속도 디스플레이
        value = (rand() % 4) + 3;       // 랜덤값 추출
        _delay_ms(value*1000);          // 딜레이 시간 선택, 3초, 4초, 5초, 6초 중 선택
    }
}
```

[**프로그램** 6-3] 모터로 자연풍 선풍기 만들기 프로그램

현재 상품으로 판매되고 있는 '자연풍 선풍기', '인공지능 에어컨', '똑똑한 김치냉장고' 등에 들어가
는 여러 가지 그럴듯한 고급 기능도 속을 들여다 보면 우리가 지금 적용했던 방법과 크게 다르지

않고 프로그램도 그렇게 길거나 어렵지 않다고 생각된다. 그러므로 모두 자신감을 갖도록 하자. 위 자연풍 선풍기는 가장 단순한 형태로 만들어 본 것이지만, 여기에 스위치를 붙이면 일반 선풍기가 될 것이고, FND까지 함께 동작하도록 하면 그럴듯한 디지털 선풍기도 될 수 있을 것이다.

6.6.5 구현 결과

프로그램을 실행한 결과는 [그림 6-23]과 같다. 프로펠러 앞에 손을 대어 보았을 때 바람의 감촉이 자연풍과 가깝게 강했다 약했다 하면서 자연스럽게 느껴지면 성공이다. 혹시 마음에 들지 않는다면 강도와 시간 등을 내 마음에 들 때까지 프로그램을 수정하기 바란다.

[그림 6-23] 모터로 자연풍 선풍기 만들기 프로그램 실행 결과

6.7 DIY 연습

[MOTOR-1] 모터 제어 회로에 스위치 2개 SW1, SW2를 추가하여, SW1을 누르면 모터가 순방향으로 회전하고, SW2를 누르면 모터가 역방향으로 회전하도록 한다.

[MOTOR-2] 모터 드라이버에 모터를 2개(A, B) 연결하고 이것을 아래의 순서로 반복 동작하는 '자동차 바퀴 제어 검사기'를 제작한다.

- ★ A, B 동시에 5초간 순방향 회전
- ★ A, B 동시에 3초간 정지
- ★ A, B 동시에 5초간 역방향 회전
- ★ A, B 동시에 3초간 정지
- ★ A는 5초간 순방향, B는 5초간 역방향 회전
- ★ A는 5초간 정지, B는 5초간 순방향 회전
- ★ A는 5초간 역방향 회전, B는 5초간 정지
- ★ A, B 동시에 정지

[MOTOR-3] 자연풍 선풍기에 스위치 2개 SW1, SW2를 추가하여, SW1은 기동/정지를 결정하고, SW2는 약풍/중풍/강풍/자연풍 기능이 순서대로 동작하도록 하는 '내 맘대로 선풍기'를 제작한다.

7

센서를 이용하여 스마트 가로등과 소리 크기 표시기 만들기

IoT의 세상이 다가오고 있다. IoT의 핵심 기기는 센서인데, 센서는 거리센서, 먼지센서, 광센서, 사운드센서, 온도센서 등등 종류가 매우 다양하다. 이번 코스에서는 간단히 구현할 수 있는 2가지만 만들어 보기로 한다. 하나는 '광량에 따라 반응하는 스마트 가로등(광센서 이용)'이고, 다른 하나는 '소리에 반응하는 소리 크기 표시기(사운드 센서 이용)'이다. 멋진 작품이 만들어지기를 기원한다.

* 이번 코스에 필요한 부품 목록 *

번호	품명	규격	수량	기타
1	LED	빨강/노랑/녹색	8	5Φ
2	저항	330Ω	8	1/4W
3	저항	10KΩ	1	1/4W
4	광센서	GL5537	1	CdS 센서
5	사운드센서 모듈	P5511	1	아날로그 센서

7.1 빛과 광센서

7.1.1 빛

빛은 색을 구별하게 해주는 자연계의 물질이다. 빛이 있으므로 볼 수 있고 '빨주노초파남보' 색을 구별할 수 있다. 이러한 빛의 밝기는 몇 가지 단위로 측정되는데 그것은 광속, 광도, 조도이다. 광속은 '광원에서 방출되는 가시광선의 총량'을 말하며, 단위는 루멘(lm)이며, 1루멘은 1m 거리에서 느낄 수 있는 양초 1개 정도의 빛의 양을 말한다. 광도는 '광원에서 특정한 방향으로 나오는 빛의 세기'로, 단위는 칸델라(cd)이며, 1칸델라는 1스테라디안(steradian, 입체각)당 루멘 값을 말한다. 조도는 '단위 면적당 광속의 양'으로, 단위는 럭스(lux)이며, 1럭스는 $1m^2$ 당 1루멘의 빛이 있는 경우를 의미한다. [그림 7-1]은 빛의 밝기에 대한 개념도를 나타내고 있다.

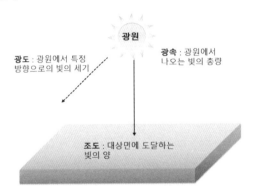

[그림 7-1] 빛의 밝기 단위에 대한 개념도

어떤 광원이 정해졌을 때 광속과 광도는 고유 값으로 결정되므로, 특정 지점에서 빛의 양을 측정하고자 하면 조도를 측정하여야 한다. [표 7-1]은 생활에서 접할 수 있는 광원에 대한 실제 조도 값을 나타내고 있다.

[표 7-1] 조도에 따른 빛의 밝기 정도 [7-1]

조도	설명
0.00001 lux	가징 밝은 별(시리우스)의 빛
0.0001 lux	하늘을 덮은 완전한 별빛
0.002 lux	대기광이 있는 달 없는 맑은 밤하늘

0.01 lux	초승달
0.27 lux	맑은 밤의 보름달
1 lux	열대 위도를 덮은 보름달
3.4 lux	맑은 하늘 아래의 어두운 황혼
50 lux	거실
80 lux	복도/화장실
100 lux	매우 어두운 낮
320 lux	권장 오피스 조명(오스트레일리아)
400 lux	맑은 날의 해돋이 혹은 해넘이
1,000 lux	인공조명, 일반적인 TV 스튜디오 조명
10,000 ~ 25,000 lux	낮(직사광선 없을 때)
32,000 ~ 130,000 lux	직사광선

7.1.2 광센서

광센서는 일반적으로 빛의 양에 따라 자신의 전기 저항 값이 변하는 부품을 말하는데, 한마디로 말하면 빛의 양에 따라 저항값이 변하는 가변저항이라 생각하면 이해하기 쉽다. 일반적으로는 [그림 7-2]와 같이 생긴 CdS(황화카드뮴) 센서가 많이 사용되고 있으며, 이 센서는 빛이 밝아지면 저항 값이 작아지고, 빛이 어두워지면 저항 값이 커지는 특성을 가진다.

[그림 7-2] 광센서

7.1.3 광센서를 이용한 광량 측정법

이제 광센서를 이용하여 광량을 측정하여 보자. 만약 [그림 7-3]와 같은 회로를 구성한다면 광량의 측정이 가능하다. 즉, 빛이 밝아지면 CdS의 저항 값은 작아지지만 R 값은 그대로이므로 중간의 ? 표시된 지점의 전압 값은 이전보다 커지고, 반대로 어두워지면 CdS의 저항 값이 커지므로 ? 지점의 전압 값은 이전보다 작아지게 된다.

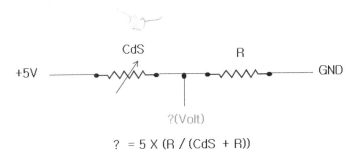

$$? = 5 \times (R / (CdS + R))$$

[그림 7-3] 광량의 변화에 따른 전압 값 변동

? 지점의 전압을 구하는 방법은, [그림 7-3]에서 전체 저항값은 'CdS + R', 오옴의 법칙은 'I(전류) = V(전압) / R(저항)'이므로 전체를 흐르는 전류는 'I = 5 / (CdS + R)' 이고, 전압은 ? 위치와 GND 사이의 전압(전위차)이므로 다시 오옴의 법칙에서 'V(전압) = I(전류) x R(저항)'을 적용하면, '? = (5 / (CdS + R)) x R'이 된다.

만약 ? 지점이 마이크로컨트롤러의 ADC 포트에 연결되어 있다면, 읽혀진 ADC 값을 이용하여 위의 식에서 현재 CdS의 저항값을 알아낼 수 있고, CdS의 저항값을 알면 이 CdS의 데이터시트에서 식이나 표를 이용하여 현재의 광량이 얼마인지를 계산해 낼 수가 있을 것이다. [표 7-2]는 CdS 센서 규격의 일부인데, GL5537 모델인 경우, 저항값은 광량이 10lux(R10) 일 때 20~50KΩ 이고, 광량이 100lux(R100) 일 때는 4~10KΩ, 빛이 전혀 없을 때는 2MΩ이 되는 것을 보여주고 있다.

[표 7-2] CdS 센서 규격

Model	Vmax (VCD)	Pmax (mW)	Ambient TEMP(℃)	Special Peak(nm)	Photo Resistance(KΩ)		Dark Resistance (MΩ)
					R10(Lux)	R100(Lux)	
GL5537	150	100	−30 ~ +70	540	20 ~ 50	4 ~ 10	2,0

참고로, 이런 원리는 광량(빛)에만 적용되는 것이 아니라, 온도, 습도, 가스, 압력 등의 경우에도 적용된다. 즉, 온도센서, 습도센서, 가스센서, 압력센서 등의 다양한 센서는 각 대상의 변화량에 반응하여 저항값이 변하는 성질을 이용하여 제작되는 경우가 대부분인 것이다.

7.2 ATmega128의 ADC

7.2.1 ADC

아날로그와 디지털은 이름도 많이 들었고 의미도 대부분 잘 구분할 수 있을 것이라 생각되지만 복습 차원에서 한번 짚고 넘어가 보자. 디지털을 '0'(LOW, GND)과 '1'(HIGH, VCC)의 2가지 불연속적인 신호만을 기반으로 만들어진 체계라고 한다면, 아날로그는 0.3, 7, 100.5 등과 같이 사람이 자연스럽게 생각할 수 있는 연속적인 신호를 기반으로 하는 체계라고 말할 수 있다. 보통 자연 속에서 우리가 접하는 모든 것은 아날로그라고 해도 과언이 아니며, 디지털은 사람들이 아날로그를 쉽게 다루기 위하여 디지털로 변환하여 사용하는 것이라고 보아도 무방하다. 말이 너무 추상적이므로 [그림 7-4]를 보면서 조금 더 알기 쉽게 설명해 보자.

[그림 7-4] 자연계에 존재하는 아날로그 데이터

산 모양같이 생긴 이 신호의 X 축은 시간을 나타내고, Y 축은 전압값으로 표현된 특정 지점의 조도라고 가정하자. 이 때 신호의 가장 아래쪽은 0V이고 가장 위쪽은 5V의 전압을 나타낸다고 가정하면, 이 신호는 시간이 지남에 따라 0~5V 사이를 변화하는 아날로그 신호가 된다.

마이크로컨트롤러와 같은 디지털 기기는 위 신호를 어떤 방식으로 처리할까?

한마디로 말하면 아날로그 신호를 디지털 신호로 변환하여 사용한다. 예를 들어 1비트의 디지털 정보만으로 위 아날로그 신호를 표현한다고 하면 이것은 0, 1로만 처리하여야 하므로, [그림 7-5]의 (b)와 같이 될 것이다. 즉, 2.5V 이상의 아날로그 신호는 디지털 신호 '1'(신호가 있음)로 변환하고 2.5V 미만의 아날로그 신호는 '0'(신호가 없음)으로 변환한다. 만약 2비트의 정보로 위 신호를 표현한다고 하면 [그림 7-5]의 (c)와 같이 될 것이다. 2개의 비트는 2의 제곱, 즉 4가지를 구분할 수 있으므로, 4개로 구분된 단계인 0~1.25V는 '00', 1.25V~2.5V는 '01', 2.5V~3.75V는 '10', 3.75V~5V는 '11'로 디지털화 될 것이다.

[그림 7-5]에서 1비트로 디지털화한 (b)보다는 2비트로 디지털화한 (c)가 원래의 아날로그 신호인 (a)와 좀 더 비슷한 것처럼, 비트수를 3, 4, 5, … 로 계속 늘리면 점점 더 원래의 아날로그 신호와 닮은꼴의 디지털 신호를 얻을 수 있다. 이렇게 아날로그 신호를 디지털 신호로 나타내는 정밀도를 분해능(resolution)이라고 부른다. 만약 어떤 회로가 10비트의 분해능을 가지고 있다면 이 회로는, 아날로그 신호를 2의 10제곱인 1024 단계의 디지털 신호로 표현할 수 있는 능력을 가지고 있는 셈이다.

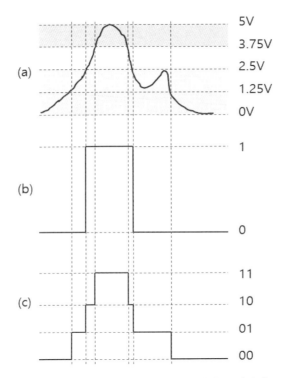

[그림 7-5] 아날로그 데이터를 디지털 데이터로 변환하는 과정

그런데, 아날로그 신호를 디지털 신호로 바꾸어 표현하는 방법은 이해가 되지만, 실제 환경에서 "아날로그 신호를 디지털 신호로 바꾸어 주는 것은 무엇일까?" 하는 의문은 계속 남아 있을 수 있다. 이러한 역할을 수행하는 회로는 ADC(Analog-to-Digital Converter, 아날로그-디지털 변환기)라고 한다. ADC 회로의 원리는 조금에서는 조금 어려울 수 있는데 여기서는 그냥 저항과 비교기, 엔코더 등의 하드웨어를 이용하여 아날로그 값을 원하는 비트 수의 디지털 코드로 변환해 주는 전자회로가 존재한다고 가정하고 그냥 넘어가기로 한다.

한 도선에 존재하는 아날로그 신호는 적당한 시간(변환 시간)이 지나면 ADC에 의하여 내부의 디지털 신호(여러 비트)로 바뀌게 된다. 이 ADC는 분리된 IC로 존재할 수도 있고 마이크로컨트롤러가 내부에 가지고 있을 수도 있는데, ATmega128은 내부에 ADC를 가지고 있는 경우가 된다.

7.2.2 ATmega128의 ADC

ATmega128은 ADC7~ADC0까지 8개의 ADC 입력 핀을 제공하며 이들 핀은 일반 GPIO핀인 PF7~PF0 핀들과 중복된다. 즉, 이들 핀은 ADC 포트로 사용되지 않는다면 일반적인 디지털 입출력 포트인 PF7~PF0 핀으로 사용이 가능하다.

ATmega128은 10비트의 분해능을 가지고 있는 ADC를 내장하고 있는데, 이와 관련된 중요 레지스터는 3종류로, ADMUX (ADC Multiplexer Selection Register), ADCSRA(ADC Control and Status Register A), ADCH(ADC Data Register High) 및 ADCL(ADC Data Register Low)이다. 이들 레지스터의 조작을 통하여 측정할 ADC 채널의 선택, ADC 기준 전압 선택, ADC값 계산 등을 수행할 수 있다. 각 레지스터에 대한 설명은 다음과 같다.

■ ADMUX

[표 7-3] ADMUX 내용

7	6	5	4	3	2	1	0
REFS1	REFS0	ADLAR	MUX4	MUX3	MUX2	MUX1	MUX0

• REFS1, REFS0

AD 변환을 수행하는 회로는 기준 전압을 결정해 주어야 한다. 기준 전압이 정해지면 ADC는 0~기준전압(V)까지의 입력 전압을 분해능 (ATmega128의 경우 10비트 즉, 2의 10제곱이므로 1024단계)의 정확도로 구분할 수 있다. 아래 표와 같이 3가지 중에서 결정할 수 있다.

[표 7-4] ADC 기준전압 선택

REFS1	REFS0	기준 전압
0	0	AREF

0	1	AVCC
1	0	사용하지 않음
1	1	내부 2.56V 기준 전압(AREF 핀에 CAP 이 연결된 상태)

- MUX4 ~ MUX0

한편, ATmega128의 외부 ADC 채널은 8개이지만 사실 측정할 수 있는 입력 채널만 8개이고 실제 내부의 ADC 회로는 한 개뿐이다. 그러므로 특정 순간에는 오직 1개의 채널만 ADC 변환이 이루어질 수 있는데, 이 때 어떤 ADC 입력 채널을 선택할 것인가에 대한 결정을 MUX4~0 값으로 결정한다. [표 7-5]에는 단일 채널 선택 값에 대한 내용만 표시하였다.

[표 7-5] ADC 채널 선택(단일 채널의 경우만 표시)

MUX4~MUX0	Single Ended Input
00000	ADC0
00001	ADC1
00010	ADC2
00011	ADC3
00100	ADC4
00101	ADC5
00110	ADC6
00111	ADC7

- ADLAR

ADLAR(ADC Left Adjust Result) 비트는 1로 설정하면 변환 결과가 ADC 데이터 레지스터에 저장될 때 ADC Data Register의 좌측으로 끝을 맞추어 저장하게 된다(좌측 정렬). 반대로 0으로 설정하면 우측 정렬이 된다. 일반적으로는 계산하기 편하도록 우측 정렬을 선택하는 경우가 많다.

■ ADCSRA

ADCSRA 레지스터는 ADC 제어 및 상태 레지스터로 [표 7-6]의 의미를 갖는다.

[표 7-6] ADCSRA 내용

7	6	5	4	3	2	1	0
ADEN	ADSC	ADFR	ADIF	ADIE	ADPS2	ADPS1	ADPS0

- ADEN(ADC Enable) : AD 변환 지정으로, 1로 설정하면 AD 변환 기능을 활성화시킨다.
- ADSC(ADC Start Conversion) : AD 변환 시작을 알리는 비트로 이 비트에 1을 설정하면 AD 변환이 시작되며 AD 변환이 종료되고 난 후 자동적으로 0으로 변환된다.
- ADFR(ADC Free Running) : 1로 설정하면 Free running 모드로 자동으로 계속해서 AD 변환을 실행하며, 0으로 설정하면 단일 변환 모드로 변환 시작 후 한 번만 AD 변환을 실행한다.
- ADIF(ADC Interrupt Flag) : AD 변환이 완료되어 ADC Data Register 값이 업데이트 되고 나면 이 비트가 1로 세트되면서 AD 변환 완료 인터럽트를 요청한다.
- ADIE(ADC Interrupt Enable) : 1로 설정하면, AD 변환 완료시 인터럽트가 발생한다.
- ADPS2~0(ADC Prescaler Select Bit) : AD 변환기의 클록 분주비를 결정한다. 예를 들어 분주비가 128인 경우, '16MHz / 128 = 0.125MHz'가 되어 이것이 AD 변환 기본 클록으로 사용된다.

ADSC(ADC Start Conversion) 비트를 1로 세트하여 AD 변환을 시작하며, 이 변환이 완료되면 ADIF(ADC Interrupt Flag) 비트가 AD 변환 종료를 알리게 되므로 이 플래그를 검사하여 변환 종료 여부를 확인할 수 있다.

■ ADCH, ADCL

ADC 입력 포트로 입력된 값이 기준 전압에 대한 비율로 계산된 변환 결과는 10비트의 결과 값(0~1023)으로 나타나는데, 우측 정렬인 경우는 [표 7-7]과 같이 상위 2비트는 ADCH에 저장되고, 하위 8비트는 ADCL에 저장된다.

[표 7-7] 우측 정렬일 때 ADCH, ADCL의 데이터 배치

	15	14	13	12	11	10	9	8
ADCH	–	–	–	–	–	–	ADC9	ADC8
	7	6	5	4	3	2	1	0
ADCL	ADC7	ADC6	ADC5	ADC4	ADC3	ADC2	ADC1	ADC0

7.3 광센서로 스마트 가로등 만들기

7.3.1 목표

8개의 가로등(LED)에 대하여 주변 광량이 10럭스 이하가 되면 가로등이 모두 켜지고, 100럭스 이상이면 모두 꺼지며, 10럭스와 100럭스 사이이면 비례 정도에 따른 개수만큼 켜지는 '스마트 가로등'을 제작한다.

7.3.2 구현 방법

하드웨어적으로는, 먼저 CdS 센서와 저항을 이용하여 [그림 7-6]과 같은 회로를 꾸미고, 광센서와 고정 저항이 연결되는 접점을 ATmega128의 ADC 포트 중 하나인 ADC0에 연결한다. 프로그램에서는 CdS 센서의 데이터시트로부터 10럭스, 100럭스일 때의 센서 저항값을 추출하여 각각에 대응되는 ADC 값을 계산해 놓은 후(중간 밝기일 때는 적당한 가상 값으로 설정), 실제로 측정되는 ADC 값을 계산하여 이에 해당되는 가로등(LED) 개수만큼 ON 시키면 된다.

7.3.3 회로 구성

회로는 GL-5537 CdS 광센서와 저항, LED를 이용하여 [그림 7-6]과 같이 구성하며, 브레드보드 상에 설치한 모습은 [그림 7-7]과 같다.

JMOD-128-1 모듈에서는 아날로그 회로의 전원 소스(AVCC)와 디지털 회로의 전원 소스(VCC)가 내부에서 코일(비드)를 사이에 두고 서로 연결되어 있으므로 ADC의 기준 전압으로 AVCC를 선택하는 경우, 0~5V 사이의 전압을 0~1023 값을 갖는 해상도로 매핑하는 선택이 된다. *(* 주의 : JMOD-128-1 모듈은 AREF 신호를 콘덴서만 GND에 연결된 형태로 오픈(OPEN) 시켜 놓았기 때문에 만약 ADC의 기준 전압으로 AREF를 선택하는 경우에는 반드시 원하는 기준 전압을 제공하는 외부 전원 소스를 AREF에 인가해 주어야만 사용이 가능하다.)*

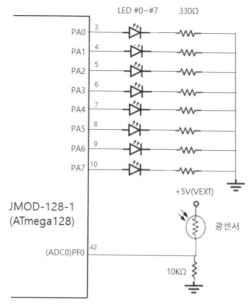

[그림 7-6] 스마트 가로등 회로

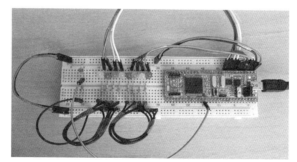

[그림 7-7] 스마트 가로등 회로 실제 연결 모습

7.3.4 프로그램 작성

일단 10럭스일 때의 처리 방법을 생각해 보자.

GL5537 광센서의 경우, [표 7-2]를 찾아보면 10럭스(R10으로 표기된 값)일 때의 저항값은 20-50KΩ
이 된다. 실제로 정확한 값을 찾으려면 10럭스의 빛을 임의로 생성한 상태에서 GL5537의 저항값을 측정하면 알 수 있겠지만, 그 정도의 정밀한 실험을 할 수 있는 환경이 아니므로 여기서는 20KΩ의 저항 값을 갖는다고 가정하고 계산해 보자. *(* 참고 : 실제 상황에서는 낮에 실내에서 CdS 센서를 거의 다 가리고 측정하였을 때 약 20KΩ 정도의 저항값으로 측정된다.)*

10럭스의 빛의 양일 때 CdS로 표현된 저항 값은 20KΩ이므로 JMOD-128-1의 ADC0 핀으로 연결된 지점의 전압 값은 (10K / (20K + 10K)) x 5가 되어 약 1.67V가 된다. 그런데 ATmega128에서는 이 전압값이 다시 5V 기준 값에 대한 1024단계의 비율로 나누어지므로, ADC 값은 (1.67 / 5) x 1024 = 341 정도가 된다. 즉, ATmega128 내부에서 측정된 ADC 값이 341(1.67V)보다 크다면 8개의 가로등(LED)을 모두 ON시키면 된다. 100 럭스일 때는 저항값을 4KΩ으로 가정하고 계산하면 ADC 값이 731이 되며 100럭스와 10럭스 사이의 중간은 적당한 정도의 가상값으로 할당하여 처리하도록 한다.

프로그램하기 전에 전반적으로 간단하게 실행 알고리즘을 정리해보면 다음과 같다.

① ADC 관련 필요한 레지스터(ADMUX, ADCSRA)를 목표에 맞게 초기화한 후,
② AD 변환을 시작하고,
③ 변환이 완료된 것이 확인되면,
④ 변환된 값(ADCH, ADCL)을 읽어서,
⑤ 이것이 원하는 값(10럭스 해당 값) 보다 작거나 같으면 LED를 ON 시키고 그렇지 않으면 OFF 시킨 후,
⑥ 계속하여 ②~⑤ 과정을 반복한다.

이를 구현한 결과는 다음과 같다.

```c
#include <avr/io.h>
#define F_CPU        16000000UL
#include <util/delay.h>


#define CDS_10      341      // 10럭스일 때 ADC 값 = 10/(20+10) * 1024 (CdS = 20KΩ)
#define CDS_20      450      // 적당한 가상 값 (임의로 가정)
#define CDS_50      550      // 적당한 가상 값 (임의로 가정)
#define CDS_80      650      // 적당한 가상 값 (임의로 가정)
#define CDS_100     731      // 100럭스 일 때 ADC 값 = 10/(4+10) * 1024 (CdS = 4KΩ)


void init_adc();             // 미리 선언하면 실제 프로그램은 main() 뒤에 작성 가능
unsigned short read_adc();   // Atmel Studio 7에서 unsigned short는
                             // unsigned int와 동일한 크기임
```

```
void show_adc_led(unsigned short data);

int main()
{
    unsigned short value;
    DDRA = 0xff;                        // LED 포드 출력 모드
    DDRF = 0x00;                        // ADC 포트는 입력
    init_adc();                         // ADC 초기화
    while(1)
    {
        value = read_adc();             // AD 변환 시작 및 결과 읽어오기 함수
        show_adc_led(value);            // 값을 비교하여 LED 디스플레이 함수
    }
}

void init_adc()
{
    ADMUX = 0x40;
                                        // REFS(1:0) = 01 : AVCC(+5V) 기준 전압 사용
                                        // ADLAR = 0 : 디폴트 오른쪽 정렬
                                        // MUX(4:0) = 00000 : ADC0 사용, 단일 채널
    ADCSRA = 0x87;
                                        // ADEN = 1 : ADC Enable
                                        // ADFR = 0 : single conversion(한번만 변환) 모드
                                        // ADPS(2:0) = 111 : 프리스케일러 128분주, 8us 주기
}

unsigned short read_adc()
{
    unsigned char adc_low, adc_high;
    unsigned short value;
    ADCSRA |= 0x40;                     // ADC start conversion, ADSC(비트6) = 1
    while ((ADCSRA & 0x10) != 0x10)     // ADC 변환 완료 검사(ADIF) (비트4)
        ;
    ADCSRA |= 0x10;                     // ADIF clear
    adc_low = ADCL;                     // 변환된 Low 값 읽어오기, 반드시 ADCL을 먼저 읽어야 함
    adc_high = ADCH;                    // 변환된 High 값 읽어오기
    value = (adc_high << 8) | adc_low;  // value는 High 값과 Low 값을 순서대로 연결한 16 비트값

    return value;
}

void show_adc_led(unsigned short value)
```

```
{
    if (value <= CDS_10)            PORTA = 0xff;      // LED 8개 ON
    else if (value <= CDS_20)       PORTA = 0x77;      // LED 6개 ON
    else if (value <= CDS_50)       PORTA = 0x55;      // LED 4개 ON
    else if (value <= CDS_80)       PORTA = 0x11;      // LED 2개 ON
    else if (value <= CDS_100)      PORTA = 0x01;      // LED 1개 ON
    else                            PORTA = 0x00;      // LED 모두 OFF
}
```

[프로그램 7-1] 광센서를 이용한 지능형 가로등 프로그램

내용 중에 'unsigned short'를 사용한 부분이 있는데 이는 그 크기가 16 비트(2 바이트)임을 강조하기 위함이고, Atmel Studio 7을 사용하는 경우 이는 'unsigned int'와 동일하게 처리된다는 점을 인식할 필요가 있다.

또 하나, ADCL 및 ADCH의 값을 1 바이트씩 따로 읽어올 때는 반드시 하위 8비트 값을 가지고 있는 ADCL을 먼저 읽은 후 상위 8비트 값을 가지고 있는 ADCH를 읽어야만 정확한 값을 얻을 수 있다는 점에 주의하자.(자세한 내용은 ATmega128 데이터시트 참조) 이것은 16비트로 구성된 다른 레지스터의 경우에도 일반적으로 적용된다.

7.3.5 구현 결과

프로그램 실행 결과는 [그림 7-8]과 같다. 구현된 작품의 CdS 부분을 손으로 조금씩 가리면서 점점 어둡게 만들면 회로가 동작하여 가로등(LED)이 한 두 개씩 더 켜지다가 최종적으로 모두 켜지는 것을 확인할 수 있다.

[그림 7-8] 광센서를 이용한 지능형 가로등 프로그램 실행 결과

7.4 실전 응용 : 사운드센서로 소리 크기 표시기 만들기

7.4.1 사운드센서

보통 사운드센서는 마이크로 입력된 소리 신호를 전기적인 신호로 바꾸어 주는 센서로, 아날로그 출력을 그대로 사용하면 아날로그 사운드센서, 어떤 특정한 디지털 비교값을 기준으로 '0' 또는 '1'을 출력하면 디지털 사운드센서라 할 수 있다. [그림 7-9]는 가격이 저렴한 실습용 아날로그 사운드센서의 하나인 P5511의 외관이다. P5511은 주변의 소리 크기에 대응하는 전압을 직접 출력하는 아날로그 사운드 센서인데 사람이 낼 수 있는 소리를 기준으로 매우 큰 소리는 약 3.2V 정도를 출력하는 것으로 알려져 있다. *(* 참고 : 구현 시에는 비슷한 기능의 다른 아날로그 사운드센서를 사용하여도 무방하다.)*

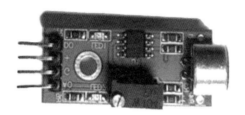

[그림 7-9] 사운드센서 (P5511)

7.4.2 목표

아날로그 사운드센서를 이용하여 주변 소리의 크기를 실시간으로 LED 8개에 디스플레이 하는 '소리 크기 표시기'를 제작한다.

7.4.3 구현 방법

사운드센서에는 전원을 공급하고, 출력은 ADC1 포트에 연결한다. 사운드센서에서 출력되는 값이 최대 3.2V 정도이므로 [표 7-8]과 같이 3.2V 이상이 되면 LED 8개가 모두 ON 되도록 하고, 그 이하의 값은 균등한 간격으로 나누어 이에 대응하는 LED의 개수만큼 ON 시키도록 한다. ADC 값의 측정은 0.1초마다 한 번씩 실시하면 충분하다.

[표 7-8] 입력된 소리 레벨과 LED ON 시킬 개수

전압	ADC 값 (Sound Level)	ON 시킬 LED 갯수
0.4V 미만	82 이하	0
0.4 ~ 0.8V 미만	83 ~ 164	1
0.8 ~ 1.2V 미만	165 ~ 246	2
1.2 ~ 1.6V 미만	247 ~ 328	3
1.6 ~ 2.0V 미만	329 ~ 407	4
2.0 ~ 2.4V 미만	408 ~ 492	5
2.4 ~ 2.8V 미만	493 ~ 573	6
2.8 ~ 3.2V 미만	574 ~ 655	7
3.2V 이상	656 이상	8

7.4.4 회로 구성

[그림 7-10]과 같이 P5511에 VCC와 GND를 연결하고 아날로그 출력(AQ)을 ATmega128의 ADC1(PF1) 포트에 직접 연결한다. 브레드보드에 구현한 모습은 [그림 7-11]과 같다.

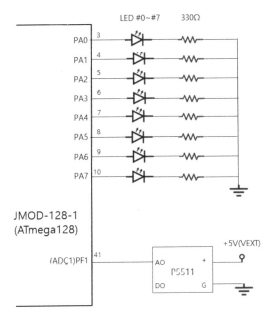

[그림 7-10] 소리 크기 표시기 회로

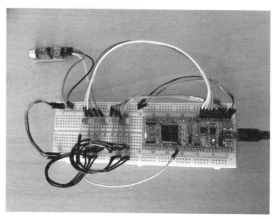

[그림 7-11] 소리 크기 표시기 회로 실제 연결 모습

7.4.5 프로그램 작성

구현 방법에서 설명한 내용으로 프로그램을 작성하면 [프로그램 7-2]와 같다.

```c
#include <avr/io.h>
#include <util/delay.h>

#define F_CPU 16000000UL
#include <util/delay.h>

                                    // Sound Level을 8단계로 나누어 LED 8개로 표시
#define S_LEVEL_8    1024*3.2/5     // 입력전압이 3.2 volt 이상일때 LED 8개 ON
#define S_LEVEL_7    1024*2.8/5     // 입력전압이 2.8~3.2volt 일때 LED 7개 ON
#define S_LEVEL_6    1024*2.4/5     // 입력전압이 2.4~2.8volt 일때 LED 6개 ON
#define S_LEVEL_5    1024*2.0/5     // 입력전압이 2.0~2.4volt 일때 LED 5개 ON
#define S_LEVEL_4    1024*1.6/5     // 입력전압이 1.6~2.0volt 일때 LED 4개 ON
#define S_LEVEL_3    1024*1.2/5     // 입력전압이 1.2~1.6volt 일때 LED 3개 ON
#define S_LEVEL_2    1024*0.8/5     // 입력전압이 0.8~1.2volt 일때 LED 2개 ON
#define S_LEVEL_1    1024*0.4/5     // 입력전압이 0.4~0.8volt 일때 LED 1개 ON

void init_adc();                    // 미리 선언하면 실제 프로그램은 main() 뒤에 작성 가능
unsigned short read_adc();
void show_adc_led(unsigned short data);

int main()
{
    unsigned short value;
```

```
    DDRA = 0xff;                         // LED 포드 출력 모드
    init_adc();                          // ADC 초기화
    while(1)
    {
            value = read_adc();          // AD 변환 시작 및 결과 읽어오기 함수
            show_adc_led(value);         // 값을 비교하여 LED ON 또는 OFF 함수
            _delay_ms(1000);             // LED 변화를 1초 간격으로 검사
    }
}

void init_adc()
{
    ADMUX = 0x41;
                                         // REFS(1:0) = '01' : AVCC(+5V) 기준전압 사용
                                         // ADLAR = '0' : 디폴트 오른쪽 정렬
                                         // MUX(4:0) = "00001" : ADC1 사용, 단일 채널

    ADCSRA = 0x87;
                                         // ADEN = '1' : ADC를 Enable
                                         // ADFR = '0' : single conversion(한번만 변환) 모드
                                         // ADPS(2:0) = '111' : 프리스케일러 128분주,
                                         // 8us 주기

}

unsigned short read_adc()
{
    unsigned char adc_low, adc_high;
    unsigned short value;
    ADCSRA |= 0x40;                      // ADC start conversion, ADSC='1' (비트6)
    while ((ADCSRA & 0x10) != 0x10)      // ADC 변환 완료 검사(ADIF) (비트4)
        ;
    adc_low = ADCL;                      // 변환된 Low 값 읽어오기, 반드시 ADCL을 먼저 읽어야 함
    adc_high = ADCH;                     // 변환된 High 값 읽어오기
    value = (adc_high << 8) | adc_low;   // value는 High 및 Low 연결 16 비트값
    return value;
}

void show_adc_led(unsigned short value)
{
    if (value >= S_LEVEL_8)      PORTA = 0xff;     // LED 8개 ON
    else if (value >= S_LEVEL_7) PORTA = 0x7f;     // LED 7개 ON
    else if (value >= S_LEVEL_6) PORTA = 0x3f;     // LED 6개 ON
    else if (value >= S_LEVEL_5) PORTA = 0x1f;     // LED 5개 ON
    else if (value >= S_LEVEL_4) PORTA = 0x0f;     // LED 4개 ON
    else if (value >= S_LEVEL_3) PORTA = 0x07;     // LED 3개 ON
    else if (value >= S_LEVEL_2) PORTA = 0x03;     // LED 2개 ON
    else if (value >= S_LEVEL_1) PORTA = 0x01;     // LED 1개 ON
```

```
    else                    PORTA = 0x00;        // LED 모두 OFF
}
```

[프로그램 7-2] 소리 크기 표시기 프로그램

연결된 ADC 포트 번호가 다르므로 ADMUX 값이 바뀐 것 외에는 프로그램에서 바뀐 것이 별로 없다. 센서는 다르지만 측정 방법은 비슷하다는 것을 알 수 있다.

7.4.6 구현 결과

제작된 소리 크기 표시기 주변에 음악이 나오는 스피커를 틀어놓고 LED의 변화를 살펴보면 음악의 강약에 따라 [그림 7-12]와 같이 LED가 다이나믹하게 움직이는 것을 확인할 수 있다. 조금만 더 응용하면 음악에 반응하는 사이키 조명도 만들 수 있을 것 같다.

[그림 7-12] 소리 크기 표시기 프로그램 실행 결과

그리고 한 가지 더 좋은 소식은 온도센서나 압력센서, 먼지센서 등 주변에서 쉽게 접할 수 있는 수많은 센서는 기본적으로 아날로그 센서라는 점이고, 우리는 이번 코스에서 이러한 센서를 쉽게 측정하고 제어할 수 있는 괜찮은 방법을 하나 터득했다는 것이다. 고기 잡는 방법을 처음 배웠을 때의 기쁨이 이런 것일까?

7.5 DIY 연습

[SENSOR-1] 8개로 구성된 가로등(LED)에 대하여, 꺼져있는 상태에서는 주변 광량이 10럭스 이하가 되면 가로등이 모두 켜지고, 일단 켜져 있는 상태에서는 주변 광량이 100 럭스 이상이 되어야만 가로등이 모두 꺼지는 '지능형 가로등'을 제작한다.

[SENSOR-2] 주변 광량이 10럭스 이하이면 커튼이 내려오고(DC 모터 5초간 순방향 회전), 주변 광량이 20럭스 이상이면 커튼이 올라가는(DC 모터 5초간 역방향 회전) '자동 커튼 시스템'을 제작한다.

[SENSOR-3] P5511 사운드센서로 0.1초 간격으로 주변 소음을 측정하였을 때 ADC 값이 5번 중 3번 이상 500을 넘는 경우, "삐~" 경고음을 5초간 울려주는 '소음 경보기'를 제작한다.

Course

8 UART 통신으로 암호문 보내기

이번 코스의 목표는 스마트기기와 대화를 나누는 것이다. 이것은 통신을 통하여
가능하다. 내가 "Hi~"하면, "Hello~"하고 답이 올 수도 있고, 내가 평문을 보내면,
이것을 암호문으로 바꾸어 주기도 한다. 잘 이용한다면 연인과 오직 둘만 아는
암호문으로 메시지를 주고받는 색다른 경험도 가능하리라.

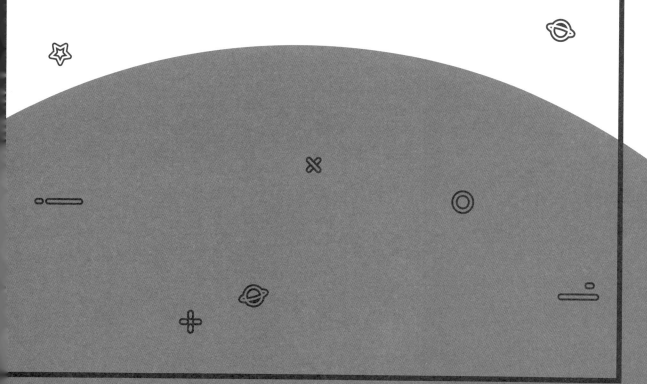

8.1 UART 통신

8.1.1 직렬 통신

전자기기를 사용하여 정보를 전달하는 것을 통신이라고 한다. 제일 쉬운 예로 스마트폰을 생각해 보자. 멀리 있는 사람과 이야기를 나눌 수 있고, 인터넷 등을 통하면 전 세계의 정보를 찾아볼수도 있다. 이 때 통신을 하려면 정보를 전달하는 매개체가 필요한데, 이 매개체가 전선이나, USB 케이블 등 눈에 보이는 것이면 유선통신이라고 하고, 전파나 소리 등과 같이 눈에 보이지 않는 것이면 무선통신이라고 한다. ATmega128과 같은 마이크로컨트롤러도 사용자와 정보를 주고받기 위해 통신할 수 있는 유선통신 수단을 가지고 있다.

갑자기 깊이 들어가면 어려울 수 있으니 기초부터 닦고 가자.

여기 1개의 선이 있다고 가정하고 이 1개의 선을 통하여 통신을 할 수 있는지부터 살펴보기로 한다. 디지털 신호는 '0'과 '1', 오직 이 2가지 정보밖에 나타내지 못하는데, 수많은 정보를 1개의 신호선으로, 그것도 아날로그가 아닌 '0'과 '1' 외의 다른 값을 갖지 못하는 디지털 신호로 보낼 수있는가 하는 문제이다. 단도직입(單刀直入, 직역하면 "한 칼로 곧장 적진 속으로 쳐들어 감"인데, "문제의 핵심을 꼭 찝어 이야기함"의 뜻)적으로 말하면 정답은 "가능하다"이다.

그러면 어떻게 가능할까? '시간' 개념을 도입하면 가능해진다. 즉, 어떤 신호의 디지털 정보는 t라는 한 순간에는 '0'과 '1'만 존재하지만, t+1 이라는 시간에는 다시 다른 '0'과 '1'의 정보를 표시할수 있다. 이런 식으로 생각하면 t+2, t+3, ... 간격을 짧게 하고 연속적으로 보낸다면 상당히 많은 정보를 보낼 수 있다는 결론이 나온다. 예를 들어 1us에 한 비트 씩 정보를 보낸다면 1초에는 1,000,000 비트(1Mb)의 정보를 보낼 수 있다.

이렇게 비트 단위로 데이터나 정보를 주고받는 방식을 직렬(serial, 시리얼)통신이라고 한다. 대응되는 개념으로 여러 개의 선을 이용하여 한꺼번에 여러 비트의 데이터나 정보를 주고받는 방식은 병렬(parallel, 패럴렐)통신이라고 하는데, 이것은 속도나 성능의 이점은 있지만 신호선이 많아서 생기는 단점도 많아 잘 사용되지 않는다.

직렬통신이라고 해도 1개의 선만 사용하는 것은 아니다. 데이터 라인은 1개의 선을 사용하지만 부가적으로 클록(clock) 라인, 선택(select) 라인 등을 함께 사용할 수 있으며, 이에 대한 규격 및 사용 방법은 직렬통신 방식마다 모두 다르다. 직렬통신으로 많이 사용되는 방식은 일반인에게 친숙한 USB(Universal Serial Bus) 외에도 UART(Universal Asynchronous Receiver/Transmitter), I^2C(Inter-Integrated Circuit), SPI(Serial Peripheral Interface) 등이 있다.

8.1.2 UART 통신

UART(Universal Asynchronous Receiver/Transmitter, 범용 비동기 송수신기)는 가장 단순한 직렬통신의 하나로, 외부와의 통신 시에는 RS-232C, RS-422, RS-485와 같은 통신 방식과 결합되어 사용된다. 통신은 1바이트씩 이루어지는데 이 데이터는 내부적으로 직렬화하여 1비트 단위로 송수신된다. 동기 신호가 전달되지 않는 비동기 통신이므로 송신과 수신은 서로 동일한 클록(baudrate, 보레이트)으로 데이터를 전송하도록 세팅되어 있어야만 전송 시 오류가 발생하지 않는다.

■ 신호선

신호선으로는 보통 RxD, TxD, GND의 3선을 주로 사용하나, 여기에 RTS, CTS의 2선을 추가하여 5선을 사용하기도 한다. [표 8-1]에 5개의 신호선에 대한 기능을 나타내었다. RTS와 CTS는 하드웨어적으로 데이터 흐름 제어가 필요한 곳에만 선택적으로 사용된다.

[표 8-1] UART 신호선

신호선	풀 네임	기능
RxD	Received Data	수신 데이터
TxD	Transmit Data	송신 데이터
GND	Ground	신호선 접지
RTS	Request To Send	송신 요청
CTS	Clear To Send	송신 허가

■ 신호선 연결 방법

통신하고자 하는 두 주체의 신호선 연결 방법은 [그림 8-1]과 같다.

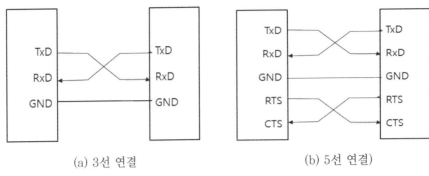

(a) 3선 연결   (b) 5선 연결)

[그림 8-1] UART 통신 연결 방법

한편, 요즘은 PC가 UART 연결을 위한 별도의 커넥터를 제공하지 않는데, 이 경우 UART 통신을 하려면 USB-to-UART 변환기를 이용하여 UART 신호를 USB신호로 바꾸어 연결하는 방법을 사용하여야 한다. USB로 전송한다 하여도 PC 내부에서는 UART 방식으로 다시 환원하여 사용하므로 사용에는 아무런 지장이 없다.

■ 데이터 전송 방식

데이터 전송 방식은 [그림 8-2]에 나타난 것과 같이, 정해진 보레이트(baud rate, 비트/초)의 클록으로 1비트의 데이터를 규칙에 맞게 전송하는 방식을 취한다. 보레이트는 보통 9600, 38400, 115200, 1M 값이 자주 사용되는데, 마이크로컨트롤러 내부에서 설정할 수 있다. **송신측과 수신측의 기본 설정(보레이트, 데이터 크기 등)을 사전에 동일하게 맞추어 놓아야만 통신이 제대로 이루어지며, 그렇지 않은 경우 데이터 깨짐 현상이 나타나거나 통신 시 오류가 발생할 수 있다는 점은 유의하여야 한다.**

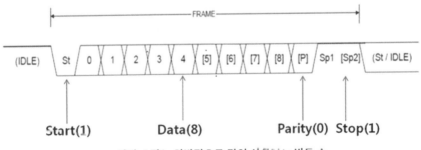

* ( ) 안의 숫자는 일반적으로 많이 사용하는 비트 수

[그림 8-2] UART 통신 데이터 전송 방식 [8-1]

데이터 전송 순서는 Start 비트, Data 비트, Parity 비트, Stop 비트의 순으로 진행되며 Parity 비트는 생략될 수 있다. 각 비트의 의미는 다음과 같다.

- IDLE : 전송을 하지 않을 때는 TxD(반대쪽은 RxD) 신호가 '1' 상태를 유지한다.
- Start 비트 : '1' → '0' 으로 신호가 변하면서 1클록 동안 유지하면 전송이 시작된 것이다.
- Data 비트 : 이후 8비트(5~8비트로 설정 가능)는 전송하고자 하는 데이터 값이다.
- Parity 비트 : even(짝수), odd(홀수), no parity(없음)으로 설정 가능하다. even(짝수)로 설정된 경우는 모든 데이터 비트와 패리티 비트를 포함하여 '1'의 개수가 짝수개가 되도록 패리티 비트를 생성하며, odd(홀수)로 설정된 경우는 홀수개가 되도록 패리티 비트를 생성하고, no parity 경우는 패리티 검사를 하지 않겠다는 뜻으로 이 경우 패리티 비트는 생략된다.
- Stop 비트 : 데이터 전송 이후 '1'로 변하면서 1(1.5 또는 2도 가능) 클록 동안 유지하면 전송이 종료된 것이다.

8.1.3 USB-to-UART 변환

앞에서 언급한 것처럼 마이크로컨트롤러는 UART 인터페이스를 가지고 있지만 PC는 물리적인 UART 인터페이스는 없고, 가상 UART 포트인 시리얼(COM) 포트를 USB 인터페이스를 통하여 제공한다. 그러므로 마이크로컨트롤러의 UART 인터페이스에 연결하여 USB로 변환하여 주는 USB-to-UART 변환기가 필요한데 이러한 기능을 하는 칩으로는 FT232와 CP2102가 많이 사용되고 있다. JMOD-128-1은 USB-to-UART 변환기로 CP2102를 사용하였으므로 이것을 기준으로 살펴보기로 한다.

[그림 8-3]는 Silabs사의 CP2102 칩의 블록 다이어그램이다.

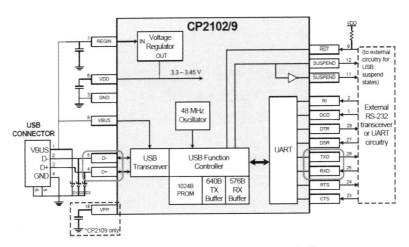

[그림 8-3] CP2102 블록 다이어그램 [8-2]

이 회로와 같이 왼쪽의 USB 신호(D+, D-)는 USB 커넥터 쪽에 연결하고, 오른쪽의 UART 신호 (TXD, RXD)는 ATmega128의 RXD0, TXD0 신호로 연결해 주면 된다. UART 통신 데이터가 USB 인터페이스를 통하여 전달되는 과정은 CP2102 칩이 알아서 해주는 것이므로 우리는 그냥 이 기능을 이용하기만 하면 된다. 또한, JMOD-128-1에서는 이미 이 설계가 내장되어 있는 상태이므로 실제로 우리가 더 처리해주어야 할 일은 없다. 그러므로 프로그램 시에도 USB는 잊어버리고 UART 통신용 인터페이스만 존재한다고 생각하고 프로그램하면 된다.

8.1.4 터미널 에뮬레이터

사용자가 PC를 통하여 마이크로컨트롤러와 통신하려면 통신 프로그램이 필요한데 이러한 응용프로그램을 보통 '터미널 에뮬레이터(terminal emulator)'라고 부른다. 터미널 에뮬레이터의 종류로는 Windows에 내장된 하이퍼터미널(Hyper Terminal)과 인터넷에서 무료로 다운받아 사용할 수 있는 TeraTerm, Putty, Hercules 등이 있는데, 자신이 사용하기 편한 것을 선택하여 사용하면 된다. 터미널 에뮬레이터 실행 시에는 다음의 예와 같이 UART 통신 설정을 초기에 세팅해 주어야 한다. 마이크로컨트롤러 쪽의 프로그램도 동일한 세팅이 되도록 하여야 함은 이미 설명한 바 있다.

• 데이터 비트 수　　: 8
• 패리티 사용 여부 : 사용하지 않음

- 스톱 비트 수 　 : 1
- Baudrate 　 : 9600

8.1.5 ASCII 코드

바이트는 8비트의 데이터 묶음을 의미한다. 워드(word)라고 하면 보통 2바이트를 말하고, 롱워드 (long word)라고 하면 보통 4바이트를 말한다. 그러면 왜 1바이트를 8비트로 만들었을까? 이것은 컴퓨터 내부가 2진법의 체계로 구성되어 있으므로 2의 제곱수로 데이터를 묶어 처리하면 편리하기 때문이다. 아마도, 데이터의 묶음으로 4비트는 너무 적고 16비트는 너무 많다고 생각하여 8 비트로 정했을 가능성이 높다. 그러면 1바이트의 정보로는 무엇을 표현할 수 있을까? 1바이트는 8비트이므로 2의 8제곱, 즉 256가지의 서로 구별이 되는 정보를 표현할 수 있다. 256가지의 색깔 정보, 256 가지의 소리 정보, 256가지의 온도 등 다양한 분야의 다양한 정보를 포함할 수가 있는 것이다.

이것을 영어 문자에 적용해 보자. 현재 사용하는 글자는 A, B, C, … Z 까지 대문자 26자, a, b, c, … z까지 소문자 26자, 0, 1, … 9까지 숫자 10자, !, @, #, … 등의 특수 및 기호 문자와 Tab, Enter 등을 의미하는 제어문자까지 포함하면 약 100여 글자가 된다. 보통 표준 자판 키보 드를 108 키보드라고 하니까 108자 정도면 모두 포함한다는 이야기이다. 그런데 1바이트는 256 개를 구별하여 표현할 수 있으므로 영어 문자는 단지 1바이트의 데이터만으로 모두 표현 가능하 다. 참으로 놀라운 일이 아닐 수 없다.

전체 글자가 어떤 값으로 할당되었는지 표준 코드를 한 번 확인해 보자. 표준으로 사용되는 문자 코드는 몇 가지 있지만 가장 많이 사용하고 유명한 것은 [표 8-2]의 ASCII(American Standard Code for Information Interchange, 정보 교환을 위한 미국 표준 코드) 코드이다.

[표 8-2] ASCII 코드

영문자			숫자			특수문자			제어문자		공백문자
10진	16진	문자	10진	16진	문자	10진	16진	문자	10진	16진	문자
0	0x00	NUL	32	0x20	sp	64	0x40	@	96	0x60	`
1	0x01	SOH	33	0x21	!	65	0x41	A	97	0x61	a
2	0x02	STX	34	0x22	"	66	0x42	B	98	0x62	b
3	0x03	ETX	35	0x23	#	67	0x43	C	99	0x63	c

4	0x04	EOT	36	0x24	$	68	0x44	D	100	0x64	d
5	0x05	ENQ	37	0x25	%	69	0x45	E	101	0x65	e
6	0x06	ACK	38	0x26	&	70	0x46	F	102	0x66	f
7	0x07	BEL	39	0x27	'	71	0x47	G	103	0x67	g
8	0x08	BS	40	0x28	(	72	0x48	H	104	0x68	h
9	0x09	HT	41	0x29	)	73	0x49	I	105	0x69	i
10	0x0A	LF	42	0x2A	*	74	0x4A	J	106	0x6A	j
11	0x0B	VT	43	0x2B	+	75	0x4B	K	107	0x6B	k
12	0x0C	FF	44	0x2C	,	76	0x4C	L	108	0x6C	l
13	0x0D	CR	45	0x2D	−	77	0x4D	M	109	0x6D	m
14	0x0E	SO	46	0x2E	.	78	0x4E	N	110	0x6E	n
15	0x0F	SI	47	0x2F	/	79	0x4F	O	111	0x6F	o
16	0x10	DLE	48	0x30	0	80	0x50	P	112	0x70	p
17	0x11	DC1	49	0x31	1	81	0x51	Q	113	0x71	q
18	0x12	DC2	50	0x32	2	82	0x52	R	114	0x72	r
19	0x13	DC3	51	0x33	3	83	0x53	S	115	0x73	s
20	0x14	DC4	52	0x34	4	84	0x54	T	116	0x74	t
21	0x15	NAK	53	0x35	5	85	0x55	U	117	0x75	u
22	0x16	SYN	54	0x36	6	86	0x56	V	118	0x76	v
23	0x17	ETB	55	0x37	7	87	0x57	W	119	0x77	w
24	0x18	CAN	56	0x38	8	88	0x58	X	120	0x78	x
25	0x19	EM	57	0x39	9	89	0x59	Y	121	0x79	y
26	0x1A	SUB	58	0x3A	:	90	0x5A	Z	122	0x7A	z
27	0x1B	ESC	59	0x3B	;	91	0x5B	[	123	0x7B	{
28	0x1C	FS	60	0x3C	⟨	92	0x5C	₩	124	0x7C		
29	0x1D	GS	61	0x3D	=	93	0x5D	]	125	0x7D	}
30	0x1E	RS	62	0x3E	⟩	94	0x5E	^	126	0x7E	~
31	0x1F	US	63	0x3F	?	95	0x5F	_	127	0x7F	DEL

알파벳 'A'의 값은 얼마일까? 표를 찾아보니, 0x41(0b01000001)이다. 그러면 숫자 '0'은? 숫자 '0'은 0x30(0b00110000)이다. **숫자 '0'의 값이 0x00이 아니고 0x30인 점은 주의하여야 한다. 이렇게 된 이유는 숫자 '0'도 ASCII 문자 체계에서는 단지 하나의 문자처럼 취급되기 때문이다.**

마지막 질문! 그런데 128이면 2의 7제곱이므로 7 비트가 되고 1비트가 남는데, 1비트는 어떤 용도로 사용할까? 그것은 보류된 상태로 남아 있다. 7비트 데이터에 대한 패리티 비트로 할당하여 사용할 수도 있고, 특수한 목적으로 사용할 수도 있다. 하지만 일반적으로는 그냥 비워두고 사용하지 않는다.

8.2 ATmega128의 USART

8.2.1 ATmega128의 USART

기본 지식을 보충하였으니 이제 본론으로 들어가 보자. ATmega128은 내부에 2개의 USART (Universal Synchronous/Asynchronous Receiver/Transmitter) 제어기를 가지고 있다. (UART가 아니고 USART인 이유는 비동기 전송뿐만 아니라 동기 전송도 가능하게 하는 능력을 가지고 있기 때문인데 여기서는 그냥 UART와 동일하다고 간주해도 좋다.) USART0와 USART1이 그것 인데 2개의 기능은 동일하다. 통신 신호로 사용되는 RXD0, TXD0, RXD1, TXD1 핀은 각각 GPIO핀인 PE0, PE1, PD2, PD3 핀과 중복되어 사용되며 USART 포트로 사용하지 않을 때에는 일반적인 디지털 입출력 포트로 사용할 수 있다.

ATmega128이 내장하고 있는 USART와 관련된 레지스터는 3종류로 UDRn(USART Data Register n), UBRRnH/UBRRnL(USART Baud Rate Register n High/Low), UCSRnA/UCSRnB/UCSRnC(USART Control and Status Register n A/B/C)인데, 이들 레지스터의 조작을 통하여 USART를 통한 데이터 전송을 수행할 수 있다. 다음은 각 레지스터에 대한 설명이다. *(* 참고 : 각 레지스터에서 'n'으로 표시된 것은 여러 개의 동일한 하드웨어 구분을 위한 0, 1, ... 과 같은 일련번호이다.)*

■ UDRn (USART Data Register n)

먼저, 데이터 단위로 정보를 주고받아야 하므로 이 데이터를 저장할 레지스터가 필요하다. 이때 사용하는 레지스터가 UDRn이다. 데이터를 송신하는 경우에는 이 레지스터에 전송하고자 하는 데이터 1바이트를 write하면 USART 하드웨어가 이 데이터를 비트 단위로 바꾸어, 즉 앞에서 살펴본 것과 같이 'Start 비트 → Data 비트 → Parity 비트 → Stop 비트' 순으로 이 데이터를 전송한다. 반면, 데이터를 수신하는 경우에는 이렇게 전송된 비트 단위의 데이터를 다시 바이트 데이터로 바꾸어 UDRn에 저장하는데 사용한다. **송신용 UDRn와 수신용 UDRn는 서로 다른 레지스터지만 프로그램에서 쓰기(write)를 수행하면 송신용 UDRn, 읽기(read)를 수행하면 수신용 UDRn이 자동으로 대응되도록 구성되어 있음에 유의하자.**

[표 8-3]에 UDRn의 구성을 나타내었다.

[표 8-3] UDRn 레지스터

7	6	5	4	3	2	1	0
RXB7	RXB6	RXB5	RXB4	RXB3	RXB2	RXB1	RXB0
TXB7	TXB6	TXB5	TXB4	TXB3	TXB2	TXB1	TXB0

- UBRRnH (USART Baud Rate Register n High),
  UBRRnL (USART Baud Rate Register n Low)

두 번째 필요한 것은, 보내는 시간 간격, 즉 보레이트를 서로 일치시켜야 하므로 보레이트를 결정할 수 있는 레지스터가 필요하다. [표 8-4]는 UBRRnH 및 UBRRnL 의 구성을 나타내고 있다. 각 레지스터는 8 비트이지만 2 개의 레지스터는 합쳐서 총 16 비트의 값을 가지며, 이 값에 대응되는 실제 보레이트는 [표 8-5]와 같다. 예를 들어, 9600 보레이트로 데이터를 전송한다면 16MHz 클록을 사용하는 경우, UBRRn 의 값은 103(0x0067), 즉 'UBRRnH = 0(0x00)', 'UBRRnL = 103(0x67)'이 된다. (여기서는 보레이트 설정 시 'U2X=0'인 경우로 가정)

[표 8-4] UBRRnH/UBRRnL

15	14	13	12	11	10	9	8
–	–	–	–	UBRR11	UBRR10	UBRR9	UBRR8

7	6	5	4	3	2	1	0
UBRR7	UBRR6	UBRR5	UBRR4	UBRR3	UBRR2	UBRR1	UBRR0

[표 8-5] UBRRnH/UBRRnL 보레이트 매핑 테이블

Baud Rate (bps)	f = 16.0000 Mhz			
	U2X = 0		U2X = 1	
	UBRR	Error	UBRR	Error
2400	416	−0.1%	832	0.0%
4800	207	0.2%	416	−0.1%
9600	103	0.2%	207	0.2%
14.4K	68	0.6%	138	−0.1%
19.2K	51	0.2%	103	0.2%
28.8K	34	−0.8%	68	0.6%
38.4K	25	0.2%	51	0.2%
57.6K	16	2.1%	34	−0.8%

76.8K	12	0.2%	25	0.2%
115.2K	8	−3.5%	16	2.1%
230.4K	3	8.5%	8	−3.5%
250K	3	0.0%	7	0.0%
0.5M	1	0.0%	3	0.0%
1M	0	0.0%	1	0.0%

■ UCSRnA(USART Control and Status Register n A),
UCSRnB(USART Control and Status Register n B),
UCSRnC(USART Control and Status Register n C)

어떤 레지스터가 더 필요할까? 이제 Start, Data, Parity, Stop 비트 등을 결정하고, 전송 환경을 설정하는 등의 여러가지 제어를 위한 상태 및 제어 레지스터가 필요할 것이다. 이 레지스터가 UCSRnA, UCSRnB, UCSRnC이다. [표 8-6], [표 8-7], [표 8-8]은 각각 UCSRnA, UCSRnB, UCSRnC의 구성과 주요 비트에 대한 설명을 나타내고 있다.

[표 8-6] UCSRnA

7	6	5	4	3	2	1	0
RXCn	TXCn	UDREn	FEn	DORn	PEn	U2Xn	MPCMn

- 비트 7 - RXCn (USARTn Receiver Complete) : 수신 버퍼의 상태 플래그로 수신 버퍼에 수신 문자가 있으면 '1'로 세트되고 수신 버퍼가 비어있는 상태라면 '0'으로 클리어된다. 즉, 수신 UDR 에 데이터가 수신 완료되면 세트된다.
- 비트 5 - UDREn (USARTn Data Register Empty) : 새로운 송신 데이터를 받기 위한 상태 플래그로, 송신 UDR이 새로운 송신 데이터를 받을 준비가 되어 있으면 '1'로 세트된다. 즉, 송신 UDR 이 비어 있으면 세트된다.

[표 8-7] UCSRnB

7	6	5	4	3	2	1	0
RXCIEn	TXCIEn	UDRIEn	RXENn	TXENn	UCSZn2	RXB8n	TXB8n

- 비트 4 - RXENn (USARTn Receiver Enable) : USARTn 모듈의 수신부가 동작하도록 한다. 사용 시 항상 세트하여야 한다.

- 비트 3 - TXENn (USARTn Transmitter Enable) : USARTn 모듈의 송신부가 동작하도록 한다. 사용 시 항상 세트하여야 한다.
- 비트 2 - UCSZn2(USARTn Character Size) : UCSRnC 레지스터의 UCSZn1,0 비트와 함께 전송 문자의 데이터 비트 수를 결정한다. (UCSR0C에서 설명).

[표 8-8] UCSRnC

7	6	5	4	3	2	1	0
–	UMSELn	UPMn1	UPMn0	USBSn	UCSZn1	UCSZn0	UCPOLn

- 비트 5,4 : UPMn1,0 (USARTn Parity Mode) : 패리티 모드 설정으로 아래와 같이 패리티를 발생시킨다.
  - 00 : 패리티 없음
  - 01 : 사용하지 않음
  - 10 : 짝수(even) 패리티
  - 11 : 홀수(odd) 패리티
- 비트 3 : USBSn (USARTn Stop Bit) : 스톱 비트 개수를 설정한다.
  - 0 : 1개
  - 1 : 2개
- 비트 2,1 : UCSZn1,0(USARTn Character Size) : UCSRnB 레지스터의 UCSZn2 비트와 함께 [표 8-9]와 같이 전송 문자의 데이터 비트 수를 결정한다.

[표 8-9] UCSZn2~0 기능

UCSZn2	UCSZn1	UCSZn0	데이터 비트 수
0	0	0	5 비트
0	0	1	6 비트
0	1	0	7 비트
0	1	1	8 비트
1	0	0	예약
1	0	1	예약
1	1	0	예약
1	1	1	9 비트

8.3 "Hi~ JCnet !" 디스플레이 하기

8.3.1 목표

UART 통신을 이용하여 PC에 "Hi~ JCnet !"을 연속하여 디스플레이한다.

8.3.2 구현 방법

JMOD-128-1의 USB 쪽으로는 USART0 포트가 이미 연결되어 있으므로 하드웨어적으로는 준비할 것이 없다. 다만 USB는 프로그램 다운로드 시에도 사용되므로, **프로그램 다운로드 시에는 JMOD-128-1의 ISP 선택 스위치를 'ISP' 위치로, UART 포트로 사용할 때에는 ISP 선택 스위치를 'UART0' 위치로 놓아야만 하는 것에 주의하여야 한다.** 즉, 프로그램 다운로드 후에는 ISP 선택 스위치를 반드시 'UART0' 위치로 옮겨야만 PC와 UART 통신이 가능하다.

PC쪽에서는 적당한 터미널 에뮬레이터 프로그램을 골라 설치하고, 이를 실행시킨 후 아래와 같이 세팅해 놓는다.

- 데이터 비트 수   : 8
- 패리티 사용 여부 : 사용하지 않음
- 스톱 비트 수   : 1
- 보레이트   : 9600

프로그램에서는 일단, PC 쪽의 에뮬레이터 프로그램과 동일한 값을 가지도록 앞에서와 동일하게 세팅한 후, 송신(TX)을 활성화(enable)시킨다.
이제, 송신이 가능한 상태인지 UCSR0A의 UDRE(USART Data Register Empty) 플래그를 확인한 후, 이것이 세트되어 있으면 데이터 전송이 가능한 상태이므로 UDR 레지스터에 첫 번째 문자를 전송하고 계속 루프를 돌면서 마지막 문자 전송을 마칠 때까지 동일한 과정을 반복 수행하면 된다.

8.3.3 회로 구성

UART 관련 회로는 JMOD-128-1에 이미 내장되어 있다. 이전에 설명한 것과 같이 CP2102 칩을 이용하여 UART 인터페이스가 USB 인터페이스로 변경되어 연결되는 형태이다. 다른 부품은 필요하지 않다.

8.3.4 프로그램 작성

UART 초기화 프로그램은 한 번만 실행되므로 init_uart0() 함수를 작성하여 처리하는 것이 좋다. 한 문자를 송신하는 함수도 putchar0(char c) 함수로 따로 작성하는 것이 좋은데, 이 함수는 UCSR0A 레지스터의 UDRE 비트를 검사하여 이 비트가 '1'이 될 때까지(UDR0이 비어 있을 때까지) 기다렸다가(while 루프) '1'이 되면 데이터를 전송(UDR0에 데이터 write)하는 함수이다. 이러한 검사가 필요한 이유는 ATmega128 프로그램이 새로운 데이터를 UDR0에 write하는 속도는 UART를 통하여 UDR0 데이터를 PC로 송신하는 속도보다 월등하게 빠르기 때문이다. 즉, 이러한 검사가 없다면 연속적으로 데이터를 보내는 경우 UDR0에 있는 데이터를 미처 송신하지 않은 상태에서 ATmega128이 새로운 데이터를 UDR0에 중복쓰기(overwrite)하는 상황이 발생할 수 있다. 그러므로 이러한 검사 과정은 반드시 포함되어야 한다.

여러 글자를 보내기 위하여 puts0( ) 함수를 만들어 사용하면 조금 더 편리하므로 이것도 구현하여 섞어서 함께 사용해 보기로 한다.

[프로그램 8-1]은 완성된 프로그램이다.

> 💡 **여기서 잠깐!** │ **간단한 포인터 사용법**
>
> C 프로그램에서 개수가 정해지지 않은 문자열을 다룰 때 어레이나 포인터를 사용하면 매우 편리하다. 어레이는 앞에서 여러 번 사용해 보았으니, 이번에는 포인터를 사용하는 방법에 대하여 공부해 보자. 일단 문자열을 저장하는 방법은 아래와 같다.
>
> ```
> char prompt[] = "JCnet !";
> ```
>
> char 타입의 배열 prompt[]를 선언하고 여기에 초기값으로 문자열 "JCnet !"을 지정해 주면 마이크로컨트롤러의 메

모리 내에 prompt라는 이름으로 char 타입의 방이 문자열의 '문자 개수 + 1' 만큼 지정되고 각 문자는 지정된 char 타입의 방에 순서대로 위치하게 된다.

또한, 맨 마지막 방에는 공백 문자인 NULL(0x00, '₩0') 문자가 한 개 더 들어간다. 이것은 C 언어 문법에서 약속된 것으로 컴파일러는 컴파일 시 문자열의 마지막 위치에 NULL 문자를 하나 더 넣도록 되어 있다. 다음 그림과 같은 형태가 될 것이다. 메모리 주소는 컴파일 시 임의로 할당되겠지만, 여기서는 설명하기 쉽게 1000번지에 할당되었다고 가정한다.

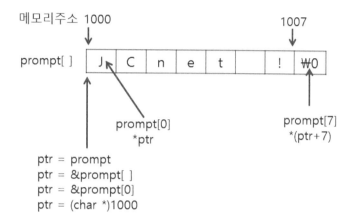

이제 포인터의 개념을 간단히 살펴보자. 포인터(pointer)는 포인터 변수라고도 말하며, 메모리의 주소 값을 저장하기 위한 변수를 의미한다. 일반 변수와는 다르게 어떤 값을 저장하는 것이 아니라 메모리 주소를 저장하고 있기 때문에 처음 선언하는 방법도 일반 변수 선언과는 조금 다르다.

① char prompt[] = "JCnet !";   // 어레이 저장
② char *ptr;   // 포인터 변수 선언, "char* ptr;"도 가능
③ ptr = &prompt[0];   // &는 변수 앞에 붙어서 주소를 나타냄
④ putchar0(*ptr++);   // *ptr은 ptr이 가리키고 있는 주소의 내용,
                                   // 즉, *ptr 는 prompt[0]인 'J'가 됨
                                   // ptr++은 ptr포인터의 값을 1 증가

② 줄의 선언은 "ptr은 char 타입의 방을 지정하는 메모리 주소 값을 가진 포인터이다." 라는 뜻이다. 즉, "ptr은 어떤 주소를 가지고 있으며, 그 주소가 가리키고 있는 메모리의 타입(크기)은 char이다." 라는 의미를 갖는다. 일반 변수 선언 때에는 보이지 않았던 '*' 표시가 ptr이 포인터임을 나타내주는 것에 주의하자.

③ 줄을 보면 ptr 포인터 변수에 prompt[0] 변수의 주소를 넣는다. &prompt[0]는 prompt[0] 변수의 메모리 주소를 의미한다. 이것도 C 언어의 약속으로, prompt[0]의 타입도 char 이고, ptr이 지정하는 주소의 타입도 char이니 이 것은 맞는 표현이다. 이렇게 반드시 같은 타입이어야만 컴파일할 때 에러가 발생하지 않는다.

④ 줄을 보면 "*ptr++"이 나타나는데 여기서 *는 내용을 나타내는 것으로 *ptr은 포인터 ptr이 가리키는 주소의 내용(즉, 문자)을 의미한다. **선언할 때 사용하는 '*'와 실제 실행문에 사용하는 '*'는 의미가 다르므로 매우 조심하여야 한다.** 이것을 확실하게 구분할 수 있어야 포인터가 쉬워진다.

ptr++은 포인터 ptr의 값을 현재 값에 타입 크기(예를 들어 char 타입이면 1, short 타입이면 2, float 타입이면 4)만큼을 더한 값으로 바꾸는 것이 된다. 결과적으로 "putchar0(*ptr++)"는 ptr이 가리키는 문자를 전송하여 디스플레이한 후, ptr은 값이 증가하여 다음 문자를 가리키게 된다.

```c
#include <avr/io.h>
#define F_CPU 16000000UL
#include <util/delay.h>
#define NULL 0

void init_uart0()              // UART0 초기화 함수
{
    UCSR0B = 0x08;             // 송신 transmit(TX) enable
    UCSR0C = 0x06;             // UART mode, 8 bit data, no parity, 1 stop bit
    UBRR0H = 0;                // baudrate 세팅
    UBRR0L = 103;              // 16MHz, 9600 baud
}

void putchar0(char c)          // 1 문자를 송신(transmit)하는 함수
{
    while(!(UCSR0A & (1<<UDRE0)))  // UCSR0A 5번 비트 = UDRE(UDR Empty)
        ;                          // UDRE0는 define된 값이 5이므로 5번 비트 검사
    UDR0 = c;                  // 1 문자 송신
}

void puts0(char *ptr)          // string을 송신하는 함수
{
    while(1)
    {
        if (*ptr != NULL)      // string 끝이 아니면 1 문자씩 송신
            putchar0(*ptr++);
        else
            return;            // string 끝이면 종료
    }
}
```

```
int main()
{
    char prompt[]="JCnet !";          // 문자열 저장
    char *ptr;                         // 포인터 변수

    init_uart0();                      // UART0 초기화
    ptr = &prompt[0];                  // ptr 포인터가 prompt[] 어레이의 처음을 포인트함
                                       // "ptr = prompt;"라고 해도 동일한 효과

    while(1)                           // "Hi~ JCnet !"를 연속적으로 디스플레이
    {
        putchar0('H');                 // 한 글자씩 "Hi~ " 송신
        putchar0('i');
        putchar0('~');
        putchar0(' ');
        puts0(ptr);                    // 문장으로 "JCnet !" 송신
        putchar0('\n');                // Line Feed('\n') 송신 – 커서 줄 바꿈
        putchar0('\r');                // Carriage Return('\r') 송신 – 커서 맨 앞으로 위치
    }
}
```

[프로그램 8-1] "Hi~ JCnet !" 전송 프로그램

while 문 내의 가장 아래 부분에 '\n'(LF)와 '\r'(CR)을 전송하는 이유는 "Hi~ JCnet !"이 한 줄씩 반복적으로 디스플레이되도록 하기 위한 것이다.

8.3.5 구현 결과

TeraTerm 터미널 에뮬레이터를 사용하여 처리한 실행 결과는 [그림 8-4]과 같다. 혹시 처음에 데이터가 나오지 않거나 깨져서 나오는 경우가 있을 수 있으나, JMOD-128-1의 오른쪽 위에 위치한 리셋 버튼을 한두 번 눌러주면 정상적으로 디스플레이된다.

자신이 원하는 문장이 나타나도록 프로그램을 바꾸어서 한 번 더 실행해 보기를 권장한다.

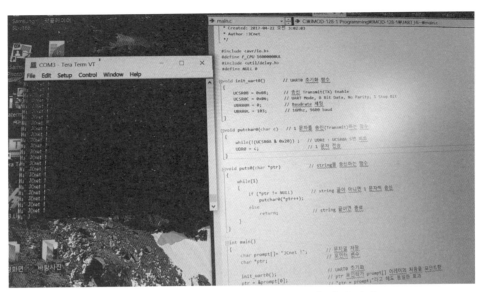

[그림 8-4] "Hi~ JCnet !" 전송 프로그램 실행 결과

8.4 청개구리 응답기

8.4.1 문자 수신 방법

마이크로컨트롤러에서 PC 방향으로 "Hi~ JCnet !"과 같은 문장을 송신하는 방법은 이미 확인한 바 있다. 가는 것이 있으면 오는 것이 있어야 하니까. 이번에는 PC에서 마이크로컨트롤러 방향으로 들어오는 데이터를 수신하는 방법을 살펴보자. 한 문자 송신 함수인 putchar0()와 비슷하게 한 문자 수신 함수인 getchar0()라는 함수를 만들어 보자.

ATmega128의 경우 수신 버퍼(UDR0)에 데이터(문자)가 수신되면 UCSR0A 레지스터의 7번 비트인 RXC0(USART0 Receiver Complete) 플래그가 '1'로 세트된다. 그러므로 이 비트가 '1'이 되었는지를 수시로 검사하여, '1'이 되었을 때 데이터를 받아오면 된다. [프로그램 8-2]에 getchar0() 함수를 나타내었다.

```
char getchar0()                       // 1 문자를 수신(receive)하는 함수
{
    while (!(UCSR0A & (1<<RXC0)))      // UCSR0A 7번 비트 = RXC(Receiver Complete)
        ;                             // RXC0는 define된 값이 7이므로 7번 비트 검사
    return(UDR0);                      // 1 문자 수신, UDR0에서 수신 데이터를 가져옴
}
```

[프로그램 8-2] 1 문자 수신 프로그램 : getchar0()

이 함수는 1바이트(1 문자)를 읽어오는(리턴하는) 함수이므로 함수 타입은 void가 아니고 char 타입인 것에도 주의하도록 하자. 리턴 값이 있으므로 "c = getchar0();"와 같은 형태로 사용하는 것도 당연하다.

8.4.2 목표

PC에서 문자를 입력하였을 때, 알파벳 대문자이면 알파벳 소문자로, 알파벳 소문자이면 알파벳 대문자로, 숫자는 '*'로, 나머지는 그대로 디스플레이하는 '청개구리 응답기'를 제작한다.

8.4.3 구현 방법

기본적인 구현 방법은 "Hi~ JCnet !" 구현 시에 사용하였던 방법을 그대로 사용한다. 수신된 문자를 검사하여, 알파벳 대문자이면 알파벳 소문자로, 알파벳 소문자이면 알파벳 대문자로 바꾸어 송신하고, 숫자가 들어오면 들어온 숫자는 무시하고 '*'를 전송한다. 알파벳이나 숫자가 아니면 수신된 문자를 그대로 다시 송신하면 된다. 참고로, 여기서는 입력된 문자와 처리된 결과를 비교 검증하기 위하여 일단 입력된 문자는 무조건 다시 되돌려 보내 출력되도록 한다.(echo back). 나중에 프로그램 동작이 완전하다는 것이 확인되면 이 부분은 프로그램에서 삭제하면 된다.

8.4.4 회로 구성

UART 관련 회로는 JMOD-128-1에 이미 내장되어 있다. 이전에 설명한 것과 같이 CP2102 칩을 이용하여 UART 인터페이스가 USB 인터페이스로 변경되어 연결되는 형태이다. 다른 부품은 필요하지 않다.

8.4.5 프로그램 작성

init_uart0(), putchar0(), getchar0()를 이용하여 구현 방법을 생각하면서 차근차근 구현하면 큰 어려움이 없이 프로그램을 작성할 수 있다. 문자를 구별하는 방법은 조금 생각을 하여야 하는데, 이는 ASCII 테이블을 보면 어떤 방법을 사용하여야 할지 힌트를 얻을 수 있다. 즉, ASCII 코드에서는 'A' ~ 'Z'까지는 '0x41' ~ '0x5A', 'a' ~ 'z' 까지는 '0x61' ~ '0x7A', '0' ~ '9' 까지는 '0x30' ~ '0x39'의 형태로 순차적으로 값이 할당되었다는 사실에 착안하면 변환 방법을 쉽게 유추해 낼 수 있다.

- 대문자 알파벳을 소문자 알파벳으로 변환하는 방법
    - 'A'에 해당되는 값을 빼고 'a'에 해당되는 값을 더해준다.
    - 예를 들어 수신 데이터가 'C'라면 ('C' – 'A' + 'a' → 'c')로 변환

- 소문자 알파벳을 대문자 알파벳으로 변환하는 방법
    - 위의 경우를 예로 삼아 어떻게 변환해야 할 지 혼자 힘으로 해결하기 바란다.

```
#include 〈avr/io.h〉
#define F_CPU 16000000UL
#include 〈util/delay.h〉

void init_uart0()                   // UART0 초기화 함수
{
    UCSR0B = 0x18;                  // 수신(receive, RX) 및 송신(transmit, TX) 활성화
    UCSR0C = 0x06;                  // UART Mode, 8 Bit Data, No Parity, 1 Stop Bit
    UBRR0H = 0;                     // Baudrate 세팅
    UBRR0L = 103;                   // 16Mhz, 9600 baud
}

void putchar0(char c)               // 1 문자를 송신(transmit)하는 함수
{
    while(!(UCSR0A & (1〈〈UDRE0)))   // UCSR0A 5번 비트 = UDRE(UDR Empty)
        ;                           // UDRE0는 define된 값이 5이므로 5번 비트 검사
    UDR0 = c;                       // 1 문자 전송
}

char getchar0()                     // 1 문자를 수신(receive)하는 함수
{
    while (!(UCSR0A & (1〈〈RXC0)))   // UCSR0A 7번 비트 = RXC(Receiver Complete)
        ;                           // 즉, 1을 7번 왼쪽으로 shift한
                                    // 값이므로 0x80과 & 하는 효과가 있음
    return(UDR0);                   // 1 문자 수신, UDR0에서 수신 데이터를 가져옴
}

int main()
{
    char value;
    init_uart0();                               // UART0 초기화
    while(1)
    {
        value = getchar0();                     // 문자를 읽어옴
        putchar0(value);                        // 문자를 echo back
        if ((value 〉= 'A') && (value 〈= 'Z'))   // 대문자인지 확인
            value = value + ('a' - 'A');        // 대문자면 대응되는 소문자로 변환
        else if ((value 〉= 'a') && (value 〈= 'z'))  // 소문자인지 확인
            value = value + ('A' - 'a');        // 소문자면 대응되는 대문자로 변환
        else if ((value 〉= '0') && (value 〈= '9'))  // 숫자인지 확인
            value = '*';                        // 숫자이면 '*'로 변환
        else if (value == '\r')                 // 캐리지 리턴('\r')이면
            putchar0('\n');                     // 줄바꿈('\n') 문자 추가 전송
        else        ;                           // 위 3가지에 해당되지 않으면 통과!
        putchar0(value);                        // 변경된 글자 송신
```

```
    }
}
```

[프로그램 8-3] 청개구리 응답기 프로그램

8.4.6 구현 결과

프로그램 실행 결과는 [그림 8-5]와 같다. 입력된 글자가 청개구리처럼 바뀌어서 디스플레이되는 것을 확인할 수 있다.

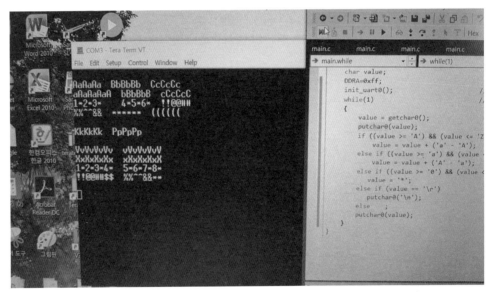

[그림 8-5] 청개구리 응답기 프로그램 실행 결과

8.5 실전 응용 : UART 통신으로 암호문 보내기

8.5.1 목표

알파벳으로 구성된 문장을 각 글자의 4글자 뒤의 글자로 치환하여(예를 들어 'A'는 4 글자 뒤인 'E'로 바뀜) 암호문을 생성하는 '암호문 생성기'를 제작한다.

암호는 특정 문장을 제3자가 알아볼 수 없는 글자나 숫자, 부호 등으로 변형시키는 것을 말하는데, 예전부터 군사, 외교 등의 목적으로 많이 사용되어 왔다. 목표에서 사용하는 암호 생성 방식은 매우 단순하면서도 유명한 로마 시대 케이사르(시이저) 치환 암호이다. 이 방식을 이용하면 "I LOVE YOU"라는 문장은 "M PSZI CSY"라는 암호문으로 바뀐다.

8.5.2 구현 방법

수신된 문자가 알파벳인지를 먼저 체크하여 알파벳이면 4글자 뒤의 문자로 바꾸어서 송신한다. 수신된 문자에 4를 더하고 그 값이 'Z'나 'z'를 벗어나는 경우는 다시 'A'나 'a'로부터 벗어난 옵셋 값만큼의 위치에 있는 문자로 치환하여 송신하면 된다. 만약 알파벳이 아니면 수신된 문자를 그대로 다시 송신한다.

8.5.3 회로 구성

UART0 관련 회로는 JMOD-128-1에 이미 내장되어 있다. 이전에 설명한 것과 같이 CP2102 칩을 이용하여 UART 인터페이스가 USB 인터페이스로 변경되어 연결되는 형태이다. 다른 부품은 필요하지 않다.

8.5.4 프로그램 하기

프로그램은 [프로그램 8-4]와 같다. **치환된 값이 알파벳의 범위를 넘어가는 경우에 다시 처음 알파벳으로 돌아가야 한다는 것에만 주의하여 프로그램하면 문제없다.**

```
#include <avr/io.h>
#define F_CPU 16000000UL
#include <util/delay.h>

void init_uart0()                        // UART0 초기화 함수
{
    UCSR0B = 0x18;                       // 수신(receive, RX) 및 송신(transmit, TX) 활성화
    UCSR0C = 0x06;                       // UART Mode, 8 Bit Data, No Parity, 1 Stop Bit
    UBRR0H = 0;                          // Baudrate 세팅
    UBRR0L = 103;                        // 16Mhz, 9600 baud
}

void putchar0(char c)                    // 1 문자를 송신(transmit)하는 함수
{
    while(!(UCSR0A & (1<<UDRE0)))        // UCSR0A 5번 비트 = UDRE(UDR Empty)
        ;                                // UDRE0는 define된 값이 5이므로 5번 비트 검사
    UDR0 = c;                            // 1 문자 전송
}

char getchar0()                          // 1 문자를 수신(receive)하는 함수
{
    while (!(UCSR0A & (1<<RXC0)))        // UCSR0A 7번 비트, RXC의 define 값 = 7
        ;                                // 즉, 1을 7번 왼쪽으로 shift한
                                         // 값이므로 0x80과 & 하는 효과가 있음
    return(UDR0);                        // 1 문자 수신, UDR0에서 수신 데이터를 가져옴
}

int main()
{
    char value;
    init_uart0();                        // UART0 초기화
    while(1)                             // 문자 수신 무한 루프 수행
    {
        value = getchar0();              // 문자 입력 기다림
        putchar0(value);                 // 입력문자 echo back
        if ((value >= 'A') && (value <= 'Z'))   // 대문자인지 확인
        {
            value = value + 4;           // 암호 문자로 변환
            if (value > 'Z')             // 만약 범위를 벗어나면
                value = value - 'Z' - 1 + 'A';   // 'A'로 연결하여 처리
        }
```

```
        else if ((value >= 'a') && (value <= 'z'))         // 소문자인지 확인
        {
            value = value + 4;                              // 암호 문자로 변환
            if (value > 'z')                                // 만약 범위를 벗어나면
                value = value - 'z' - 1 + 'a';              // 'a'로 연결하여 처리
        }
        else if (value == '\r')                             // 캐리지 리턴('\r')이면
            putchar0('\n');                                 // 줄바꿈('\n') 문자 추가 전송
        else          ;                                     // 위 3가지에 해당되지 않으면 통과!
        putchar0(value);                                    // 변경된 글자 송신
    }
}
```

[프로그램 8-4] UART 통신으로 암호문 보내기 프로그램

8.5.5 구현 결과

프로그램 실행 결과는 [그림 8-6]과 같다. 목표한 대로 입력된 알파벳 글자가 4번째 뒤의 글자로 바뀌어서 출력되고 다른 입력은 그대로 출력되는 것을 확인할 수 있을 것이다. 이 방법은 잘 응용하면 애인과 둘만이 해독 가능한 비밀글을 만들어 주고받는데 사용할 수도 있다.

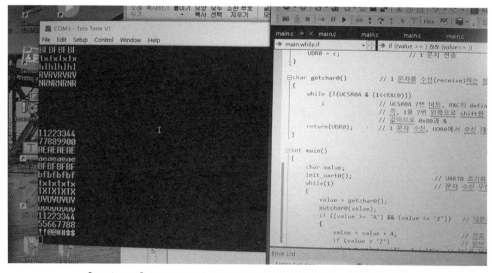

[그림 8-6] UART 통신으로 암호문 보내기 프로그램 실행 결과

8.6 DIY 연습

[UART-1] PC와 연결되었을 때 PC로부터의 입력은 그대로 돌려보내지만, 'ENTER' 키가 입력
되었을 때는 줄바꿈과 동시에 내가 원하는 프롬프트(예를 들어 "$"가 디스플레이되
는 '프롬프트 생성기'를 제작한다.

[UART-2] PC와 연결되었을 때 PC로부터의 입력이 숫자 1~9인 경우, 이에 해당되는 구구단을
아래와 같이 디스플레이하는 '구구단 계산기'를 제작한다. (예 : 5가 입력된 경우)

$$5 \times 1 = 5$$
$$5 \times 2 = 10$$
$$5 \times 3 = 15$$
$$5 \times 4 = 20$$
$$5 \times 5 = 25$$
$$5 \times 6 = 30$$
$$5 \times 7 = 35$$
$$5 \times 8 = 40$$
$$5 \times 9 = 45$$

[UART-3] PC와 연결되었을 때 PC로부터의 입력을 받아, 그 입력이 0~9999 범위의 숫자인
경우에는 이것을 4-digit FND에 디스플레이하는 '숫자 표시기'를 제작한다.

9 CLCD에 내 좌우명 새기기

우리는 꽤 많은 시간을 컴퓨터나 스마트폰을 보면서 소비한다. 뉴스도 보고, 동영상도 보고, 메시지도 본다. 그런데 그 화면의 대부분은 LCD다. 이번 코스에서는 가장 단순한 LCD를 선정하여 여기에 내 좌우명을 새겨보자. 내가 좋아하는 좌우명이 책상 위에서 깜빡깜빡 디스플레이되는 것을 바라보는 것도 작은 즐거움이 아닐까? 혹시 같은 내용이 반복되는 것이 지겨워지면 ♥ 같은 그림 문자를 추가로 디스플레이하는 것에 도전해보자. 물론 공부는 따로 조금 더 해야 한다.

* 이번 코스에 필요한 부품 목록 *

번호	품명	규격	수량	기타
1	다이오드	1N4148	1	백라이트용
2	가변저항	0~10KΩ	1	CLCD 밝기 조절용
3	CLCD	LCD1602A	1	16 x 2 형

9.1 CLCD는 최소한의 문자 표시기

9.1.1 CLCD

CLCD는 Character LCD(Liquid Crystal Display)의 약어로, 직역하면 '문자 액정 표시기'가 된다. 외부 인터페이스를 통해 명령어나 데이터가 들어오면 해당되는 문자(예 : A, B, * 등)를 디스플레이 하거나 명령어 동작(예 : 깜빡거림)을 수행하는 장치이다. 스마트폰의 액정 표시기처럼 아주 정밀한 그림은 표시하지 못하고 이미 정해져 있는 문자 단위의 형태만 디스플레이할 수 있지만, 제어 방법이 단순하고 가격이 매우 저렴하므로 다양한 전자기기에 많이 사용되고 있다. CLCD의 일반적인 형태는 [그림 9-1]과 같다.

[그림 9-1] CLCD 외부 모습

[그림 9-2]은 일반적인 CLCD의 내부 구조이다. 전원(VDD, GND)으로는 보통 5V를 사용하며, 마이크로컨트롤러와는 E(Enable), RS(Register Select), R/W(Read/Write)의 3개 제어 신호와 D[7:0]의 8개 데이터 신호를 이용하여 연결한다. 이 외에 디스플레이 밝기 조절 신호인 V0, 백라이트용 신호인 A(Anode)와 K(Cathode)가 사용되어 외부 인터페이스는 총 16개가 되는데 CLCD의 위쪽이나 아래쪽에 핀헤더 형태로 일렬 배치되어 있다.

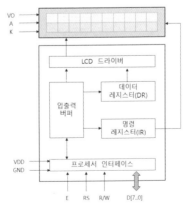

[그림 9-2] CLCD 내부 구조

9.1.2 CLCD 회로 설계 기초

1줄당 16 글자씩 2줄의 인터페이스를 갖는 CLCD는 보통 'LCD1602'라는 이름으로 일반화되어 있는데 이것을 마이크로컨트롤러와 연결하는 방법에 대하여 조금 더 자세히 살펴보자. CLCD는 종류와 제조사가 다르더라도 외부 인터페이스는 16핀으로 구성되어 있고 규격이 거의 표준화되어 있으므로 임의의 CLCD를 사용하여도 거의 동일한 설계 방식을 적용할 수 있다.

[표 9-1]은 CLCD의 인터페이스 신호와 기능을 나타낸 표이다.

[표 9-1] CLCD 인터페이스 신호와 기능

핀번호	심볼	입출력	기능
1	Vss	전원	GND
2	Vdd	전원	+5V
3	V0	전원	CLCD 밝기(contrast) 조절 전압
4	RS	입력	명령어, 데이터 레지스터 선택 신호
5	R/W	입력	읽기/쓰기(read/write) 선택 신호 – R/W=HIGH('1') : 읽기 선택 – R/W=LOW('0') : 쓰기 선택
6	E	입력	CLCD 명령어 활성화(enable) 신호
7	DB0	입출력	데이터 비트 #7~#0
8	DB1		
9	DB2		
10	DB3		
11	DB4		
12	DB5		
13	DB6		
14	DB7		
15	A	전원	백라이트(backlight) (+) 전원
16	K	전원	백라이트(backlight) (−) 전원

• Vdd : 전원(+), +5V

- Vss : 전원(−), GND
- V0 : CLCD에 디스플레이 되는 문자의 밝기를 조절하기 위한 전압
- RS : register select 신호로, '1'이면 CLCD 내부에 있는 데이터 레지스터(Data Register)를 포인팅 하며, '0'이면 명령 레지스터(Instruction Register)를 포인팅한다. 즉, 이 값이 '1'이면 DB[7:0]로 입력되는 값은 해당되는 ASCII 문자 값을 의미하며, 이 값이 '0'이면, 이미 정해져 있는 CLCD의 해당되는 제어 명령임을 의미한다.
- E : enable 신호로, '1'이면 CLCD가 동작하고, '0'이면 동작하지 않는다.
- R/W : read/write 신호로, '1'이면 읽기, '0'이면 쓰기를 수행한다. 특수한 경우가 아니면 디스플레이 하는 경우가 대부분이므로 '0'(write)으로 아예 고정시켜 놓는 경우도 많다.
- DB[7:0] : 데이터 신호로, 한 문자(8비트)의 데이터가 병렬로 연결되며, DB[7:0]을 모두 사용하는 모드와 DB[7:4]만 사용하는 모드의 2가지 모드를 제공한다.
- A : CLCD 백라이트 신호용 애노드(anode) 신호로 다이오드나 저항을 거쳐 +5V에 연결된다.
- K : CLCD 백라이트 신호용 캐소드(cathode) 신호로 GND에 연결된다.

마이크로컨트롤러와 직접 연결되는 신호는 RS, R/W, E, DB[7:0] 부분인데, 신호선을 줄이기 위하여 데이터 연결을 DB[7:4]만 사용하는 모드를 사용하기로 하면 GPIO 신호 7개만으로 제어가 가능하다.

전원 신호Vdd, Vss는 각각 외부 전원에 연결한다.

V0는 '+5V → 가변저항 → GND' 형태로 연결한 상태에서, 가변저항의 중간 단자와 V0를 연결하면 된다. 이 가변저항은 전압의 크기를 조절하여 CLCD의 문자 밝기를 조절하는데 사용된다.

한편, CLCD는 바탕 화면을 환하게 만들 수 있는 백라이트도 내장하고 있는데 이 백라이트의 (+)쪽은 LED 애노드(anode)의 의미로 A, (−)쪽은 LED 캐소드(cathode)의 의미로 K로 표기되어 있다. 보통의 경우 '+5V → 다이오드 → A 및 K(A와 K는 내부적으로 LED가 내장되어 연결됨) → GND' 형태로 연결한다. 일반적으로 CLCD의 내부에는 백라이트용으로 LED 2개가 직렬로 연결되어 있는데, 이를 감안하여 연결을 확장해서 나타내 보면 '+5V → 다이오드(또는 수십Ω 정도의 저항) → A → LED → LED → K → GND' 형태가 된다. [그림 9-3]은 전체적인 연결 방법을 나타낸 인터페이스 회로도이고, [그림 9-4]은 실제 브레드보드 상에 설치한 모습이다.

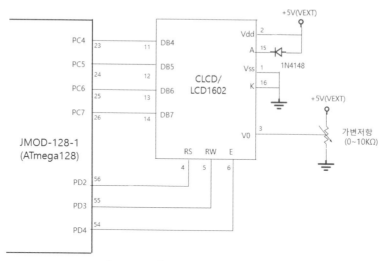

[그림 9-3] CLCD 인터페이스 회로

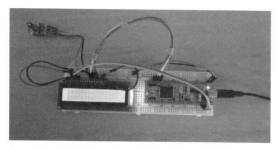

[그림 9-4] CLCD 인터페이스 회로 실제 연결 모습

9.1.3 CLCD 제어

CLDC를 제어하려면 [표 9-1]의 DB[7:4] 값과 RS, R/W, E 신호를 이용하여야 한다. 이런 정보는 어디서 얻을 수 있을까? 당연히 이 CLCD를 만든 회사에서 데이터시트(datasheet) 형태로 제공한다. 데이터시트는 그 디바이스를 최적으로 사용하기 위하여 알아야 할 내부 기능, 내부 구조, 사용 방법, 외부와의 연결 방법, 프로그래밍 모델 등등의 모든 정보를 포함하고 있다. 세부 내용을 다 살펴보려면 내용이 많고 복잡하므로, 우리는 우리가 원하는 문자를 디스플레이하기 위하여 꼭 필요한 부분만 간단히 살펴보는 것으로 하자. 참조용 CLCD는 Crystalfontz America, Inc. 사의 CFAH1602A-AGB_JP 모델을 기준으로 하지만, 1602A 타입의 다른 모델을 사용하

여도 별 문제는 없다.

제일 먼저 할 일은, 이 CLCD 동작 방법에 대한 기본적인 이해이다. CLCD를 동작시키는 방법은 크게 2가지가 있다. 하나는 '제어 명령'이고 다른 하나는 '데이터 쓰기'이다. '제어 명령'은 CLCD 내부 제어기에게 "내용을 지워라.", "커서 위치를 옮겨라.", "글자를 깜빡거리게 해라." 등등의 명령을 내리는 것이고, '데이터 쓰기'라는 것은 현재의 커서 위치에 내가 원하는 1개의 글자를 쓰는 것(write)에 해당된다. 그러니까 한마디로 필요한 제어 명령을 내린 후 데이터를 써 넣으면 글자가 디스플레이되는 것이다.

■ CLCD Write
이제 '데이터 쓰기'를 수행하는 방법을 살펴보자.

조금 복잡하기는 하지만, 이번 기회에 기본적인 타이밍 다이어그램(timing diagram)을 보는 법부터 익혀보기로 한다. 다다익선(多多益善, 많으면 많을수록 좋음)이라는 말이 있듯이 기분 내킬 때 조금 더 욕심내 보는 것도 경험상 괜찮다. 하지만 과유불급(過猶不及, 지나침은 오히려 미치지 못한 것과 같음)이라는 말도 있으므로, 너무 많이 앞서 나가지는 말기를...

- 사이클 타임(cycle time)

    write 동작을 실행하는데 걸리는 시간을 의미한다. 최솟값이 주어지므로 더 길어지는 것은 괜찮지만 이 값보다 더 짧아질 수는 없다. E 신호의 경우 E 사이클 타임이 500ns 이므로, 한 번 write하고 다시 write하기 까지는 최소 500ns 걸린다는 의미이다.

    [그림 9-5]와 [표 9-2]는 데이터시트에 나타난 write 시 타이밍 관련 자료이다.

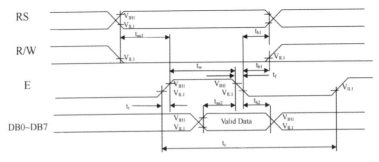

[그림 9-5] CLCD write 시 타이밍 다이어그램 [9-1]

[표 9-2] CLCD write 시 타이밍 시간

모드	심볼	최솟값	일반	최댓값	단위
E cycle time	t_c	500	–	–	ns
E rise/fall time	t_r t_f	–	–	20	ns
E pulse width (HIGH, LOW)	t_w	230	–	–	ns
R/W and RS setup time	t_{su1}	40	–	–	ns
R/W and RS hold time	t_{h1}	10	–	–	ns
data setup time	t_{su2}	80	–	–	ns
data hold time	t_{h2}	10	–	–	ns

- 상승 시간(rise time), 하강 시간(fall time)

  상승 시간은 어떤 신호가 '0'에서 '1'로 변할 때 걸리는 시간으로, 보통 '0'과 '1' 사이의 전압 차이의 10% 상태에서부터 90% 상태까지 도달하는데 걸리는 시간을 말한다. 이상적인 펄스라면 계단 모양으로 순간적으로 '0' → '1'로 변하겠지만, 실제 자연 세계에서는 '0' → '1'로 변화하는 데에도 약간의 시간이 소요된다. E 신호의 경우 최댓값으로 20ns가 주어지므로 신호가 '1' → '0', '0' → '1'로 변화하는 데는 20ns 이상 걸리지 않는다는 이야기이다. 하강 시간은 상승 시간의 반대 개념이라고 생각하면 된다.

- 펄스폭(pulse width)

  펄스폭은 어떤 신호의 '0' 또는 '1' 값이 유지되어야 하는 시간을 의미한다. E 신호의 경우 펄스폭이 230ns 이므로 최소한 230ns 동안은 '1' 값을 유지해야 한다. 그렇다면 E 신호가 만약 200ns 동안만 '1'을 유지한다면 실제 write 동작은 어떻게 될까? 실제로는 write가 실행될 수도 있고 되지 않을 수도 있겠지만, 반드시 된다는 것을 보장하지는 못한다.

- 셋업(setup time) 타임, 홀드(hold time) 타임

  셋업 타임이란 어떤 기준 신호(상대방에게 상태 변화를 알리는 신호로 보통 클록 신호 또는 활성화 신호 등의 제어 신호를 말함)가 변화되기 전에 관련 신호가 미리 준비되어야 하는 시간을 의미하며, 홀드 타임이란 어떤 기준 신호가 변화된 후에 이 관련 신호가 유지되어야 하는 시간을 의미한다.

  예를 들어 (1)번 디바이스가 (2)번 디바이스와 정보를 주고받는 경우, A라는 신호는 기준 신

호이고 B라는 신호가 이와 관련한 신호라고 한다면, A라는 신호의 '0' → '1' 또는 '1' → '0' 변환 시점 이전 최소한 셋업 타임만큼의 시간 전부터 B라는 신호는 안정된 상태가 되어야 하고(그 때 이후 값이 변하면 안 되고), A라는 신호의 '0' → '1' 또는 '1' → '0' 변환 시점 이후 홀드 타임만큼의 시간 후까지 B라는 신호는 안정된 상태가 되어야 한다는(그 때까지는 값이 변하면 안 된다는) 것을 의미한다.

R/W, RS 신호의 셋업 타임이 최소 40ns 이므로, E 신호가 '0' → '1'로 되기 최소 40ns 전까지는 R/W, RS 신호 값이 미리 정해져야 함을 의미하며, R/W, RS 신호의 홀드 타임이 최소 10ns 이므로, E 신호가 '1' → '0'으로 된 후 최소 10ns 후까지는 R/W, RS 신호 값이 계속 유지되어야 함을 의미한다. 데이터 셋업 타임의 경우는 80ns로 [그림 9-5]에서 보았을 때 데이터 값이 준비되기 전 최소 80ns 전에는 E 신호가 '1'로 올라가 있어야 한다는 뜻이고, 데이터 홀드 타임의 경우는 10ns 이므로 E 신호가 '1' → '0'으로 된 후 10ns 동안은 데이터 값을 유지하고 있어야 한다는 뜻이다.

하드웨어 동작을 설명하려니까 설명이 좀 길어졌는데 사실 실제로 사용자 측면에서 프로그램할 때의 예를 보이면 다음과 같이 아주 간단하다.

- RS, RW값을 준비한다.
- 잠시(셋업 타임보다 충분히 긴 시간) 후 E를 '1'로 만든다.
- DB[7:4] 값을 준비한다.
- 잠시(홀드 타임보다 충분히 긴 시간) 후에 E를 '0'으로 만든다.

■ CLCD 제어 명령 및 실행 순서

이제 '제어 명령'에 대한 코드 값을 살펴보도록 하자. [표 9-3]은 데이터시트의 내용으로 한마디로 코드 값만 주면 이런 기능을 수행시킬 수 있다.

[표 9-3] CLCD 제어 명령어 표 [9-2]

| Instruction | Instruction Code | | | | | | | | | | | Description | Execution time (fosc=270Khz) |
	RS	R/W	DB7	DB6	DB5	DB4	DB3	DB2	DB1	DB0			
Clear Display	0	0	0	0	0	0	0	0	0	1		Write "00H" to DDRAM and set DDRAM address to "00H" from AC	1.53ms
Return Home	0	0	0	0	0	0	0	0	1	—		Set DDRAM address to "00H" from AC and return cursor to its original position if shifted. The contents of DDRAM are not changed.	1.53ms
Entry Mode Set	0	0	0	0	0	0	0	1	I/D	SH		Assign cursor moving direction and enable the shift of entire display.	39 μ s
Display ON/OFF Control	0	0	0	0	0	0	1	D	C	B		Set display (D), cursor (C), and blinking of cursor (B) on/off control bit.	39 μ s
Cursor or Display Shift	0	0	0	0	0	1	S/C	R/L	—	—		Set cursor moving and display shift control bit, and the direction, without changing of DDRAM data.	39 μ s
Function Set	0	0	0	0	1	DL	N	F	—	—		Set interface data length (DL:8-bit/4-bit), numbers of display line (N:2-line/1-line)and, display font type (F:5 $\times$ 11 dots/5 $\times$ 8 dots)	39 μ s
Set CGRAM Address	0	0	0	1	AC5	AC4	AC3	AC2	AC1	AC0		Set CGRAM address in address counter.	39 μ s
Set DDRAM Address	0	0	1	AC6	AC5	AC4	AC3	AC2	AC1	AC0		Set DDRAM address in address counter.	39 μ s
Read Busy Flag and Address	0	1	BF	AC6	AC5	AC4	AC3	AC2	AC1	AC0		Whether during internal operation or not can be known by reading BF. The contents of address counter can also be read.	0 μ s
Write Data to RAM	1	0	D7	D6	D5	D4	D3	D2	D1	D0		Write data into internal RAM (DDRAM/CGRAM).	43 μ s
Read Data from RAM	1	1	D7	D6	D5	D4	D3	D2	D1	D0		Read data from internal RAM (DDRAM/CGRAM).	43 μ s

내용 중 'E' 신호가 빠져있는 것은 'E=1'인 상태가 되었을 때 다른 신호들의 값에 따라 주어진 기능이 실행됨을 의미한다. 데이터시트에 [그림 9-6]과 같이 실행하는 순서를 제시해 주고 있으니 아래의 예를 참조하여 함께 살펴보자.

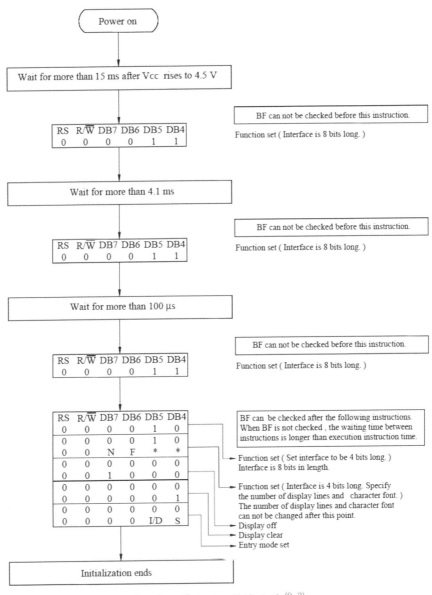

[그림 9-6] CLCD 실행 순서 [9-3]

① 전원이 켜지면,

② 50ms(넉넉하게 잡은 시간) 기다렸다가,

③ 4비트 인터페이스, 2라인 디스플레이, 5x8 dot 폰트 모드로 기능을 선택하고(0/0x28), (앞의 값은 RS값, 뒤의 값은 DB[7:0]값 (Function Set))

④ 디스플레이 ON, 커서 OFF, blink OFF을 선택하고(0/0x0C) (Display On/Off Control)

⑤ 이전의 데이터를 일단 깨끗이 지우고(0/0x01) (Display Clear)

⑥ 엔트리 모드는 증가 모드(데이터를 보내면 커서 위치에 저장되고 커서는 하나씩 오른쪽으로 이동하는 모드), 시프트는 OFF(데이터가 시프트되지 않고 고정됨)을 선택한 후(0/0x06) (Entry Mode Set)

⑦ 커서를 위줄 첫 번째 칸으로 옮겨서(1/0x80)

⑧ 원하는 데이터를 윗줄에 1줄 쓰고(1/0x??, 1/0x??, …) (예 : "ABC…")

⑨ 커서를 아래줄로 옮겨서(1/0xC0)

⑩ 원하는 데이터를 아래줄에 1줄 쓴다. (1/0x??, 1/0x??, …) (예 : "XYZ…")

조심해야 할 것은 데이터나 명령어를 write할 때, 셋업타임, 홀드타임 등을 지킬 수 있도록 충분한 딜레이를 설정하여 프로그램에 꼭 삽입해야 한다는 것이다.

9.2 CLCD에 'A' 디스플레이 하기

9.2.1 목표

CLCD의 첫째 줄 첫째 칸에 'A'를 디스플레이 한다.

9.2.2 구현 방법

CLCD에 디스플레이하는 방법은 데이터시트에 나타난 대로 초기화 순서가 틀리지 않도록 조심하여 초기화한 후, 원하는 CLCD 제어 명령과 데이터를 순서에 맞추어 전송하면 된다. *(* 참고 : 다 잘된 것 같은데도 글자가 나오지 않는 경우는 V0 핀에 연결된 가변저항이 한쪽으로 치우쳐 있는 경우가 간혹 있으므로 이를 좌우로 움직여 조절하도록 한다.)*

9.2.3 회로 구성

CLCD 연결은 이전 설명에서 제시하였던 [그림 9-3] 회로와 동일하다.

9.2.4 프로그램 작성

구현 방법에 따라 프로그램을 작성하여 보면 [프로그램 9-1]과 같다. 비트마다 의미를 갖는 데이터를 작성하여야 하는 부분이 많으므로 "#define"을 이용하여 미리 값을 정의해 놓은 뒤 이를 이용하는 형태로 사용하면 조금 더 편리하다.

또한, 한 개의 명령어를 전송하거나 한 글자의 데이터를 전송하는 기능은 자주 사용하는 부분이므로 따로 함수로 만들어 처리함으로써 효율성을 높이는 방법을 사용하는 것이 좋다. 이 때 앞에서 언급한 셋업 타임과 홀드 타임을 고려하여 프로그램하여야 하는데, 추후 다른 CLCD를 사용하는 경우도 고려하여야 하므로 시간을 충분하게 잡아 각각 1us로 처리하도록 한다.

초기화 과정은 순서에 따라 정확하게 이루어져야 하고 세팅 값도 정해져 있으므로 실수하지 않도록 조심하여 프로그램하도록 한다. 전체 과정에서 하나만 실수하여도 아무 것도 디스플레이되지 않는 난감한 결과가 나타날 수 있다.

이 프로그램은 아래의 예제를 보지 않고 데이터시트만 보면서 혼자서 직접 작성해 보는 것도 한 번쯤 도전해 볼만한 가치가 있다. 이 경우 아마도 이 곳 저 곳에서 뜻하지 않은 에러가 많이 발생하여 정상적으로 동작시킬 때까지 하루 종일 걸릴 수도 있겠지만, 시간이 허락한다면 이런 작업을 한 번 해보는 것을 권장한다. 왜냐하면 사회에서는 이런 일이 비일비재(非一非再, 한 두 번이 아니고 많음)하게 발생하기 때문에... 경험이 자산이다.

```c
#include <avr/io.h>
#define      F_CPU      16000000UL
#include <util/delay.h>
                                           // CLCD Command & Data
#define      BIT4_LINE2_DOT58          0x28    // 4 Bit Mode, 2 Lines, 5x8 Dot
#define      DISPON_CUROFF_BLKOFF      0x0C    // Display ON, Cursor OFF, Blink OFF
#define      INC_NOSHIFT               0x06    // Entry Mode, Cursor Increment,
                                           // Display No Shift
#define      DISPCLEAR                 0x01    // Display Clear, Address 0
                                           // Position, Cursor 0
#define      E_BIT                     0x04    // Enable 비트 번호

void CLCD_cmd(char);                       // 명령어 전송 함수
void CLCD_data(char);                      // 데이터 write 함수

int main(void)
{
    DDRC = 0xff;                           // PORTC : CLCD 데이터 신호 할당
    DDRD = 0xff;                           // PORTD : CLCD 제어 신호 할당

    _delay_ms(50);                         // 전원 인가 후 CLCD 셋업 시간
    CLCD_cmd(BIT4_LINE2_DOT58);            // 4 Bit Interface, 2 Lines, 5x8 Dot
    CLCD_cmd(DISPON_CUROFF_BLKOFF);        // Display On, Cursor Off, Blink Off
    CLCD_cmd(INC_NOSHIFT);                 // Entry Mode, Cursor Increment,
                                           // Display No Shift
    CLCD_cmd(DISPCLEAR);                   // Display Clear, Address 0
                                           // Position, Cursor 0
    _delay_ms(2);                          // 디스플레이 클리어 실행 시간 동안 대기
    CLCD_data('A');                        // 'A' 디스플레이
}

void CLCD_data(char data)
{
    PORTD = 0x04;                          // 0b0000100, E(bit4)=0, R/W(bit3)=0,
                                           // RS(bit2)=1, Write 사이클, 데이터 모드
    _delay_us(1);                          // Setup Time
    PORTD = 0x14;                          // 0b00010100, E(bit4)=1, R/W(bit3)=0,
                                           // RS(bit2)=1 Enable
```

```
    PORTC = data & 0xf0;              // 8비트 데이터 중 상위 4비트 준비
    PORTD = 0x04;                     // 0b0000100, E(bit4)=0, R/W(bit3)=0,
                                      // RS(bit2)=1, Write 사이클, 데이터 모드
    _delay_us(2);                     // Hold & Setup Time
    PORTD = 0x14;                     // 0b00010100, E(bit4)=1, R/W(bit3)=0,
                                      // RS(bit2)=1 Enable
    PORTC = (data << 4) & 0xf0;       // 8비트 데이터 중 하위 4비트 준비
    PORTD = 0x04;                     // 0b00000100, E(bit4)=0, R/W(bit3)=0,
                                      // RS(bit2)=1 사이클 종료
    _delay_ms(1);                     // Hold Time & Execution Time
}

void CLCD_cmd(char cmd)
{
    PORTD = 0x00;                     // 0b0000000, E(bit4)=0, R/W(bit3)=0,

                                      // RS(bit2)=0, Write 사이클, 명령어 모드
    _delay_us(1);                     // Setup Time
    PORTD = 0x10;                     // 0b00010000, E(bit4)=1, R/W(bit3)=0,
                                      // RS(bit2)=0 Enable
    PORTC = cmd & 0xf0;               // 8비트 명령어 중 상위 4비트 준비
    PORTD = 0x00;                     // 0b0000000, E(bit4)=0, R/W(bit3)=0,
                                      // RS(bit2)=0, Write 사이클, 명령어 모드
    _delay_us(2);                     // Hold & Setup Time
    PORTD = 0x10;                     // 0b00010000, E(bit4)=1, R/W(bit3)=0,
                                      // RS(bit2)=0 Enable
    PORTC = (cmd << 4) & 0xf0;        // 8비트 명령어 중 하위 4비트 준비
    PORTD = 0x00;                     // 0b00000000, E(bit4)=0, R/W(bit3)=0,
                                      // RS(bit2)=0 사이클 종료
    _delay_ms(1);                     // Hold Time & Execution Time
}
```

[프로그램 9-1] CLCD에 영문자 'A' 디스플레이 프로그램

프로그램은 조금 복잡한 듯 보이나 앞에서 설명한 초기화 과정을 하나씩 이해하면서 차근차근 구현한다면 결실을 얻을 수 있을 것이다. 끈기가 필요한 대목이다.

9.2.5 구현 결과

프로그램의 실행 결과는 [그림 9-7]과 같이 'A' 문자가 나타나면 성공이다. 한 글자가 잘 되었으므로 이제부터는 원하는 글자를 마음대로 디스플레이할 수 있을 것이라는 즐거운 예감이 든다.

[그림 9-7] CLCD에 영문자 'A' 디스플레이 프로그램 실행 결과

9.3 실전 응용 : CLCD에 내 좌우명 새기기

9.3.1 목표

CLCD의 첫째 줄과 둘째 줄에 내 좌우명이 1초에 한 번씩 깜빡이도록 디스플레이 한다. 예를 들어 내 좌우명이 "Slow & Steady Wins the Game!"이라면 첫 번째 줄에는 "Slow & Steady"를 두 번째 줄에는 "Wins the Game!"을 디스플레이 하고 이것이 1초마다 한 번씩 깜빡이도록 해보자.

9.3.2 구현 방법

CLCD에 한 글자 디스플레이하는 방법과 동일하며 여러 가지 기능을 하나씩 라이브러리로 만들어 적용하는 것이 효율적이다. [표 9-3]을 참조하여, 커서를 다음 줄로 옮기는 것은 커서 이동 명령어를 확인하여 사용하여야 하며, 1초마다 한 번씩 깜빡이는 것도 마찬가지로 디스플레이를 ON 시키는 명령어와 OFF 시키는 명령어를 확인하여 사용하도록 한다.

9.3.3 회로 구성

CLCD 연결은 이전 설명에서 제시하였던 [그림 9-3] 회로와 동일하다.

9.3.4 프로그램 작성

이전에 사용하였던 함수는 그대로 사용하고, 새로운 함수는 데이터시트를 보면서 더 만들어 보자. 구현된 프로그램은 [프로그램 9-2]와 같다.

```
#include <avr/io.h>
#define    F_CPU    16000000UL
#include <util/delay.h>
#define    NULL    0x00
```

```
                                               // CLCD Command & Data
#define    BIT4_LINE2_DOT58          0x28       // 4 Bit Mode, 2Lines, 5x8 Dot
#define    DISPON_CUROFF_BLKOFF      0x0C       // Display On,Cursor Off, Blink Off
#define    DISPOFF_CUROFF_BLKOFF     0x08       // Display Off, Cursor Off, Blink Off
#define    INC_NOSHIFT               0x06       // Entry Mode, Cursor Increment,
                                               // Display No Shift
#define    DISPCLEAR                 0x01       // Display Clear, Address 0
                                               // Position, Cursor 0
#define    CUR1LINE                  0x80       // Cursor Position Line 1 First
#define    CUR2LINE                  0xC0       // Cursor Position Line 2 First
#define    CURHOME                   0x02       // Cursor Home
#define    E_BIT                     0x04       // Enable Bit #
#define    RW_BIT                    0x03       // Read Write Bit #
#define    RS_BIT                    0x02       // Register Select Bit #

void CLCD_cmd(char);                           // 명령어 전송 함수
void CLCD_data(char);                          // 데이터 Write 함수
void CLCD_puts(char *);                        // 문자열 처리 함수
char motto1[] = "Slow & Steady";               // 좌우명 첫째 줄
char motto2[] = "Wins the Game!";              // 좌우명 둘째 줄

int main(void)
{
    _delay_ms(50);                             // 전원 인가후 CLCD 셋업 시간
    DDRC = 0xff;                               // PORTC : CLCD 데이터 신호 할당
    DDRD = 0xff;                               // PORTD : CLCD 제어 신호 할당
    CLCD_cmd(BIT4_LINE2_DOT58);                // 4 Bit Mode, 2 Lines, 5x8 Dot
    CLCD_cmd(DISPON_CUROFF_BLKOFF);            // Display On, Cursor Off, Blink Off
    CLCD_cmd(INC_NOSHIFT);                     // Entry Mode, Cursor Increment,
                                               // Display No Shift
    CLCD_cmd(DISPCLEAR);                       // Display Clear, Address 0
                                               // Position, Cursor 0
    _delay_ms(2);                              // 디스플레이 클리어 실행 시간 동안 대기
    CLCD_cmd(CUR1LINE);                        // Cursor Position Line 1 First
    CLCD_puts(motto1);                         // 좌우명 첫째 줄 디스플레이
    CLCD_cmd(CUR2LINE);                        // Cursor Position Line 2 First
    CLCD_puts(motto2);                         // 좌우명 둘째 줄 디스플레이

    while(1)                                   // 1초마다 깜빡임
    {
        _delay_ms(1000);
        CLCD_cmd(DISPOFF_CUROFF_BLKOFF);       // 디스플레이 OFF
        _delay_ms(1000);
```

```
        CLCD_cmd(DISPON_CUROFF_BLKOFF);            // 디스플레이 ON
    }
}

void CLCD_puts(char *ptr)
{
    while(*ptr != NULL)                            // 문자열이 마지막(NULL)인지 검사
        CLCD_data(*ptr++);                         // 마지막이 아니면 1 문자 디스플레이
}

void CLCD_data(char data)
{
    PORTD = 0x04;                                  // 0b0000100, E(bit4)=0, R/W(bit3)=0,
                                                   // RS(bit2)=1, Write 사이클, 데이터 모드

    _delay_us(1);                                  // Setup Time
    PORTD = 0x14;                                  // 0b00010100, E(bit4)=1, R/W(bit3)=0,
                                                   // RS(bit2)=1 Enable

    PORTC = data & 0xf0;                           // 8비트 데이터 중 상위 4비트 준비
    PORTD = 0x04;                                  // 0b0000100, E(bit4)=0, R/W(bit3)=0,
                                                   // RS(bit2)=1, Write 사이클, 데이터 모드

    _delay_us(2);                                  // Hold & Setup Time
    PORTD = 0x14;                                  // 0b00010100, E(bit4)=1, R/W(bit3)=0,
                                                   // RS(bit2)=1 Enable

    PORTC = (data << 4) & 0xf0;                    // 8비트 데이터 중 하위 4비트 준비
    PORTD = 0x04;                                  // 0b00000100, E(bit4)=0, R/W(bit3)=0,
                                                   // RS(bit2)=1 사이클 종료

    _delay_ms(1);                                  // Hold Time & Execution Time
}


void CLCD_cmd(char cmd)
{
    PORTD = 0x00;                                  // 0b0000000, E(bit4)=0, R/W(bit3)=0,
                                                   // RS(bit2)=0, Write 사이클, 명령어 모드

    _delay_us(1);                                  // Setup Time
    PORTD = 0x10;                                  // 0b00010000, E(bit4)=1, R/W(bit3)=0,
                                                   // RS(bit2)=0 Enable

    PORTC = cmd & 0xf0;                            // 8비트 명령어 중 상위 4비트 준비
    PORTD = 0x00;                                  // 0b0000000, E(bit4)=0, R/W(bit3)=0,
                                                   // RS(bit2)=0, Write 사이클, 명령어 모드

    _delay_us(2);                                  // Hold & Setup Time
    PORTD = 0x10;                                  // 0b00010000, E(bit4)=1, R/W(bit3)=0,
                                                   // RS(bit2)=0 Enable

    PORTC = (cmd << 4) & 0xf0;                     // 8비트 명령어 중 하위 4비트 준비
```

```
    PORTD = 0x00;              // 0b00000000, E(bit4)=0, R/W(bit3)=0,
                               // RS(bit2)=0 사이클 종료
    _delay_ms(1);              // Hold Time & Execution Time
}
```

[프로그램 9-2] CLCD에 내 좌우명 새기기 프로그램

9.3.5 구현 결과

프로그램의 실행 결과 [그림 9-8]와 같이 멋진 좌우명 "Slow & Steady Wins the Game!"이 깜빡깜빡 하면 성공이다. 꾸준히, 열심히 한 것이 이 코스를 승리로 이끈 것이라고 말한다면… 억지일까?

[그림 9-8] CLCD에 내 좌우명 새기기 프로그램 실행 결과

9.4 DIY 연습

[CLCD-1] "CLCD에 내 좌우명 새기기"의 작품에 스위치(SW1)를 추가하여 스위치를 한 번 누르면 디스플레이가 꺼지고, 다시 한 번 누르면 디스플레이가 켜지는 "CLCD에 내 좌우명 새기기(V2.0)"을 제작한다.

[CLCD-2] PC와 연결되었을 때 PC로부터의 입력을 받아 그것을 CLCD에 디스플레이 하는 '광고판 디스플레이'를 제작한다. 이 때 PC에서의 입력 글자는 최대 32 글자를 넘지 않는다고 가정하며, 또한 TAB 키가 입력되는 경우는 CLCD 상의 모든 글자를 지우고 이후 입력되는 글자는 처음부터 다시 시작하는 것으로 가정한다.

[CLCD-3] GL-5537 광센서를 이용하여 조도를 측정하고 조도값을 CLCD에 디스플레이하는 '광량 측정기'를 제작한다. 단, 조도값은 실험용이므로 적당한 정도의 정확도를 가정하여 임의로 계산하여도 무방하다.

10

거리센서로 키 측정 장치 만들기

이번 코스의 목표는 초음파 거리센서와 CLCD를 이용하여 키 측정 장치를 만드는 것이다. 어렸을 때 엄마가 나를 벽에 세우고 머리 끝 부분에 금을 그어 키를 재 준 경험을 가진 사람이 꽤 있을 것이다. 디지털 시대에 걸맞게 이번에는 거리센서로 키 측정 장치를 만들어 우리 가족의 키를 모두 측정해 주자. 분명 "오! 대단한데~"라는 소리가 들려 올 것이다.

✽ 이번 코스에 필요한 부품 목록 ✽

번호	품명	규격	수량	기타
1	저항	10KΩ	1	1/4W
2	다이오드	1N4148	1	백라이트용
3	가변저항	0~10KΩ	1	CLCD 밝기 조절용
4	삐에조 버저	GEC-13C	1	소형
5	스위치	TS-1105-5mm	1	tactile 형, 소형
6	CLCD	LCD1602A	1	16 x 2 형
7	거리센서 모듈	HC-SR04	1	초음파 센서

10.1 초음파와 거리센서

10.1.1 초음파

음파(소리)는 매개 물질(공기, 물 등)을 진동시켜서 전달되는 파동으로, 보통 귀로 들을 수 있는 소리는 음파, 귀로 들을 수 없는 소리는 초음파라고 말한다. 일반 사람의 귀는 가청주파수라고 불리는 약 20~20,000Hz 의 진동수를 갖는 소리를 들을 수 있으며 진동수가 많을수록 고음으로 들린다.

20,000Hz 이상의 초음파는 사람의 귀에는 들리지 않으나, 박쥐나 돌고래 같은 동물은 초음파를 생성하고 들을 수 있는 것으로 알려져 있다. 예를 들어 박쥐는 약 40,000Hz 정도의 초음파를 발생시켜, 이 초음파가 물체에 부딪혀 돌아오는 것을 감지하여 자신과 물체까지의 거리를 측정할 수 있다. 초음파의 속도는 음파와 마찬가지로 상온(25℃)에서 340m/초이며, 초음파 발생 후 물체에 부딪혀 반사되어 되돌아오는 데까지 걸리는 시간을 측정하면 '거리=속도x시간' 식에 의하여 물체까지의 거리를 계산해 낼 수 있다.

10.1.2 거리센서

거리센서는 물체까지의 거리를 측정하는 센서이다. 초음파 발신기(transmitter)와 초음파 수신기(receiver)를 내장하고 있어, 초음파 발신 후 장애물에 반사되어 수신된 초음파를 감지하여 그때까지의 시간을 측정함으로써 장애물까지의 거리를 계산한다.

[그림 10-1]은 간단하게 그려진 거리센서의 구성도이다. 초음파 발신기는 압전 효과를 갖는 소자의 양단에 20,000Hz 이상의 전기적 펄스를 가하면 이 소자가 진동하고, 이 진동이 주변의 공기를 다시 진동시킴으로써 초음파가 발생한다. 한편, 초음파 수신기는 압전 효과를 갖는 소자에 초음파가 전달되면 소자의 양단에 전압이 발생하는데, 이것을 측정하면 초음파가 수신된 것을 확인할 수 있다.

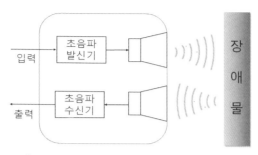

[그림 10-1] 거리센서의 구조와 동작 원리

10.1.3 HC-SR04

HC-SR04는 가격이 저렴한 초음파 거리센서로 [그림 10-2]의 형태를 가지며 기본 규격은 다음과 같다.

- 5V DC 전원 사용
- 소비전력 : 15mA
- 전방 초음파 감지 각도 : 좌우 15도(최적), 좌우 약 30도(최대)
- 거리 측정 범위 : 2cm ~ 4m
- 초음파 진동수 : 40,000Hz

[그림 10-2] HC-SR04 초음파 거리센서

HC-SR04는 5V 전원으로 동작하며(VCC, GND) 외부 인터페이스 신호로 Trig와 Echo를 갖는다. Trig는 초음파 출력을 시작하는 입력(명령) 신호로 10us 이상 HIGH가 되면 내부 초음파 발신기가 8개의 40KHz 초음파 펄스를 발생시킨다. Echo는 초음파가 방사된 직후에 HIGH로 된후 초음파가 물체에 부딪혀 반사되어 다시 돌아온 것이 확인되면 LOW가 되는 출력 신호이다. (단, 38ms 동안 돌아오지 않으면 이 순간 LOW가 됨) 즉, Echo 신호의 HIGH 유지 시간은 초음파가 물체까지 왕복하는데 걸린 시간이 된다. [그림 10-3]은 Trig, Echo 신호의 타이밍 다이어 그램이다.

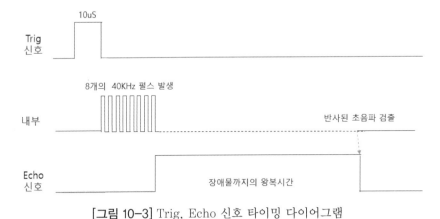

[그림 10-3] Trig, Echo 신호 타이밍 다이어그램

10.2 자동차 후방 감지기 만들기

10.2.1 목표

거리센서와 버저를 이용하여 다음과 같이 동작하는 자동차 후방 감지기를 제작한다.

- 장애물과의 거리가 1m 이내 : (0.5초간 "삐~", 0.3초간 묵음) 반복
- 장애물과의 거리가 60cm 이내 : (0.1초간 "삐~", 0.1초간 묵음) 반복
- 장애물과의 거리가 30cm 이내 : (연속적인 "삐~") 지속

10.2.2 구현 방법

하드웨어 구성 방법은 거리센서(HC-SR04)의 Trig와 Echo 신호는 ATmega128의 일반 GPIO 포트에 연결하고, 삐에조 버저는 PWM 포트에 연결한다.

프로그램에서는 아래의 순서로 처리한다.

- Trig 신호 생성 (10us 동안 HIGH 유지)
- Echo 신호가 HIGH인 것을 감지하여 이 때 타이머/카운터 활성화
- Echo 신호가 LOW가 될 때까지 기다렸다가 LOW가 되면 타이머/카운터 비활성화
- 타이머/카운터 값을 읽어 시간을 계산하고 이어서 거리를 계산
- 측정된 거리에 대응되는 알맞은 버저 출력 생성

타이머/카운터는 측정 실패에 대비하여 최소 38ms 보다는 긴 기간 동안 측정이 가능하여야 하므로 16비트 타이머/카운터인 ATmega128의 TCNT1을 이용하도록 한다.

10.2.3 ATmega128의 Timer/Counter1 제어

타이머/카운터의 기본적인 동작 원리는 이전 코스에서 확인하였으므로 여기서는 간단하게 필요한 부분만 설명하도록 하자.

TCNT1은 16비트 Timer/Counter1의 카운터 값을 저장하는 16비트 레지스터이며 TCCR1B(Timer

Counter Control Register 1B)는 Timer/Counter1을 제어하는 레지스터의 하나로 각 비트의 의미는 [표 10-1], [표 10-2]와 같다. 여기서는 TCCR1B의 CS12~CS10 값만 변경하면 되므로 다른 레지스터, 다른 비트들에 대한 설명은 생략한다.

[표 10-1] TCCR1B의 각 비트

7	6	5	4	3	2	1	0
ICNC1	ICES1	–	WGM13	WGM12	CS12	CS11	CS10

[표 10-2] TCCR1 프리스케일러

CS12	CS11	CS10	설명
0	0	0	클럭 입력 차단
0	0	1	1 분주, No 프리스케일러
0	1	0	8 분주
0	1	1	64 분주
1	0	0	256 분주
1	0	1	1024 분주
1	1	0	Tn 핀 입력 클록, 하강 에지
1	1	1	Tn 핀 입력 클록, 상승 에지

10.2.4 회로 구성

앞에서 설명한 것을 기반으로 하드웨어를 구성하면 [그림 10-4]과 같고, 이것을 브레드보드 상에 구현한 모습은 [그림 10-5]와 같다.

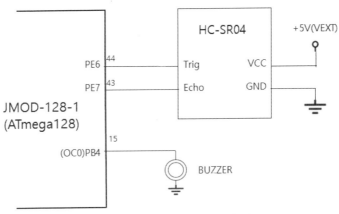

[그림 10-4] 자동차 후방 감지기 회로

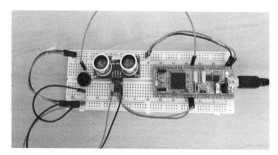

[그림 10-5] 자동차 후방 감지기 회로 실제 연결 모습

10.2.5 프로그램 작성

구현 방법을 참조하여 프로그램을 작성하면 [프로그램 10-1]과 비슷한 형태가 될 것이다.

```
#include ⟨avr/io.h⟩
#define  F_CPU        16000000UL
#include ⟨util/delay.h⟩

#define  TRIG          6               // HC-SR04 Trigger 신호 (출력 = PE6)
#define  ECHO          7               // HC-SR04 Echo 신호 (입력 = PE7)
#define  SOUND_VELOCITY  340UL         // 소리 속도 (m/sec)

int main(void)
{
    unsigned int distance;
    DDRB = 0x10;                        // 삐에조 버저 출력
    DDRE = ((DDRE | (1⟨⟨TRIG)) & ~(1⟨⟨ECHO));

                                        // TRIG = 출력, ECHO = 입력으로 셋팅

    while(1)
    {
        TCCR1B = 0x03;                  // Timer/Counter1 클록 4us(64분주, CS12~CS10=011)
        PORTE &= ~(1⟨⟨TRIG);           // Trig = LOW 상태 유지
        _delay_us(10);                  // 최소 10us 동안
        PORTE |= (1⟨⟨TRIG);            // Trig = HIGH → 거리 측정 명령 시작
        _delay_us(10);                  // 펄스폭을 최소 10us 유지
        PORTE &= ~(1⟨⟨TRIG);           // Trig = LOW → 거리 측정 명령 끝
        while(!(PINE & (1⟨⟨ECHO)))
            ;                           // Echo = HIGH가 될 때까지 대기
        TCNT1 = 0x0000;                 // Timer/Counter1 값 초기화(=0)
```

```
while (PINE & (1<<ECHO))                    // Echo = LOW가 될 때까지 대기 → 측정 완료
    ;
TCCR1B = 0x00;                              // Timer/Counter1 클록 정지(클록 입력 차단, CS11~CS10=000)
distance = (unsigned int)(SOUND_VELOCITY * (TCNT1 * 4 / 2) / 1000);
                                           // 거리 = 속도 * 시간, (TCNT1 * 4)는 왕복시간, 거리 단위는 mm

if (distance < 300)                         // 30cm 이내 접근?
{
    for (i=0; i<5; i++)                     // 연속하여 삐~ 울림(약 0.1초 유지, 묵음 없음)
    {
            PORTB = 0x10;                   // 1ms 동안 ON 상태 유지
            _delay_ms(1);
            PORTB = 0x00;                   // 1ms 동안 OFF 상태 유지
            _delay_ms(1);
    }
}

else if (distance < 600)                    // 60cm 이내 접근?
{
    for (i=0; i<50; i++)                    // 약 0.1초 (= 50 x 2ms) 동안 버저 삐~ 울림
    {
            PORTB = 0x10;                   // 1ms 동안 ON 상태 유지
            _delay_ms(1);
            PORTB = 0x00;                   // 1ms 동안 OFF 상태 유지
            _delay_ms(1);
    }
    _delay_ms(100);                         // 0.1초 동안 버저 묵음
}

else if (distance < 1000)                   // 1m 이내 접근?
{
    for (i=0; i<250; i++)                   // 약 0.5초 (= 250 x 2ms) 동안 버저 삐~ 울림
    {
            PORTB = 0x10;                   // 1ms 동안 ON 상태 유지
            _delay_ms(1);
            PORTB = 0x00;                   // 1ms 동안 OFF 상태 유지
            _delay_ms(1);
    }
    _delay_ms(300);                         // 0.3초 동안 버저 묵음
}
else ;                                      // 1m 이상 거리가 있는 경우, 버저 울리지 않음
    }
}
```

[프로그램 10-1] 자동차 후방 감지기 프로그램

거리를 계산할 때는, '거리=속도x시간'이므로, 속도에는 초음파(소리)의 표준 속도인 340m/sec를 대입하고, 시간을 계산할 때는 TCNT1의 값이 4us(프리스케일러를 64분주로 선택하였고 클록은 16Mhz이므로)마다 1씩 증가하므로 TCNT1에 4를 곱하고 다시 2로 나눈 후(측정된 시간이 왕복 시간이므로) 마지막으로 1000으로 나누면 mm 단위로 측정된 거리 값을 얻을 수 있다.

10.2.6 구현 결과

프로그램을 실행시키고 손을 1m 이상 떨어진 먼 위치부터 천천히 거리센서를 향하여 다가갔을 때, 거리가 가까워짐에 따라 경고음인 "삐~" 소리가 점점 빠른 간격으로 나다가 30cm 이내로 가까워졌을 때 연속적으로 "삐~" 소리가 나면 성공이다. 자동차 후방 감지기는 경고음 "삐~" 소리만 나기 때문에 결과 사진은 생략한다.

10.3 실전 응용 : 거리센서로 키 측정 장치 만들기

10.3.1 목표

거리센서와 CLCD, 스위치를 이용하여 다음 [표 10-3]과 같이 동작하는 키 측정 장치를 만들어 본다. 여러 가지 부품을 사용하는 것이어서 조금 어려울 수 있으나 복합적인 것도 자꾸 연습을 해 봐야 실력이 느는 법이므로 이번에도 그냥 GO!

[표 10-3] 키 측정 장치 목표 규격

스위치 동작	CLCD 디스플레이 결과	실행 조건
초기 상태 또는 스위치를 네 번째 누름	If Ready (1 열) Press Switch! (2 열)	없음
스위치를 첫 번째 누름	First : XXX.X cm (1 열)	머리 위에 놓고 실시 (머리에서 천정까지 거리)
스위치를 두 번째 누름	Second : XXX.X cm (2 열)	바닥에 놓고 실시 (바닥에서 천정까지 거리)
스위치를 세 번째 누름	Height : XXX.X cm (1 열)	없음(측정된 키 높이)

10.3.2 구현 방법

하드웨어 구성 방법은 거리센서(HC-SR04) 연결 방법과 CLCD 연결 방법, 스위치 연결 방법을 함께 적용하면 된다.

프로그램은 메인 프로그램에서는 인터럽트와 CLCD에 대한 초기화만 수행한다.

인터럽트 서비스 프로그램에서는 상태를 크게 초기 상태(또는 네 번째 스위치를 누른 상태), 첫 번째 스위치를 누른 상태, 두 번째 스위치를 누른 상태, 세 번째 스위치를 누른 상태의 4단계로 구분하고, 각 상태에 따라 알맞은 거리 측정 및 CLCD 디스플레이를 실행하면 된다. divide-and-conquer 방식을 활용하여 거리 측정과 CLCD 디스플레이는 독립된 함수로 구현하는 것이 편리하다.
인터럽트 서비스 프로그램에서의 상태 처리 과정을 블록다이어그램으로 나타내면 [그림 10-6]과 같다.

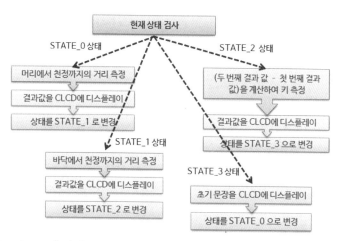

[그림 10-6] 키 측정 장치 인터럽트 서비스 프로그램 상태 처리 과정

10.3.3 회로 구성

회로는 '자동차 후방 감지기' 회로에 더하여 스위치 관련 회로만 추가하면 된다. [그림 10-7]에 회로를 나타내었고, 이것을 브레드보드 상에 구현한 모습은 [그림 10-8]에 나타내었다.

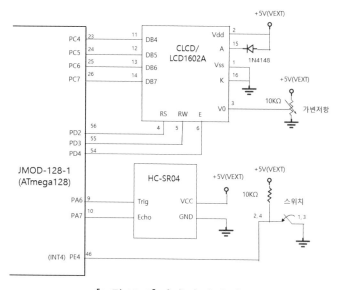

[그림 10-7] 키 측정 장치 회로

[그림 10-8] 키 측정 장치 회로 실제 연결 모습

10.3.4 프로그램 작성

처리하여야 할 내용이 많으므로, 앞에서 언급한 것과 같이 divide-and-conquer 방식을 사용하여 문제를 기능별로 나누고, 각 문제를 따로따로 하나씩 해결하는 방향으로 처리하면 프로그램의 양은 많지만 프로그램 구현은 그렇게 어렵지 않다. 작성된 프로그램은 [프로그램 10-2]와 같다.

```c
#include <avr/io.h>
#define      F_CPU      16000000UL
#include <util/delay.h>
#include <avr/interrupt.h>

#define      SOUND_VELOCITY      340UL        // 소리 속도 (m/sec)

#define      TRIG      6                       // HC-SR04 Trigger 신호 (출력)
#define      ECHO      7                       // HC-SR04 Echo 신호 (입력)
#define      INT4      4                       // switch interrupt (bit4, 입력)
#define      STATE_0   0
#define      STATE_1   1
#define      STATE_2   2
#define      STATE_3   3
#define      NULL      0x00

unsigned char state = STATE_0;
```

```c
                                              // CLCD Command & Data
#define    BIT4_LINE2_DOT58          0x28     // 4 Bit Mode, 2 Lines, 5x8 Dot
#define    DISPON_CUROFF_BLKOFF      0x0C     // Display On,Cursor Off, Blink Off
#define    DISPOFF_CUROFF_BLKOFF     0x08     // Display Off,Cursor Off, Blink Off
#define    INC_NOSHIFT               0x06     // Entry Mode, Cursor Increment,
                                              // Display No Shift
#define    DISPCLEAR                 0x01     // Display Clear, Address 0
                                              // Position, Cursor 0
#define    CUR1LINE                  0x80     // Cursor Position Line 1 First
#define    CUR2LINE                  0xC0     // Cursor Position Line 2 First
#define    CURHOME                   0x02     // Cursor Home
#define    E_BIT                     0x04     // Enable Bit #
#define    RW_BIT                    0x03     // Read Write Bit #
#define    RS_BIT                    0x02     // Register Select Bit #

void CLCD_cmd(char);                          // 명령어 전송 함수
void CLCD_data(char);                         // 데이터 Write 함수
void CLCD_puts(char *);                       // 문자열 처리 함수
void display_fnd(unsigned int value);         // FND Display 함수
void init_interrupt();                        // Interrupt 처리 함수

char If_Ready[] = "If Ready";                 // 측정시작 프롬프트(1열)
char Press_Switch[] = "Press Switch!";        // 측정시작 프롬프트(2열)
char First[] = "First   : ";                  // 첫번째 측정(머리에서 천정까지)
char Second[] = "Second  : ";                 // 두번째 측정(바닥에서 천정까지)
char Height[] = "Height : ";                  // 높이 계산 및 Display
char CLCD_NUM[] = "000.0";                    // 초기값 = 000.0
char Error[] = "Error !";                     // 키가 음수인 경우 에러 디스플레이

int main(void)
{
    DDRA = ((DDRA | (1<<TRIG)) & ~(1<<ECHO));
                          // 초음파거리센서 TRIG(bit6, 출력), ECHO(bit7, 입력)
    DDRC = 0xff;          // CLCD PORT(data & command)
    DDRD = 0xff;          // CLCD PORT(control 출력 : RS=bit2, RW=bit3, E=bit4)
    DDRE = 0x00;          // SW1이 연결된 포트 E는 입력으로 선언

    init_interrupt();     // 인터럽트 초기화
    init_CLCD();          // CLCD 초기화

    while(1)              // 초기화 후에는 모든 일을 인터럽트에서 처리
        ;
}

void init_interrupt()     // Interrupt 초기화
```

```
{
    EICRB = 0x02;                       // INT4 트리거 모드는 하강 에지(Falling Edge)
    EIMSK = 0x10;                       // INT4 인터럽트 활성화
    SREG |= 0x80;                       // SREG의 I(Interrupt Enable) 비트(bit7) '1'로 세트
}

void init_CLCD()                        // LCD 초기화
{
    _delay_ms(50);                      // 전원 인가후 CLCD 셋업 시간
    PORTC = 0x00;                       // 데이타 clear
    CLCD_cmd(BIT4_LINE2_DOT58);         // 4 Bit Mode, 2 Lines, 5x8 Dot
    CLCD_cmd(DISPON_CUROFF_BLKOFF);     // Display On, Cursor Off, Blink Off
    CLCD_cmd(INC_NOSHIFT);              // Entry Mode, Cursor Increment,
                                        // Display No Shift
    CLCD_cmd(DISPCLEAR);                // Display Clear, Address 0
    _delay_ms(2);                       // 디스플레이 클리어 실행 시간 동안 대기
}

ISR (INT4_vect)                         // INT4 인터럽트 발생시
{
    static int distance_1st, distance_2nd, height;

    _delay_ms(100);                     // 스위치 바운스 시간 동안 기다림
    EIFR = 1 << 4;                      // 그 사이 스위치 바운스에 의해 생긴
                                        // 인터럽트는 무효화 - Debouncing
    if ((PINE & 0x10) != 0x00)          // 스위치가 ON 상태인지 확인
            return;                     // 아니면 노이즈 입력으로 여기고 그냥 return

    switch (state) {

            case STATE_0:               // 스위치를 1번째 누른 것 확인
                CLCD_cmd(DISPCLEAR);
                CLCD_cmd(CUR1LINE);
                CLCD_puts(If_Ready);    // Display "If Ready"(1열)
                CLCD_cmd(CUR2LINE);
                CLCD_puts(Press_Switch); // Display "Press Switch!"(2열)
                state = STATE_1;
                break;

            case STATE_1:               // 스위치를 2번째 누른 것 확인
                CLCD_cmd(DISPCLEAR);
                CLCD_cmd(CUR1LINE);
                CLCD_puts(First);       // Display "First   :"
                distance_1st = read_distance(); // 머리-천장 간 거리 측정 및 표시
                CLCD_num_display(distance_1st);
```

```
                  state = STATE_2;
                  break;

             case STATE_2:                          // 스위치를 3번째 누른 것 확인
                  CLCD_cmd(CUR2LINE);
                  CLCD_puts(Second);                 // Display "Second  :"
                  distance_2nd = read_distance();
                  CLCD_num_display(distance_2nd);    // 바닥-천장 간 거리 측정 및 표시
                  state = STATE_3;
                  break;

             case STATE_3:                          // 스위치를 4번째 누른 것 확인
                  CLCD_cmd(DISPCLEAR);
                  CLCD_cmd(CUR1LINE);
                  CLCD_puts(Height);                 // Display "Height  :"
                  height = distance_2nd - distance_1st;   // 키 계산 및 표시
                  if (height < 0) CLCD_puts(Error);
                  else CLCD_num_display(height);
                  state = STATE_0;
                  break;
        }
}

int read_distance()
{
    int distance = 0;
    TCCR1B = 0x03;                          // Timer/Counter1 클록 4us
    PORTA &= ~(1<<TRIG);                     // Trig = LOW
    _delay_us(10);
    PORTA |= (1<<TRIG);                      // Trig = HIGH
    _delay_us(10);
    PORTA &= ~(1<<TRIG);                     // Trig = LOW
    while(!(PINA & (1<<ECHO)))               // wait until Echo = HIGH
          ;
    TCNT1 = 0x0000;                          // Timer/Counter1 값 초기화(=0)
    while (PINA & (1<<ECHO))
          ;
    TCCR1B = 0x00;                           // Timer/Counter1 클록 정지
    distance = SOUND_VELOCITY * (TCNT1 * 4 / 2) / 1000;
                                             // 거리 = 속도 * 시간, (TCNT1 * 4)는 왕복 시간, 거리 단위는 mm
    return(distance);
}

void CLCD_puts(char *ptr)
{
```

```
    while(*ptr != NULL)                          // 문자열이 마지막(NULL)인지 검사
            CLCD_data(*ptr++);                   // 마지막이 아니면 1문자 디스플레이
}


void CLCD_num_display(int num)
{
    CLCD_NUM[0] = (num/1000)%10 + 0x30;
    CLCD_NUM[1] = (num/100)%10 + 0x30;
    CLCD_NUM[2] = (num/10)%10 + 0x30;
    CLCD_NUM[3] = '.';
    CLCD_NUM[4] = (num/1)%10 + 0x30;
    CLCD_NUM[5] = NULL;
    CLCD_puts(CLCD_NUM);
}


void CLCD_data(char data)
{
    PORTD = 0x04;                                // 0b0000100, E(bit4)=0, R/W(bit3)=0,
                                                 // RS(bit2)=1, Write 사이클, 데이터 모드
    _delay_us(1);                                // Setup Time
    PORTD = 0x14;                                // 0b00010100, E(bit4)=1, R/W(bit3)=0,
                                                 // RS(bit2)=1 Enable
    PORTC = data & 0xf0;                         // 8비트 데이터 중 상위 4비트 준비
    PORTD = 0x04;                                // 0b0000100, E(bit4)=0, R/W(bit3)=0,
                                                 // RS(bit2)=1, Write 사이클, 데이터 모드
    _delay_us(2);                                // Hold & Setup Time
    PORTD = 0x14;                                // 0b00010100, E(bit4)=1, R/W(bit3)=0,
                                                 // RS(bit2)=1 Enable
    PORTC = (data << 4) & 0xf0;                  // 8비트 데이터 중 하위 4비트 준비
    PORTD = 0x04;                                // 0b00000100, E(bit4)=0, R/W(bit3)=0,
                                                 // RS(bit2)=1 사이클 종료
    _delay_ms(1);                                // Hold Time & Execution Time
}


void CLCD_cmd(char cmd)
{
    PORTD = 0x00;                                // 0b0000000, E(bit4)=0, R/W(bit3)=0,
                                                 // RS(bit2)=0, Write 사이클, 명령어 모드
    _delay_us(1);                                // Setup Time
    PORTD = 0x10;                                // 0b00010000, E(bit4)=1, R/W(bit3)=0,
                                                 // RS(bit2)=0 Enable
    PORTC = cmd & 0xf0;                          // 8비트 명령어 중 상위 4비트 준비
    PORTD = 0x00;                                // 0b0000000, E(bit4)=0, R/W(bit3)=0,
                                                 // RS(bit2)=0, Write 사이클, 명령어 모드
    _delay_us(2);                                // Hold & Setup Time
```

```
    PORTD = 0x10;                      // 0b00010000, E(bit4)=1, R/W(bit3)=0,
                                       // RS(bit2)=0 Enable
    PORTC = (cmd << 4) & 0xf0;         // 8비트 명령어 중 하위 4비트 준비
    PORTD = 0x00;                      // 0b00000000, E(bit4)=0, R/W(bit3)=0,
                                       // RS(bit2)=0 사이클 종료
    _delay_ms(1);                      // Hold Time & Execution Time
}
```

[프로그램 10-2] 거리센서로 키 측정 장치 만들기 프로그램

10.3.5 구현 결과

프로그램을 실행시키고 정확한 위치에서 정확하게 스위치를 눌렀을 때 [그림 10-9]와 같이 원하는 값이 나타나고, 최종적으로 계산된 값이 자신의 키와 비슷하거나 조금 큰 값이 나왔다면 성공이다. 실제로 키를 측정해보니 내 키보다 조금 큰 값이 나왔다. 꽤 쓸 만한 생활용품이다.

[그림 10-9] 거리센서로 키 측정 장치 만들기 프로그램 실행 결과

10.4 DIY 연습

[SENSOR-1] 거리센서와 LED 8개를 이용하여 다음과 같이 동작하는 '거리 표시기'를 제작한다.

★ 1초마다 한 번씩 거리를 측정한다.
★ 물체까지의 거리를 cm로 표시하였을 때 그 값을 10으로 나눈 만큼의 LED 개수를 ON시킨다.
★ 만약 거리가 90cm 이상인 경우는 LED 전체를 0.5초 간격으로 깜빡이도록 한다.

[SENSOR-2] 거리센서와 CLCD, 스위치를 이용하여 아래와 같이 동작하는 '거리 측정 장치'를 제작한다.

★ 평상시에는 0.1초마다 한 번씩 현재 거리센서가 가리키고 있는 방향으로 물체까지의 거리를 측정하고 그 값을 CLCD에 디스플레이한다.
★ 스위치를 한 번 누르면 누른 시점의 거리 측정값을 CLCD에 디스플레이하고 정지한다.
★ 스위치를 한 번 더 누르면 평상시로 돌아간다.

[SENSOR-3] 거리센서와 CLCD, 스위치를 이용하여 아래 표와 같이 바닥에서 천정까지의 거리는 한 번만 측정하면 되는 개선된 '키 측정 장치(V2.0)'을 제작한다. (두 번째 스위치를 누르는 동작 이후의 스위치를 누름에 대한 기능은 두 번째와 동일하다. 즉, 이 때부터는 스위치를 누르기만 하면 머리 위에 장치가 올려져 있다고 간주하고 키를 측정한다.)

상태	CLCD 1열 디스플레이	CLCD 2열 디스플레이	실행 조건
전원 ON 또는 리셋	If on bottom	Press switch!	없음
스위치를 첫 번째 누름	If on head	Press switch!	바닥에 놓고 실시
스위치를 두/세/... 번째 누름	Your height	XXX.X cm	머리 위에 놓고 실시

Course 11

온도센서로
디지털 체온계 만들기

온도는 날씨와 더불어 일상생활에 많은 영향을 미치는 중요한 생활 지표 중의 하나이다. 이번 코스의 목표는 온도센서와 FND를 결합하여 디지털 온도계와 디지털 체온계를 만드는 것이다. 지구 온난화 문제로 지구가 점점 뜨거워지고 있다고도 하니 정말 그런지 이곳저곳 온도를 재 보자. 단, 동작하는 오븐 또는 전자레인지 안에 넣고 온도 재기는 절대 금지!

* 이번 코스에 필요한 부품 목록 *

번호	품명	규격	수량	기타
1	저항	330Ω	8	1/4W
2	저항	1KΩ	4	1/4W
3	저항	10KΩ	1	1/4W
4	트랜지스터	MPS2222A	4	NPN형
5	스위치	TS-1105-5mm	1	tactile 형, 소형
6	FND	WCN4-0036SR-C11	1	4-digits
7	온도센서 모듈	JMOD-TEMP-1	1	LM75A 내장

11.1 온도센서의 종류

11.1.1 온도센서

온도센서는 온도가 올라가면 저항값이 작아지고, 온도가 내려가면 저항값이 커지는 성질을 가지고 있는 서미스터(thermistor)라는 물질을 이용하여 온도를 측정하는 장치이다. 서미스터는 니켈, 코발트, 구리, 철 등의 화합물로, [그림 11-1]과 같이 온도와 반비례하는 가변 저항의 특성을 가지고 있어, 이러한 성질을 이용하면 온도를 측정할 수 있다.

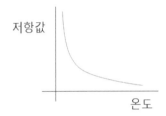

[그림 11-1] 온도 변화에 따른 서미스터의 저항값 변화

마이크로컨트롤러가 ADC 입력을 가지고 있다는 것은 이전에 광센서를 다루는 코스에서 확인한 바 있다. 일반 온도센서(아날로그 온도센서)는 이 ADC 입력을 통하여 온도를 측정하면 되고, 사용 방법은 광센서 사용 시와 대동소이(大同小異, 직역하면 '크게는 같고 작게는 다름'이라는 뜻으로 거의 비슷하다는 의미로 사용됨)하므로 여기서는 설명하지 않는다.

한편, 서미스터에 약간의 로직을 추가하여 디지털 인터페이스를 갖도록 제작한 온도센서는 디지털 온도센서라고 하는데, 이 디지털 온도센서는 보통 IC 형태 또는 모듈 형태를 갖는 것이 일반적이다. 마이크로컨트롤러와의 연결을 용이하게 하기 위하여 보통 [그림 11-2]와 같이 GPIO 인터페이스나 시리얼 통신 인터페이스를 제공한다.

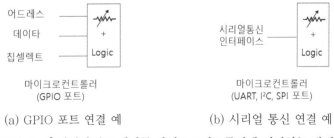

(a) GPIO 포트 연결 예   (b) 시리얼 통신 연결 예

[그림 11-2] 디지털 온도센서를 마이크로컨트롤러에 연결하는 방법

11.1.2 LM75A

아날로그 온도센서로 실습용으로 많이 사용되는 것으로는 TMP35가 있고, 디지털 온도센서 모듈로도 여러 가지가 있지만, 여기서는 NXP사의 LM75A 모듈을 기준으로 설명한다.

LM75A는 I²C 인터페이스를 가진 디지털 온도센서로, 온도 측정 범위는 -55℃~125℃이고, 0.125℃의 온도 분해능을 가진다. 오차가 조금 크므로 정밀한 온도 측정용으로는 바람직하지 않지만 가격이 저렴하므로 실습용으로는 적당하다고 할 수 있다.

동작 전압은 2.7V~5.5V이므로 ATmega128과 바로 연결하여 사용할 수 있으나 패키지는 8핀 SMD(Surface Mounting Device) 타입이므로 점퍼선을 사용하여 연결하려면 LM75A가 장착되어 모듈화된 제품을 사용하여야 한다.

LM75A의 핀 배열은 [그림 11-3]과 같다.

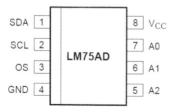

[그림 11-3] LM75A 온도센서의 핀 배열 [11-1]

VCC와 GND는 공급 전원이고, SCL과 SDA는 뒤에서 설명할 I²C 인터페이스 신호이다. A2, A1, A0는 이 칩의 슬레이브 어드레스를 설정할 수 있도록 제공되는 신호로 I²C 인터페이스에서 사용하는 슬레이브 어드레스 7비트 중 하위 3비트를 의미한다. LM75A의 슬레이브 어드레스 상위 4비트는 '1001'로 고정되어 있는데(이렇게 하는 이유는 외부 신호선을 줄이기 위함이다.) 예를 들어 A2-A0의 값을 '100'으로 하면 슬레이브 어드레스는 '1001100'이 된다. OS 신호는 'Overtemp Shutdown' 출력 신호로 세팅한 온도 값보다 높은 온도로 올라가면 신호가 생성되는데 여기서는 사용하지 않으므로 설명을 생략한다.

11.1.3 JMOD-TEMP-1

JMOD-TEMP-1은 LM75A를 내장한 온도센서 모듈로, [그림 11-4]와 같이 제어용 신호를 핀 헤더 인터페이스로 제공하여 연결을 편리하게 한 제품이다.

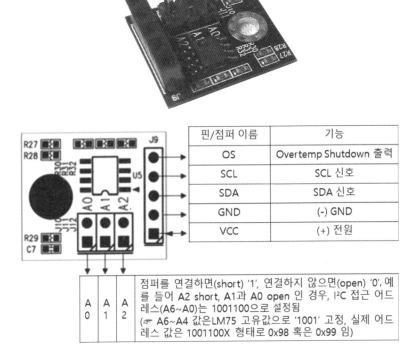

핀/점퍼 이름	기능
OS	Overtemp Shutdown 출력
SCL	SCL 신호
SDA	SDA 신호
GND	(-) GND
VCC	(+) 전원

A0	A1	A2	점퍼를 연결하면(short) '1', 연결하지 않으면(open) '0', 예를 들어 A2 short, A1과 A0 open 인 경우, I²C 접근 어드레스(A6~A0)는 1001100으로 설정됨 (☞ A6~A4 값은LM75 고유값으로 '1001' 고정, 실제 어드레스 값은 1001100X 형태로 0x98 혹은 0x99 임)

[그림 11-4] JMOD-TEMP-1 외관 및 핀 기능

SCL 및 SDA 핀에 각각 풀업 저항(10KΩ)이 연결된 상태로 제공되며, A2, A1, A0의 슬레이브 어드레스 값을 자유롭게 결정할 수 있도록 점퍼를 제공한다. (점퍼를 연결하면 '1'이다.)

JMOD-TEMP-1을 사용하기 위해서는 VCC(+) 및 GND(-) 핀에 외부 전원(2.8V~5.5V, 보통 5V 제공)을 공급해 주어야 하며, SCL과 SDA 핀은 각각 호스트 I²C 버스의 SCL과 SDA 신호에 연결해 주어야 한다. SCL과 SDA 신호는 JMOD-TEMP-1 내부에 풀업 저항이 이미 연결되어 있으므로 I²C 버스 상에서 따로 풀업 처리를 해주지 않아도 된다. **한편, 데이터시트에 의하면 온도를**

연속해서 반복적으로 읽어야 하는 경우에는 다음 번 읽을 때까지 최소 300ms의 시간 간격 두고 읽어야 에러가 발생하지 않으므로 이 점은 주의하여야 한다. I²C 버스를 통한 온도 값 읽기 등의 방법은 LM75A 데이터시트 확인하여 처리하여야 하는데, 처리 방법이 조금 복잡하므로 이미 작성되어 있는 샘플 프로그램을 수정하거나 응용하여 사용하는 것도 좋은 방법 중의 하나이다.

11.2 I²C 통신

11.2.1 I²C 통신

I²C(Inter Integrated Circuit, "I square C"라고 읽음)는 1980년대 초반에 필립스 사가 개발한 직렬 동기식 양방향 통신 방식으로 필요한 신호선의 수가 적어 저속의 주변 기기를 연결하는데 많이 사용되는 통신 방식이다.

I²C는 SCL(Serial Clock), SDA(Serial Data)의 2개 신호만 사용하므로 하드웨어 구현이 단순하다는 장점이 있지만, 통신 방법은 조금 복잡하다는 단점도 가지고 있다. 보통 1개의 마스터에 다수 개의 슬레이브가 접속되는 형태를 취하며, 최대 100Kbps, 400Kbps, 3.4Mbps의 3가지 전송 속도를 지원한다. 슬레이브(디바이스)는 7비트 또는 10비트(확장 프로토콜을 지원하는 경우에만 해당됨)의 어드레스(주소)로 지정할 수 있다.

■ 시스템 구성

기본 시스템 구성은 [그림 11-5]와 같다.

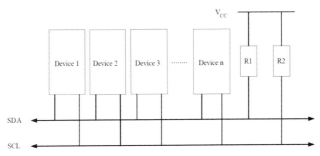

[**그림 11-5**] I²C 통신 기본 시스템 구성도 [11-2]

SCL(System CLock)은 마스터가 제공하는 클록 신호로 모든 디바이스는 이 SCL 클록에 동기되어 동작한다. SDA(System Data)는 마스터나 슬레이브가 read 또는 write 동작 시 정보를 전달하는 데이터 신호로 사용한다. SCL과 SDA는 오픈 드레인(open drain) 또는 오픈 콜렉터(open collector) 신호로 버스 상에 풀업(pull up) 저항(R1, R2)이 구성되어 있어야 하며, 버스 상의 누구도 이 신호를 드라이브하지 않으면 풀업에 의하여 HIGH 상태가 된다.

■ 데이터 전송 프로토콜

I²C의 데이터 전송 사이클은 [그림 11-6]에 나타난 바와 같이 크게 'START → 어드레스 전송 → 데이터 전송 → STOP'의 사이클로 구성된다.

START 신호는 SCL이 HIGH인 상태에서 SDA가 하강하는 것으로, 새로운 데이터 전송이 시작됨을 알린다.

어드레스 사이클은 START 직후 SCL 클록에 동기되어 7비트의 슬레이브 어드레스를 1비트씩 전송하고 마지막에는 이 후 데이터 사이클이 read인지 write인지를 알리는 1비트를 전송한다. 7비트의 어드레스가 자신의 어드레스와 같은 슬레이브는 ACK 신호를 생성하여 마스터에게 이 전송이 유효함을 알린다.

데이터 사이클은 write의 경우, 마스터는 데이터를 준비하고 이를 SCL 클록에 동기시켜 순서대로 1비트씩 내보내게 되며, 8비트가 모두 전송되면 슬레이브는 ACK 신호로 응답한다. read의 경우는, 마스터의 SCL 클록에 알맞게 슬레이브가 데이터를 준비하여 1비트씩 내보내게 되며 8비트가 모두 전송되면 마스터는 ACK 신호로 응답한다.

모든 전송이 끝나면 STOP 신호를 생성하는데 이는 SCL이 HIGH인 상태에서 SDA가 상승하는 것으로 지금까지 진행된 데이터 전송이 종료되었음을 알린다.

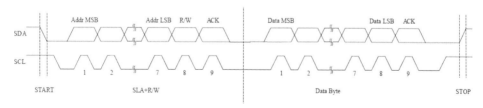

[그림 11-6] I²C 데이터 전송 사이클 [11-3]

■ 데이터 송수신 포맷

read 전송과 write 전송 시 진행되는 데이터 송수신 포맷을 정리하면 [그림 11-7]과 같다.

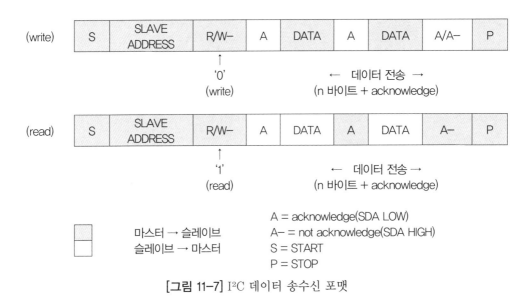

[그림 11-7] I²C 데이터 송수신 포맷

A(Acknowledge) 신호는 데이터 전송이 잘 이루어졌을 때 발생하며, A−(Not Acknowledge) 신호는 데이터 전송에 문제가 있을 때 발생한다. **다만 read시 마지막 데이터 사이클에서는 마스터가 A−를 발생시키는데 이것은 내부적으로도 에러를 발생시키지 않는다는 점은 주의할 필요가 있다.**

11.2.2 ATmega128의 TWI 통신

ATmega128은 I²C 방식과 이름은 다르지만 기능은 동일한 통신 방식인 TWI(Two Wire Interface)를 제공하며, 전송 속도 중 표준모드(100kbps)와 고속모드(400kbps)만을 지원한다. ATmega128의 내부 TWI 구성도는 [그림 11-8]과 같다.

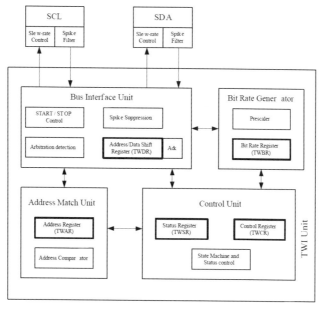

[**그림 11-8**] TWI 구성도 [11-4]

■ TWBR : TWI Bit Rate Register

TWBR은 SCL 클록의 주파수를 맞추기 위한 분주비를 설정하는 레지스터로 각 비트의 의미는 [표 11-1]과 같다.

[**표 11-1**] TWBR

7	6	5	4	3	2	1	0
TWBR7	TWBR6	TWBR5	TWBR4	TWBR3	TWBR2	TWBR1	TWBR0

SCL 주파수는 다음의 식으로 계산된다.

$$F_{scl} = \frac{F_{cpu}}{16 + 2 * TWBR * 4^{TWPS}}$$

• F_{scl} : SCL 클록 주파수

- F_{cpu} : CPU 클록 주파수
- TWPS : TWSR 레지스터의 프리스케일러 설정 값 (TWSR 레지스터 참조)

예를 들어 SCL의 주파수를 40 Kbps로 맞추려면 TWPS가 00일 때, TWBR 값은 위 식에 대입하면 'TWBR = (16000000/40000 − 16) / 2 = 192'가 된다.

■ TWDR : TWI Data Register

TWDR은, 송신 모드인 경우에는 다음에 송신(write)할 바이트(슬레이브 어드레스 또는 데이터)를 저장하며, 수신 모드인 경우에는 수신(read)된 바이트(데이터)를 저장하는 레지스터로, 각 비트의 의미는 [표 11-2]와 같다.

[표 11-2] TWDR

7	6	5	4	3	2	1	0
TWD7	TWD6	TWD5	TWD4	TWD3	TWD2	TWD1	TWD0

■ TWCR : TWI Control Register

TWCR은 TWI 전송 시에 필요한 다양한 제어를 하기 위한 제어 레지스터로 각 비트의 의미는 [표 11-3]과 같다.

[표 11-3] TWCR

7	6	5	4	3	2	1	0
TWINT	TWEA	TWSTA	TWSTO	TWWC	TWEN	–	TWIE

- TWINT(TWI Interrupt Flag) : TWI가 현재의 동작을 완료했음을 알리는 플래그로 '1'은 동작 완료를 나타낸다. 자동으로 clear되지 않으며 이것이 '1'인 동안은 SCL이 '0' 상태를 유지하므로 반드시 클리어시켜야 한다. *(* 주의 : 클리어시키려면 이 비트에 '0'이 아닌 '1'을 write하여야 한다.)*
- TWEA(TWI Enable Acknowledge) : 이 비트를 세트하면 1바이트 데이터가 수신되었을 때 ACK 신호가 발생한다.
- TWSTA(TWI Start Condition Bit) : 이 비트를 세트하면 START 동작이 발생한다.
- TWSTO(TWI STOP Condition Bit) : 이 비트를 세트하면 STOP 동작이 발생한다.

- TWEN(TWI Enable) : TWI 버스를 활성화시킨다.
- TWIE(TWI Interrupt Enable) : TWI 인터럽트가 발생하도록 허용한다. '1'로 세트되어 있으면 TWINT가 생성될 때 인터럽트가 발생한다.

■ TWSR : TWI Status Register

TWSR은 TWI 전송시 발생하는 각종 상태를 표시하는 상태 레지스터로 각 비트의 의미는 [표 11-4]와 같다.

[표 11-4] TWSR

7	6	5	4	3	2	1	0
TWS7	TWS6	TWS5	TWS4	TWS3	–	TWPS1	TWPS0

- TWS[7:3](TWI Status) : TWI 진행 상태 표시값을 나타낸다. (TWI 동작 참조)
- TWPS[1:0](TWI Prescaler Bits) : TWI 클록 계산에 사용되는 프리스케일러값을 나타낸다. (00 : 1분주, 01 : 4분주, 10 : 16분주, 11 : 64분주)

이제 1바이트 데이터의 전송이 어떻게 이루어지는지 살펴보자.

먼저 마스터가 슬레이브에게 write하는 동작을 순서대로 나타내면 다음과 같다. 각 과정이 진행될 때 TWS[7:3] (TWSR의 상위 5비트로 0xf8로 마스크하여 확인) 값이 [그림 11-9]와 같이 진행되는지를 검사하는 과정이 포함되어 있음을 확인하기 바란다.

① START 전송   : TWCR → TWINT=1, TWSTA=1, TWEN=1
② 상태 체크   : TWSR → TWSR & 0xf8 = 0x08
③ TWDR에 SLA+W 세트   : TWDR → TWDR = SLA + W
④ SLA+W 전송   : TWCR → TWINT=1, TWEN=1
⑤ ACK 체크   : TWSR → TWSR & 0xf8 = 0x18
⑥ TWDR에 데이터값 세트   : TWDR → TWDR = DATA
⑦ 데이터 전송   : TWCR → TWINT=1, TWEN=1
⑧ ACK 체크   : TWSR → TWSR & 0xf8 = 0x28
(다음 데이터가 있는 경우는 6~8 과정을 반복)

⑨ STOP 전송　　　　　: TWCR → TWINT=1, TWSTO=1, TWEN=1

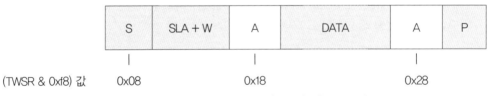

(TWSR & 0xf8) 값　　　　0x08　　　　　　　　0x18　　　　　　　　0x28

[그림 11-9] 1 바이트 데이터 송신(write) 시 TWS 값

이번에는 마스터가 슬레이브로부터 read하는 동작을 순서대로 나타내면 다음과 같다. 마찬가지로 각 과정이 진행될 때 TWS[7:3](TWSR의 상위 5비트로 0xf8로 마스크하여 확인) 값이 [그림 11-10]과 같이 진행되는지를 검사하는 상태 체크 과정이 포함되어 있음을 확인하기 바란다.

① START 전송　　　　　: TWCR → TWINT=1, TWSTA=1, TWEN=1
② 상태 체크　　　　　　: TWSR → TWSR & 0xf8 = 0x08
③ TWDR에 SLA+R 세트 : TWDR → TWDR = SLA + R
④ SLA+R 전송　　　　　: TWCR → TWINT=1, TWEN=1
⑤ ACK 체크　　　　　　: TWSR → TWSR & 0xf8 = 0x40
⑥ 데이터 수신　　　　　: TWCR → TWINT=1, TWEA=1, TWEN=1
　　　　　　　　　　　　 (마지막 데이터가 아닌 경우)
　　　　　　　　　　　　: TWCR → TWINT=1, TWEN=1
　　　　　　　　　　　　 (마지막 데이터인 경우)
⑦ 상태 체크　　　　　　: TWSR → TWSR & 0xf8 = 0x50
　　　　　　　　　　　　 (마지막 데이터가 아닌 경우 6~7 과정을 반복)
　　　　　　　　　　　　: TWSR → TWSR & 0xf8 = 0x58
　　　　　　　　　　　　 (마지막 데이터인 경우)
⑨ STOP 전송　　　　　: TWCR → TWINT=1, TWSTO=1, TWEN=1

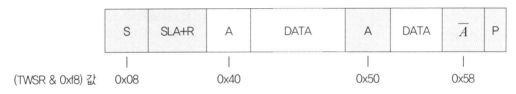

(TWSR & 0xf8) 값　　0x08　　　　0x40　　　　　　0x50　　　　　0x58

[그림 11-10] 1 바이트 데이터 수신(read) 시 TWS 값

11.3 LM75A 제어

11.3.1 LM75A 구조

마이크로컨트롤러 내부의 자원이 아닌 독립된 칩이나 모듈로 존재하는 전자부품을 연결하여 다루는 것은 쉽지 않은 일이다. 특히나 통신 인터페이스를 가지고 있는 모듈은 복잡한 모듈이므로 하드웨어 연결뿐만 아니라 모듈 제어 프로그램을 작성할 때에도 세심한 주의가 필요하다.

이 경우 가장 중요하게 생각하여야 하는 것은 데이터시트이다. 데이터시트는 칩 또는 모듈의 외관, 기능, 핀 정의, 전기적 조건뿐만 아니라 내부 자원(특히 레지스터 종류)에 대한 내용을 정확하게 알고 있어야만 제대로 된 제어가 가능하다.

LM75A의 데이터시트 전체 내용을 모두 자세하게 살펴보는 것은 이 책의 범위를 벗어나는 것이므로 디지털 온도 센서 제작에 꼭 필요한 부분만 조금 더 자세하게 살펴보기로 한다.

LM75A는 내부에 5개의 레지스터를 가지고 있는데 그 구조는 [그림 11-11]과 같다.

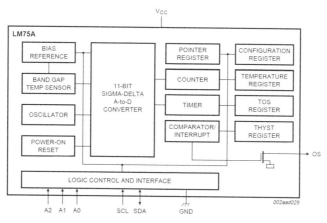

[그림 11-11] LM75A 레지스터 내부 구조 [11-5]

여기서는 우리는 온도값만 읽어오면 되므로 이와 관련된 레지스터인 Pointer Register와 Temperature Register 의 기능만 살펴보기로 한다.

■ Pointer Register

Pointer Register는 LM75A 내부의 다른 레지스터를 지정하기 위한 레지스터로 일종의 포인터 역할을 한다. 즉, 다른 레지스터에 접근하려면 먼저 Pointer Register에 접근하고자 하는 레지스터에 해당되는 값을 write한 후에 원하는 레지스터를 read/write할 수 있다. Pointer Register의 값에 따라 선택되는 레지스터는 [표 11-5]와 같다.

[표 11-5] LM75A Pointer Register

B7	B6	B5	B4	B3	B2	B[1:0]
0	0	0	0	0	0	포인터값

B0	B1	레지스터 선택
0	0	Temperature register (Temp)
0	1	Configuration register (Conf)
1	0	Hysteresis register (Thyst)
1	1	Overtemperature Shutdown register (Tos)

■ Temperature Register

Temperature Register는 온도값을 저장하고 있는 레지스터로 [표 11-6]과 같이 11비트(D10~D0) 온도값이 왼쪽 정렬 형태로 나타난다.

온도값은 2의 보수(2's complement) 숫자 표시 체계를 따른다. 즉, 첫 번째 비트는 부호(sign) 비트이고 나머지 비트는 크기를 나타내는 비트인데, 부호 비트가 양(0)인 경우는 값 그대로, 부호 비트가 음(1)인 경우는 값의 2의 보수 값(1의 보수를 취한 후 1을 더한 값)이 크기가 된다.

[표 11-6] LM75A Temperature Register

MSByte								LSByte							
7	6	5	4	3	2	1	0	7	6	5	4	3	2	1	0
D10	D9	D8	D7	D6	D5	D4	D3	D2	D1	D0	X	X	X	X	X

11비트의 온도값을 가지고 0.125℃ 단위의 해상도를 가지므로 이론적으로는 −128℃~127.875℃ 까지 표현이 가능하나, 실제 유효한 측정 온도의 범위는 −55℃부터 125℃까지이다. [표 11-7]에 비트 값과 이에 대응하는 온도값을 나타내었다.

[표 11-7] Temperature Register 값과 온도와의 관계

2진수 값(11비트) (2's complement)	16진수 값	10진수 값	온도
011 1111 1000	3F8	1016	+127.000℃
011 1111 0111	3F7	1015	+126.875℃
011 1111 0001	3F1	1009	+126.125℃
011 1110 1000	3E8	1000	+125.000℃
000 1100 1000	0C8	200	+25.000℃
000 0000 0001	001	1	+0.125℃
000 0000 0000	000	0	0.000℃
111 1111 1111	7FF	−1	−0.125℃
111 0011 1000	738	−200	−25.000℃
110 0100 1001	649	−439	−54.875℃
110 0100 1000	648	−440	−55.000℃

11.3.2 LM75A 억세스 사이클

이제 LM75A의 read/write 동작에 대하여 필요한 내용만 간단히 살펴보자.

Temperature Register를 읽어 오는 방법은 '포인터 지정 read'와 '포인터 미지정 read'의 2가지 방법이 있다. '포인터 지정 read'는 첫 번째 사이클에서 Pointer Register 세팅을 위한 write가 진행되고 이어서 Pointer Register가 포인팅하는 레지스터 값을 읽어오는 read 사이클이 진행되는 2단계 과정을 거친다. 한편, '포인터 미지정 read'는 첫 번째 사이클에서 바로 Pointer Register가 포인팅하는 레지스터 값을 읽어오는 read 사이클이 진행된다. 이 경우는 현재 Pointer Register 가 포인팅하는 레지스터의 값을 읽어오므로 동일한 레지스터에 대한 반복적인 read가 실행될 때 사용하면 편리하다.

[그림 11-12]는 Temperature Register에 '포인터 지정 2 바이트 read'를 실행하는 사이클을 나타 낸 그림이다. 포인터를 이용하여 Temperature Register를 지정하는 사이클과 Temperature Register에서 2 바이트의 데이터를 읽어내는 사이클의 2가지 동작으로 분리 구성되어 있다는 것을 알 수 있다. 이렇게 사이클이 연속으로 이루어지는 경우, 첫 번째 사이클에 대한 종료(STOP)을 생 성하지 않고 바로 이어서 시작(START)할 수도 있는데, 이것은 RE-START라고 하며 LM75A는

이 방법을 사용하는 것으로 데이터시트에 나타나 있다.

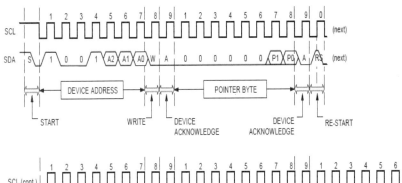

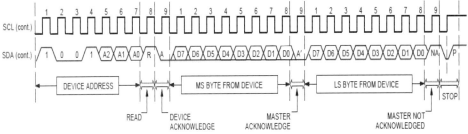

[그림 11-12] '포인터 지정 2바이트 read' 사이클 [11-6]

한편, [그림 11-13]은 Temperature Register에 '포인터 미지정 2 바이트 read'를 실행하는 사이클을 나타낸 그림이다. [그림 11-12]와 비교하여 보면, 포인터를 이용하여 Temperature Register를 지정하는 사이클이 생략되어 있다는 것을 알 수 있다.

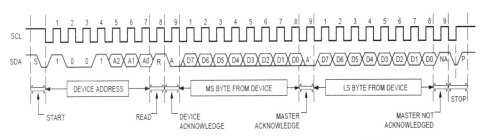

[그림 11-13] '포인터 미지정 2바이트 read' 사이클 [11-7]

여기서는 특별히 시간 절약에 대한 필요성은 없으므로 [그림 11-12]의 '포인터 지정 2 바이트 read' 만을 사용하여 제어하는 것으로 한다.

11.4 온도센서로 디지털 온도계 만들기

11.4.1 목표

디지털 온도센서를 이용하여 주변의 온도를 측정하고 이를 −55.0℃~99.5℃ 까지 0.5℃ 해상도로 4-digit FND에 디스플레이하는 '디지털 온도계'를 제작한다.

11.4.2 구현 방법

하드웨어 연결의 경우, WCN4-0036SR-C11 4-digit FND는 이전 코스에서 실습한 연결과 동일한 방법으로 JMOD-128-1에 연결한다. 또한, LM75A를 내장한 온도센서 모듈인 JMOD-TEMP-1은 VCC, GND, SCL, SDA 신호를 각각 JMOD-128-1의 VEXT(+5V), GND, SCL과 SDL에 연결한다. 물론, 이전에 설명한 바와 같이 JMOD-128-1의 '전원 선택 점퍼' 상의 3핀을 모두 한꺼번에 연결하여야 하는 것은 필수이다. (* 참고 : 이렇게 해야 USB 쪽의 전원 신호와 VEXT 쪽의 전원 신호가 연결되므로 VEXT에 +5V가 공급된다.)

프로그램의 경우는, TWI 통신을 이용하여 LM75A의 온도값을 읽어온 후 이를 해석하여 FND에 소수 첫째자리까지 디스플레이하면 된다. 온도값을 읽는 기능과 디스플레이하는 기능은 따로 함수를 만들어 처리하면 조금 더 깔끔하게 정리할 수 있을 것이다.
(* 주의 : JMOD-TEMP-1의 A2, A1, A0 점퍼는 사용자 임의로 설정할 수 있지만, 여기서는 A2만 장착한 상태라고 가정하고 진행한다.)

11.4.3 회로 구성

구현 방법에서 언급한 내용을 기반으로 회로를 설계한 결과는 [그림 11-14]와 같고, 실제 연결 모습은 [그림 11-15]와 같다.

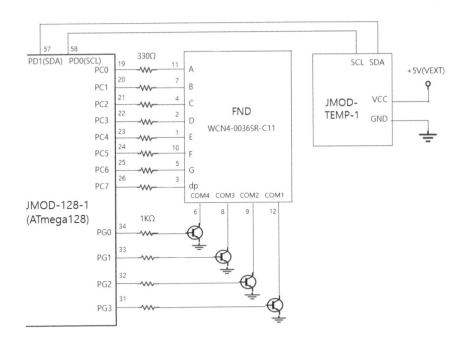

[그림 11-14] 디지털 온도계 회로

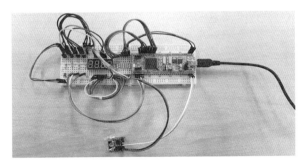

[그림 11-15] 디지털 온도계 회로 실제 연결 모습

11.4.4 프로그램 작성

프로그램은 크게 온도센서로부터 온도값을 읽어오는 부분과 이것을 해석하여 FND에 디스플레이하는 2개의 부분으로 나눌 수 있다. 2개의 부분을 함수로 만들어 다음과 같이 처리하도록 한다.

■ 온도값 읽어오기

단순히 온도값을 읽어오면 되는 기능이므로 Pointer Register로 Temperature Register를 가리키
도록 한 후 연속하여 온도값을 읽어 오는 '포인터 지정 2바이트 read' 사이클을 실행한다. (LM75A
에서 제공하는 데이터시트에서 Temperature Register를 읽어오는 프로토콜을 사용한다.)

■ 온도값 디스플레이하기

온도값은 11비트로 해상도는 0.125이지만 FND 디스플레이는 0.5 해상도이므로 전체 데이터
중 뒤쪽 2비트는 값을 무시하는 것으로 처리한다. 읽은 데이터의 상위 바이트 중 MSB(Most
Significant Bit) 값은 부호를 나타내므로 이를 확인하여 '0' 이면 FND[3]에 아무것도 디스플레
이하지 않고 '1'이면 '−'(마이너스)를 디스플레이한다. 나머지 7비트는, 양수의 경우는 그 값 그대
로, 음수의 경우는 보수(NOT)를 취한 뒤 1을 더한 값(2's complement)으로 변경한 후, 이를
FND[2]~FND[1]에 디스플레이한다. 이 때, FND[1]에는 '.'를 함께 표시하여 여기까지가 정수임
을 나타낸다. 마지막으로, 하위 바이트의 MSB 값은 소수 첫째자리를 나타내므로 '0'이면
FND[0]에 '0'을 디스플레이하고, '1'이면 '5'(0.5℃를 의미함)를 디스플레이 한다.

작성된 프로그램은 [프로그램 11−1]과 같다.

프로토콜을 구현한 프로그램은 조금 복잡하며 양도 꽤 많다. 혼자 힘으로 직접 작성하기가 어려
울 때는 샘플 프로그램을 잘 보고 이것을 응용하여 처리하는 것도 좋은 방법이므로 여기서는 그
렇게 해도 된다. 단, 한 줄 한 줄의 프로그램이 어떤 의미를 갖는 것인지에 대한 이해는 꼭 하고
넘어가도록 하자.

```
#define F_CPU          16000000UL      // CPU 클록 값 = 16 MHz
#define F_SCK          40000UL         // SCK 클록 값 = 40 KHz
#include <avr/io.h>
#include <util/delay.h>
#define LM75A_ADDR              0x98   // 0b10011000, 원래 7비트를 1비트 left shift한 값 (A2A1A0=100인 경우)
#define LM75A_TEMP_REG          0

void init_twi_port();
int read_twi_2byte_nopreset(char reg);
void display_FND(int value);

int main()
```

```
{
    int i, temperature;
    init_twi_port();                          // TWI 및 포트 초기화

    while (1)                                 // 온도값 읽어 FND 디스플레이
    {
            for (i=0; i<30; i++)
            {
                if (i == 0)                   // 억세스시간(300ms) 동안 기다리기
                                              // 위하여 30번에 1번만 실제로 억세스함
                    temperature = read_twi_2byte_nopreset(LM75A_TEMP_REG);
                    display_FND(temperature); // 1번 디스플레이에 약 10ms 소요
            }
    }
}


void init_twi_port()
{
    DDRC = 0xff;          DDRG = 0xff;        // FND 출력 세팅
    TWSR = TWSR & 0xfc;                       // Prescaler 값 = 00 (1배)
    TWBR = (F_CPU/F_SCK - 16) / 2;            // 공식 참조, bit rate 설정
}


int read_twi_2byte_nopreset(char reg)
{
    char high_byte, low_byte;
    TWCR = (1 << TWINT) | (1<<TWSTA) | (1<<TWEN);        // START 전송
    while (((TWCR & (1 << TWINT)) == 0x00) || (TWSR & 0xf8) != 0x08) ;
                                              // START 상태 검사, 이후 ACK 및 상태 검사
    TWDR = LM75A_ADDR | 0;                    // SLA+W 준비, W=0
    TWCR = (1 << TWINT) | (1 << TWEN);        // SLA+W 전송
    while (((TWCR & (1 << TWINT)) == 0x00) || (TWSR & 0xf8) != 0x18) ;
    TWDR = reg;                               // LM75A Reg 값 준비
    TWCR = (1 << TWINT) | (1 << TWEN);        // LM75A Reg 값 전송
    while (((TWCR & (1 << TWINT)) == 0x00) || (TWSR & 0xf8) != 0x28) ;
    TWCR = (1 << TWINT) | (1<<TWSTA) | (1<<TWEN);        // RESTART 전송
    while (((TWCR & (1 << TWINT)) == 0x00) || (TWSR & 0xf8) != 0x10) ;
                                              //RESTART 상태 검사, 이후 ACK,NO_ACK 상태 검사
    TWDR = LM75A_ADDR | 1;                    // SLA+R 준비, R=1
    TWCR = (1 << TWINT) | (1 << TWEN);        // SLA+R 전송
    while (((TWCR & (1 << TWINT)) == 0x00) || (TWSR & 0xf8) != 0x40) ;
    TWCR = (1 << TWINT) | (1 << TWEN | 1 << TWEA);       // 1st DATA 준비
    while(((TWCR & (1 << TWINT)) == 0x00) || (TWSR & 0xf8) != 0x50) ;
```

```
        high_byte = TWDR;                               // 1st DATA 수신
        TWCR = (1 << TWINT) | (1 << TWEN);              // 2nd DATA 준비
        while(((TWCR & (1 << TWINT)) == 0x00) || (TWSR & 0xf8) != 0x58) ;
        low_byte = TWDR;                                // 2nd DATA 수신
        TWCR = (1 << TWINT) | (1 << TWSTO) | (1 << TWEN);   // STOP 전송
        while ((TWCR & (1 << TWSTO))) ;                 // STOP 확인
        return((high_byte<<8) | low_byte);             // 수신 DATA 리턴
}

void display_FND(int value)
{
    char digit[12] = {0x3f, 0x06, 0x5b, 0x4f, 0x66, 0x6d,
                      0x7c, 0x07, 0x7f, 0x67, 0x00, 0x40 };   // '0'~'9', ' ', '-'
    char fnd_sel[4] = {0x01, 0x02, 0x04, 0x08};

    int value_int, value_deci, num[4], i;
    if ((value & 0x8000) != 0x8000)            // Sign 비트 체크
            num[3] = 10;                        // 양수인 경우는 디스플레이 (digit[10] = ' ')
    else
    {
            num[3] = 11;                        // 음수인 경우는 '-' 디스플레이 (digit[11] = '-')
            value = (~value)+1;                 // 2's Compliment 값을 취함
    }
    value_int = (value & 0x7f00) >> 8;         // High Byte bit6~0 값 (정수 값)
    value_deci = (value & 0x0080);             // Low Byte bit7 값 (소수 첫째자리 값)
    num[2] = (value_int / 10) % 10;
    num[1] = value_int % 10;
    num[0] = (value_deci == 0x80) ? 5 : 0;     // 소수 첫째자리가 1이면 0.5에 해당하므로
                                                // 5를 디스플레이

    for(i=0; i<4; i++)
    {
        PORTC = digit[num[i]];
        PORTG = fnd_sel[i];
        if (i==1)
           PORTC |= 0x80;                       // 왼쪽에서 3번째 FND에는 소수점(.)을 찍음
        if (i%2)
           _delay_ms(2);                        // 2번은 2ms 지연
        else
           _delay_ms(3);                        // 2번은 3ms 지연, 총 10ms 지연
    }
}
```

[프로그램 11-1] 온도센서로 디지털 온도계 만들기 프로그램

프로그램 중 'num[0] = (value_deci == 0x80) ? 5 : 0;'으로 되어 있는 부분은 C 언어에서 'A ? B : C' 형태를 갖는 '3항 조건 연산자'를 이용한 것으로, 그 의미는 'A가 참이면 B를 리턴하고 거짓이면 C를 리턴함'이다. 그러므로, 위 예는 온도의 소수점 이하의 값을 나타내는 첫 번째 비트가 '1'이면 num[0]에는 5가 할당되고, 그렇지 않으면 0이 할당되고, 최종적으로는 이에 대응되는 숫자가 FND에 디스플레이된다.

11.4.5 구현 결과

프로그램 실행 결과 [그림 11-16]과 같이 실내 온도가 소수점을 포함하여 제대로 디스플레이되면 성공이다. JMOD-TEMP-1은 책상 위에 놓여 있는 상태로 현재의 실내 온도가 섭씨 24.5°임을 알 수 있다. 디지털 온도계가 하나 생겼다. 그런데 가성비(價性比, 가격 대비 성능의 비율)는? … '짱'이 아니고 '꽝'일까? 아니다. 수제품(手製品, 손으로 만든 제품)은 원래 좀 비싸다.

[그림 11-16] 온도센서로 디지털 온도계 만들기 프로그램 실행 결과

11.5 실전 응용 : 온도센서로 디지털 체온계 만들기

11.5.1 목표

LM75A 온도센서와 4-digit FND, 스위치를 이용하여 아래의 기능을 만족하는 체온계를 제작한다.

- 현재의 주변 온도를 측정하고 이를 −55.0℃~99.5℃ 까지 0.5℃ 해상도로 4-digit FND에 디스플레이하는 '디지털 온도계'로 동작한다.
- 스위치를 한 번 누르면 현재의 온도를 저장 한 후, 저장된 온도를 계속 디스플레이하는 '디지털 체온계'로 동작한다. 이 때 모드가 바뀐 것을 표현하기 위하여 0.3초마다 디스플레이가 깜빡이도록 한다.
- 이후 한 번 더 스위치를 누르면 다시 '디지털 온도계'의 기능으로 돌아가며 이것을 반복한다.

11.5.2 구현 방법

온도값을 디스플레이하는 기능은 이전의 디지털 온도계와 동일한 방법을 사용한다.

스위치가 눌려졌을 때 처리하는 인터럽트 서비스 루틴에서는, 온도계 모드이면 현재의 온도를 저장한 후 모드를 체온계 모드로 바꾸면 되고, 체온계 모드이면 모드만 온도계 모드로 바꾸면 된다. '상태(state)'를 이용하여 프로그램하는 방법을 익힌 적이 있으므로 이것을 이용하면 된다.

메인 프로그램에서는, 온도계 모드인 경우는 항상 온도를 새로 읽어와 그 값을 디스플레이하고, 체온계 모드인 경우는 저장된 온도를 디스플레이 하되 0.3초 동안은 정상적으로, 다음 0.3초 동안은 디스플레이를 OFF 시키도록 한다.

11.5.3 회로 구성

회로 구성은 [그림 11-14]와 유사하지만 모드 선택을 위한 스위치 회로가 추가 된다. 구현된 회로는 [그림 11-17]과 같고, 브레드보드 상에 구현한 모습은 [그림 11-18]과 같다.

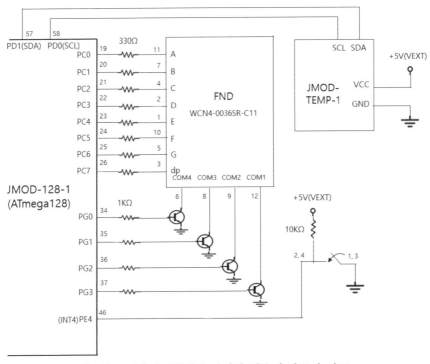

[그림 11-17] 온도센서로 디지털 체온계 만들기 회로

[그림 11-18] 온도센서로 체온계 만들기 회로 실제 연결 모습

11.5.4 프로그램 작성

구현 방법을 참조하여 작성한 프로그램은 [프로그램 11-2]와 같다.

```c
#define F_CPU            16000000UL        // CPU 클록 값 = 16 MHz
#define F_SCK            40000UL           // SCK 클록 값 = 40 KHz
#include <avr/io.h>
#include <util/delay.h>
#include <avr/interrupt.h>                 // interrupt 관련

#define LM75A_ADDR       0x98             // 0b10011000, 7비트를 1비트 left shift
#define LM75A_CONFIG_REG 1
#define LM75A_TEMP_REG   0
#define STOP             0                // 체온계 모드
#define GO               1                // 온도계 모드

int sw=0;
volatile int temperature = 0;            // 전역변수(Global Variable)
volatile int stop_temp = 0;              // 정지 시 온도
volatile int state = GO;

void init_twi_port();
int read_twi_2byte_nopreset(char reg);
void display_FND(int value);

int main(void)
{
    int i;
    DDRC = 0xff;                 // C 포트는 FND 데이터 출력 신호
    DDRG = 0x0f;                 // G 포트는 FND 선택 출력 신호
    DDRE = 0xef;                 // 0b11101111, PE4(SW1)는 입력
    EICRB = 0x02;                // INT4 트리거 모드는 하강 에지(falling edge)
    EIMSK = 0x10;                // INT4 인터럽트 허용
    SREG |= 0x80;                // SREG의 I(Interrupt Enalbe) 비트(bit7) '1'로 세트

    init_twi_port();                          // TWI 및 포트 초기화

    while (1)                                 // 온도값 읽어 FND 디스플레이
    {
        for (i=0; i<60; i++)                  // 0.6초 동안 처리
        {
            if (state == GO)                  // 온도계 모드인 경우
            {
                if ((i == 0) || (i == 30))    // 억세스시간(300ms) 동안 기다리기
                                              // 위하여 30번에 1번 꼴로 실제 억세스
                    temperature = read_twi_2byte_nopreset(LM75A_TEMP_REG);
```

```
                    display_FND(temperature);              // 한 번 디스플레이에 약 10ms 소요
                }
            else                                           // 체온계 모드인 경우
            {
                if (i < 30)                                // 0.3초는 디스플레이
                {
                    temperature = stop_temp;
                    display_FND(temperature);              // 한 번 디스플레이에 약 10ms 소요
                }
                else                                       // 0.3초는 디스플레이 끔
                {
                    PORTG = 0x00;
                    _delay_ms(10);                         // 10ms 딜레이
                }
            }
        }
    }
}

void init_twi_port()
{
    DDRC = 0xff;          DDRG = 0xff;      // FND 출력 세팅
    TWSR = TWSR & 0xfc;                     // Prescaler 값 = 00 (1배)
    TWBR = (F_CPU/F_SCK - 16) / 2;          // 공식 참조, bit rate 설정
}

int read_twi_2byte_nopreset(char reg)
{
    char high_byte, low_byte;
    TWCR = (1 << TWINT) | (1<<TWSTA) | (1<<TWEN);          // START 전송
    while (((TWCR & (1 << TWINT)) == 0x00) || (TWSR & 0xf8) != 0x08) ;
                                                           // START 상태 검사, 이후 ACK 및 상태 검사
    TWDR = LM75A_ADDR | 0;                                 // SLA+W 준비, W=0
    TWCR = (1 << TWINT) | (1 << TWEN);                     // SLA+W 전송
    while (((TWCR & (1 << TWINT)) == 0x00) || (TWSR & 0xf8) != 0x18) ;
    TWDR = reg;                                            // LM75A Reg 값 준비
    TWCR = (1 << TWINT) | (1 << TWEN);                     // LM75A Reg 값 전송
    while (((TWCR & (1 << TWINT)) == 0x00) || (TWSR & 0xf8) != 0x28) ;
    TWCR = (1 << TWINT) | (1<<TWSTA) | (1<<TWEN);          // RESTART 전송
    while (((TWCR & (1 << TWINT)) == 0x00) || (TWSR & 0xf8) != 0x10) ;
                                                           //RESTART 상태 검사, 이후 ACK,NO_ACK 상태 검사
    TWDR = LM75A_ADDR | 1;                                 // SLA+R 준비, R=1
    TWCR = (1 << TWINT) | (1 << TWEN);                     // SLA+R 전송
```

```c
    while (((TWCR & (1 << TWINT)) == 0x00) || (TWSR & 0xf8) != 0x40) ;
    TWCR = (1 << TWINT) | (1 << TWEN | 1 << TWEA);        // 1st DATA 준비
    while(((TWCR & (1 << TWINT)) == 0x00) || (TWSR & 0xf8) != 0x50) ;
    high_byte = TWDR;                                     // 1st DATA 수신
    TWCR = (1 << TWINT) | (1 << TWEN);                    // 2nd DATA 준비
    while(((TWCR & (1 << TWINT)) == 0x00) || (TWSR & 0xf8) != 0x58) ;
    low_byte = TWDR;                                      // 2nd DATA 수신
    TWCR = (1 << TWINT) | (1 << TWSTO) | (1 << TWEN);     // STOP 전송
    while ((TWCR & (1 << TWSTO))) ;                       // STOP 확인
    return((high_byte<<8) | low_byte);                   // 수신 DATA 리턴
}

void display_FND(int value)
{
    char digit[12] = {0x3f, 0x06, 0x5b, 0x4f, 0x66, 0x6d,
                      0x7c, 0x07, 0x7f, 0x67, 0x00, 0x40 };  // '0'~'9', ' ', '-'
    char fnd_sel[4] = {0x01, 0x02, 0x04, 0x08};
    int value_int, value_deci, num[4], i;

    if ((value & 0x8000) != 0x8000)         // Sign 비트 체크
            num[3] = 10;                     // 양수인 경우는 디스플레이 없음
    else
    {
            num[3] = 11;                     // 음수인 경우는 '-' 디스플레이
            value = (~value)+1;              // 2's Complement 값을 취함
    }
    value_int = (char)((value & 0x7f00) >> 8);  // High Byte bit6~0 값 (정수 값)
    value_deci = (char)(value & 0x0080);        // Low Byte bit7 값 (소수 첫째자리값)
    num[2] = (value_int / 10) % 10;
    num[1] = value_int % 10;
    num[0] = (value_deci == 0x80) ? 5 : 0;   // 소수 첫째자리가 1이면 0.5에 해당하므로
                                             // 5를 디스플레이

    for(i=0; i<4; i++)
    {
        PORTC = digit[num[i]];
        PORTG = fnd_sel[i];
        if (i==1)
           PORTC |= 0x80;          // 왼쪽에서 3번째 FND에는 소수점(.)을 찍음
        if (i%2)
           _delay_ms(2);           // 2번은 2ms 지연
        else
           _delay_ms(3);           // 2번은 3ms 지연, 총 10ms 지연
    }
```

```
}

ISR(INT4_vect)
{
    _delay_ms(100);                    // 스위치 바운스 시간 동안 기다림
    EIFR = 1 << 4;                     // 그 사이 바운스에 의해 생긴 인터럽트는 무효화 - 디바운싱
    if ((PINE & 0x10) != 0x00)         // SW1이 눌려진 것이 아니면
        return;
    if (state == STOP)
        state = GO;                    // STOP 상태라면 GO 상태로 변경
    else
    {
        state = STOP;                  // GO 상태라면 STOP 상태로 변경
        stop_temp = read_twi_2byte_nopreset(LM75A_TEMP_REG);
                                       // 그리고, '현재 온도'를 읽어서 저장
    }
}
```

[프로그램 11-2] 온도센서로 체온계 만들기 프로그램

11.5.5 구현 결과

프로그램이 실행된 상태에서 온도센서에 손가락을 갖다 대면 실내 온도가 체온에 의하여 점점 증가하는 것을 볼 수 있다. 이 때 스위치를 누르면 온도 디스플레이가 깜빡이는 형태로 변하며 온도값은 더 이상 변하지 않는다. [그림 11-19]는 이렇게 실행한 결과의 한 예이다. 온도가 손가락 온도에 의해 26.5℃ 까지 상승한 후에 정지한 상태를 보여주고 있다. 물론, 다시 한 번 스위치를 누르면 디스플레이는 더 이상 깜빡이지 않으며, 온도도 현재 측정된 대기 온도로 변하게 된다.

[그림 11-19] 온도 센서로 체온계 만들기 프로그램 실행 결과

11.6 DIY 연습

[I2C-1] 이미 구현한 '디지털 체온계'의 프로그램 중 '포인터 지정 2바이트 read'로 구현한 부분을 '포인터 지정'과 '포인터 미지정 2바이트 read'의 2단계로 나누어 구현한 '디지털 체온계'를 제작한다.

[I2C-2] 이미 구현한 '디지털 온도계'에 아래 기능을 추가한 '알람 디지털 온도계'를 제작한다.

★ 온도가 섭씨 30℃ 이상이거나 섭씨 20℃ 미만이면 알람 버저를 계속 울린다.

[I2C-3] I²C 통신을 사용하는 전자부품을 이용하여 제작할 수 있는 주제를 다음의 예와 같이 하나 선택하고 실제로 부품을 구입한 후 데이터시트를 구하여 공부한 후 제작한다.

★ 온습도센서를 이용한 '불쾌지수 측정기'
★ 가속도센서를 이용한 '모터 속도 조절기'

12

스마트폰으로
가전제품 제어하기

바야흐로 모바일 시대다. 대화도 스마트폰으로 하고, 쇼핑도 스마트폰으로 한다. SNS를 통하면 친구의 근황도 바로 알 수 있다. 이제 스마트폰은 대세가 아니라 생활필수품이 되었다. 우리도 이 스마트폰으로 무언가를 해 보자. 이번 코스의 목표는 이제까지 제작했던 것들을 종합하여 스마트폰으로 제어하는 것이다. 전등도 켜보고, 선풍기도 돌려보고, 노래도 나오게 해보자. 여러 가지 방법이 있겠지만, 우선은 가장 쉽고 편한 블루투스 기능을 이용하여 구현하기로 하자.

✳ 이번 코스에 필요한 부품 목록 ✳

번호	품명	규격	수량	기타
1	LED	빨강/노랑/녹색	4	5Φ
2	저항	330Ω	4	1/4W
3	삐에조 버저	GEC-13C	1	소형
4	모터 드라이브 모듈	JMOD-MOTOR-1	1	2 채널
5	DC 모터	RC260B 또는 3~6V 미니 모터	1	소형
6	프로펠러	플라스틱 프로펠러	1	모터 결합용
7	전원공급기	JBATT-D5-1	1	5V 레귤레이터
8	건전지 팩	AA 건전지 4구	1	직렬 연결
9	건전지	AA 타입	4	1.5V x 4 = 6V
10	블루투스 시리얼 모듈	JMOD-BT-1	1	HC-05 내장

12.1 블루투스가 뭔가요?

12.1.1 블루투스

블루투스(bluetooth)는 휴대폰, 노트북, 이어폰 등의 휴대기기를 서로 연결하여 정보를 교환할 수 있도록 ISM(Industrial Scientific and Medical) 주파수 대역인 2400 ~ 2483.5MHz를 사용하는 무선 기술 표준 중의 하나이다. ISM이란 산업, 과학, 의료용으로 할당된 무선주파수 대역인데 전파 사용에 대한 허가를 받을 필요가 없어서 아마추어 무선, 무선랜, 블루투스가 이 ISM 대역을 사용하고 있다. 스마트폰이 이러한 블루투스 장치를 내장하고 있음은 물론이다.

블루투스는 마스터(master)와 슬레이브(slave)로 역할이 나눠지는데 통신을 설정하고 연결하는 주체가 되는 것은 마스터이고 그 상대는 슬레이브가 된다. 하나의 마스터는 최대 7대의 슬레이브를 연결할 수 있으며, 두 장치는 페어링(pairing, 서로 짝을 이룸)에 성공하여야만 통신할 수 있다. 블루투스는 사용 용도에 따라 여러 가지 기능을 제공하지만 우리가 사용할 기능은 SPP(Serial Port Profile) 기능이다. 이것은 UART 시리얼통신의 무선 버전이라고 생각하면 이해하기 쉽다. 블루투스 규격은 최근 4.0 버전의 BLE(Bluetooth Low Energy)를 거쳐 현재 5 버전까지 소개되어 있는 상태이지만, 가장 보편화된 블루투스 규격 2.1의 경우, 데이터 전송 속도는 보통 1 Mbps 이하이며 통신이 가능한 거리는 보통 10m 이내이다. 이 책에서는 규격 2.1을 가정하여 설명한다.

블루투스라는 이름은 옛 스칸디나비아 지역을 통일한 덴마크와 노르웨이의 국왕 해럴드(Harold)의 별명에서 유래한다. 그는 블루투스(bluetooth)라는 별명을 가지고 있었는데, 그것은 블루베리를 좋아해 항상 치아가 푸르게 물들어 있었기 때문이라는 설과, 파란색 의치를 해 넣었기 때문이라는 설이 유력하다.
어째든, 블루투스 SIG(개발자모임)는 자신들이 개발한 기술이 무선 기술 규격으로 통일하기를 바라는 마음에서 공식 명칭을 블루투스로 정했다. 이에 따라 블루투스의 공식 로고도 해럴드 왕의 이니셜인 H(옛 스칸디나비아 룬 문자)와 블루투스의 이니셜인 B를 합하여 [그림 12-1]과 같이 만들어졌다.

[그림 12-1] 블루투스 로고

12.1.2 블루투스 통신을 이용한 시리얼 통신

블루투스 시리얼 모듈은 UART 방식의 시리얼 통신을 블루투스 SPP 통신으로 변환시켜주는 모듈이다. 이 모듈의 자세한 동작 원리 및 실행 방법은 조금 복잡할 수 있으므로, 개념적으로만 이해하도록 하자. 블루투스 시리얼 모듈은 한마디로 UART 통신 방식의 유선 연결을 [그림 12-2]와 같이 블루투스 방식의 무선 연결로 바꾸어주는 모듈이라고 생각하면 된다. 유선으로 수신된 RxD 신호는 무선으로 송신하고, 무선으로 수신된 데이터는 TxD 신호로 내보내는 역할을 한다.

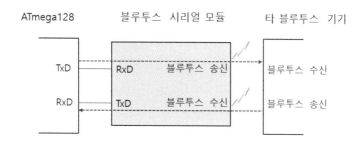

[그림 12-2] UART 유선통신을 무선통신으로 변환하는 블루투스 통신

12.1.3 JMOD-BT-1 블루투스 시리얼 모듈

JMOD-BT-1은 HC-05라는 블루투스 시리얼 모듈을 내장하고 있으며, JMOD-128-1에 쉽게 장착될 수 있는 핀헤더 인터페이스를 가진 제이씨넷사의 블루투스 시리얼 모듈이다. JMOD-BT-1의 모습은 [그림 12-3]과 같다.

[그림 12-3] JMOD-BT-1 외관

TXD(송신 데이터), RXD(수신 데이터) 신호는 각각 마이크로컨트롤러의 RxD, TxD 의 신호와 연결하여야 하며, 전원 VCC(3.3V~5V)와 GND 는 외부에서 알맞게 공급해주어야 한다.

RESET 신호는 리셋 필요 시에만 LOW로 인가한다. CFG 신호는 HC-05 내부 설정 값을 변경하고자 할 때 '작업 모드 선택 스위치'를 'CFG' 표시 위치로 옮기면 HIGH가 되어 세팅 모드로 바뀐다. (일반 통신 모드에서는 작업 모드 선택 스위치가 '→' 위치에 있어야 함)

JMOD-BT-1의 초깃값은 115200 baud, 슬레이브 모드로 세팅되어 있으며, 이것을 바꾸려면 CFG 신호를 이용하여 수정하여야 하는데 이것은 JMOD-BT-1의 사용자 설명서를 참조하여 처리하면 된다.

12.1.4 JMOD-128-1과 JMOD-BT-1을 연결하는 방법

JMOD-128-1은 JMOD-BT-1을 장착할 수 있는 핀헤더 인터페이스를 이미 내부에 가지고 있다. 만약 JMOD-BT-1을 [그림 12-4]와 같이 JMOD-128-1에 장착한다면, 이것만으로도 모든 연결이 완결되어 추가적인 조치가 필요하지 않다.

[그림 12-4] JMOD-BT-1을 JMOD-128-1에 장착한 모습

(* 주의 : JMOD-128-1의 경우 2개의 UART 인터페이스를 가지고 있는데 UART0는 USB 쪽에 연결되어 있고 UART1은 JMOD-BT-1 연결을 위한 핀헤더에 연결되어 있으므로, 프로그램 작성 시 UART 포트 번호를 착각하지 않도록 조심하여야 한다.)

이제, 이러한 결합을 통하여 어떻게 블루투스 통신이 동작하는지를 [그림 12-5]를 참조하여 확인해 보자.

(a)는 JMOD-128-1 2개를 UART 통신을 이용하여 연결할 때의 구성도이다. JMOD-128-1은 UART 포트를 가지고 있으므로 서로의 UART 포트를 연결(TxD와 RxD를 짝으로 연결)하면 시리얼 통신이 가능하다.

그런데 만약 JMOD-128-1 하나가 손이 닿지 않거나 선을 연결할 수 없는 곳에 위치한다면 어떻게 하면 좋을까? 이런 경우에는 유선이 아닌 무선을 이용하여 연결할 수 있으면 해결되므로 이럴 때 블루투스 시리얼 모듈을 이용하면 된다.

(b)는 2개의 JMOD-128-1 각각에 블루투스 시리얼 모듈을 연결한 후 2개의 시스템을 블루투스 통신으로 연결한 경우로, 이렇게 연결하면 2개의 JMOD-128-1은 무선으로 연결된다.

블루투스 시리얼 모듈을 단지 유선을 무선으로 매질만 바꾸어 주는 장치라 생각한다면 (c)에 나타난 것처럼 2개의 JMOD-128-1은 직접 유선으로 연결된 상태로 생각하고 통신하여도 아무런 문제가 없다.

이제 JMOD-128-1 하나를 스마트폰으로 바꾸어서 생각해 보자. 스마트폰의 경우는 자체로 블루투스 기능을 가지고 있고, 이를 이용할 수 있는 가상터미널 앱이 있으므로, (d)와 같이 스마트폰과 JMOD-128-1 사이를 연결하는 경우에도 역시 통신이 가능하다.

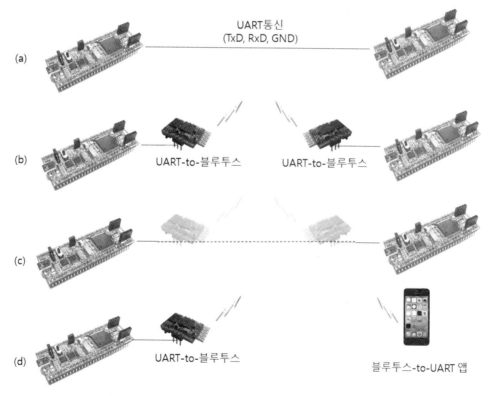

[그림 12-5] 블루투스 통신을 이용한 유무선 대체 효과

12.2 스마트폰과 통신하기

12.2.1 목표

스마트폰으로부터 블루투스 통신을 통하여 수신된 데이터('1', '2', '3' 중 하나)를 되돌려 보낸다. 그리고 '1'은 "ONE", '2'는 "TWO", '3'은 "THREE"를 스마트폰에 디스플레이하는 시스템을 구현한다. 다른 숫자나 문자가 수신되면 무시한다.

12.2.2 구현 방법

블루투스 통신은 이미 살펴본 바와 같이 유선인 UART 통신의 중간 연결을 무선으로 변경한 것이므로 기본적으로는 UART 통신과 같다고 생각하고 구현하면 된다. 다만, 초기 연결 시 페어링 과정이나 약간의 세팅 과정이 필요하다면 이것은 처리해 주어야 한다.

하드웨어는 JMOD-128-1에 블루투스 시리얼 모듈인 JMOD-BT-1을 연결(장착)하면 되고, 프로그램은 UART 통신에서와 같이 한 문자가 입력되면 이것을 되돌려 보낸 후 연속해서 그 값에 대응되는 단어를 되돌려 보내도록 프로그램을 작성하면 되므로 쉽게 구현할 수 있다.

스마트폰에서 문자를 입력하는 방법은 앱을 직접 프로그램하는 방법도 있겠지만, 이미 다양한 블루투스 앱이 존재하므로 이들 중에서 괜찮은 것을 선택하여 사용하면 된다. 터미널 에뮬레이터 기능을 가지고 있는 어떤 블루투스 앱을 설치하여도 무방하지만 여기서는 'Bluetooth Terminal HC-05'라는 앱을 설치하여 사용하는 것으로 가정하고 설명하기로 한다.

12.2.3 회로 구성

JMOD-128-1와 JMOD-BT-1과의 연결 회로는 [그림 12-6]과 같고 실제로 브레드보드 상에 연결된 모습은 [그림 12-7]과 같다.

이전에도 언급하였지만 ATmega128 의 UART0 포트가 아닌 UART1 포트에 연결한다는 점에 유의하여 연결하여야 한다. 물론 JMOD-128-1 에서 제공하는 JMOD-BT-1 연결 전용 커넥터를 이용하면 그냥 그 위치에 장착하는 것만으로 회로 연결은 완성된 것이므로 더 해주어야 할 일은 없다.

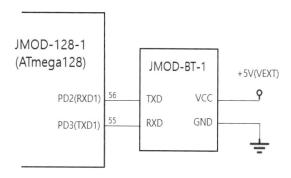

[그림 12-6] JMOD-128-1과 JMOD-BT-1의 연결 회로

[그림 12-7] JMOD-128-1과 JMOD-BT-1의 연결 회로 실제 연결 모습

12.2.4 프로그램 작성

UART 통신 프로그램은 이전 코스에서 이미 많이 연습하였으므로 추가 설명이 필요 없을 것이다. JMOD-BT-1은 보레이트가 115200이고, 8비트 데이터, 패리티 없음, 1 STOP 비트로 초기에 세팅되어 출시되므로 프로그램에서 UART1 통신 초기화 시 이것을 참고하여 알맞게 프로그램하면 된다.

프로그램 내용은, 데이터가 수신되었는지를 검사하여 수신된 데이터가 있으면 그 데이터를 되돌려 보낸 후 수신된 데이터 값에 따라 대응되는 숫자나 문자를 한 번 더 보내면 되므로 '땅 짚고 헤엄치기'다.

작성된 프로그램은 [프로그램 12-1]과 같다.

```
#include <avr/io.h>              // AVR 기본 include
#define NULL       0

char One[] = " ONE";            // "1" = ONE
char Two[] = " TWO";            // "2" = TWO
char Three[] = " THREE";        // "3" = THREE

void init_uart1()               // UART1 초기화 함수
{
    UCSR1B = 0x18;              // 송신 Transmit(TX), Receive(RX) Enable
    UCSR1C = 0x06;              // UART Mode, 8 Bit Data, No Parity, 1 Stop Bit
    UBRR1H = 0;                 // Baudrate 세팅
    UBRR1L = 8;                 // 16Mhz, 115200 baud (주의 : 초기 세팅이
                                // 9600 인지 115000인지 꼭 확인 요망)
}

void putchar1(char c)           // 1 문자를 송신(Transmit)하는 함수
{
    while(!(UCSR1A & (1<<UDRE1)))  // UDRE1 : UCSR1A 5번 비트
        ;                          // 즉, 1을 5번 왼쪽으로 shift한 값이므로 0x20과 &
    UDR1 = c;                      // 1 문자 전송, 송신 데이터를 UDR1에 넣음
}

char getchar1()                 // 1 문자를 수신(receive)하는 함수
{
    while (!(UCSR1A & (1<<RXC1)))  // RXC1 : UCSR1A 7번 비트,
        ;                          // 즉, 1을 7번 왼쪽으로 shift한 값이므로 0x80과 &
    return(UDR1);                  // 1 문자 수신, UDR1에서 수신 데이터를 가져옴
}

void puts1(char *ptr)
{
    while(*ptr != NULL)         // 문자열이 마지막(NULL)인지 검사
        putchar1(*ptr++);       // 마지막이 아니면 1문자 디스플레이
}

int main()
{
    char c;
```

```
        init_uart1();                      // UART1 초기화
        while(1)
        {
                c = getchar1();            // 스마트폰에서 입력된 문자를
                putchar1(c);               // 스마트폰으로 되돌려 보냄(Echo back)
                if (c=='1') puts1(One);    // "1"이면 "ONE" 디스플레이
                else if (c=='2') puts1(Two);   // "2"이면 "TWO" 디스플레이
                else if (c=='3') puts1(Three); // "3"이면 "THREE" 디스플레이
                else  ;                    // 그렇지 않으면 처리 없음
        }
}
```

[프로그램 12-1] 스마트폰과의 통신 프로그램

12.2.5 앱 설치 및 실행

이번 프로그램은 스마트폰에서 블루투스 앱이 JMOD-BT-1을 찾아 페어링을 실행하여 연결된 후, 문자를 전송하여 이것이 원하는 형태로 되돌아오는지를 확인하여야만 연결 상태와 프로그램 동작이 제대로 되었는지를 알 수 있다. 이 과정을 다음의 순서로 수행해 보자.

■ 사용할 블루투스 앱 설치

앞에서 언급한 'Bluetooth Terminal HC-05' 앱을 구글 'PLAY 스토어' 등에서 찾아 스마트폰에 설치한다. (* 주의 : 앱은 시간이 지남에 따라 내용이 변경될 수도 있고 삭제될 수도 있음에 유의하자. 이런 경우 다른 프로그램으로 대치하여 실행하여도 과정은 비슷하므로 큰 문제는 없다.)

■ 앱 실행 및 세팅

'Bluetooth Terminal HC-05' 앱을 실행하면 [그림 12-8]과 같은 창이 나타나는데, 상단 메뉴에서 'SCAN'을 클릭하면 'New Scan Devices' 항목으로 'JCNET-BT-xxxx'(xxxx는 숫자)가 검색된다. 이 부분을 터치하면 처음 실행하는 경우는 [그림 12-9]와 같이 "... 비밀번호(0000 또는 1234)를 입력하세요." 메시지가 나타난다. 이 때 "1234"를 입력하고 [확인]을 클릭하면 스마트폰과 JMOD-BT-1이 페어링이 되면서 스마트폰에는 "Paired Devices"에 JMOD-BT-1의 이름이 디스플레이 되고, JMOD-BT-1의 PAIR LED는 켜지고, MODE LED는 2초마다 한 번씩 깜빡거리는 상태가 된다. 이때부터는 통신이 가능하다.

[그림 12-8] 'Bluetooth Terminal HC-05' 앱의 메인 창

[그림 12-9] 'Bluetooth Terminal HC-05' 앱의 비밀번호 입력

계속하여 스마트폰에서 JMOD-BT-1의 이름을 터치하면 [그림 12-10]과 같은 창이 나타난다.

[그림 12-10] 'Bluetooth Terminal HC-05' 입출력 창

12.2.6 구현 결과

이제 지정된 문자를 보내 보자. 문자 입력 창을 터치하고 키패드에서 '1'을 입력한 후 'Send ASCII'로 표시된 키를 누르면 "1 ONE"이 디스플레이 창에 나타난다. 마찬가지 방법으로 '2', '3' 을 입력하면 이에 대응되는 "2 TWO", "3 THREE"가 나타나며 이 외의 문자를 누르면 그 문자 만 되돌아온다. [그림 12-11]과 같이 될 것이다. 만약 데이터가 디스플레이 되지 않으면, 이때는 단계별로 문제점을 체크하여 문제를 해결하여야 한다. 혹시 모르니까 이런 경우에 대비하는 방 법도 한 번 연습해보기로 한다.

[그림 12-11] 문자 입력 및 데이터 통신 확인

12.2.7 에러 발생 시 디버깅 방법

■ 복잡할 때는 기본적인 것부터 단계적으로 확인

위에서 언급한 내용이 아주 어려운 것은 아니지만, 현재까지 수행해 온 내용으로 보면 JMOD-BT-1 모듈, 스마트폰, 그리고 스마트폰 앱까지 연결이 조금 복잡하다고 할 수 있다. 간단한 응용이면 프로그램을 짜고, 다운로드해서 실행해 보고, 결과를 테스트해 보면 바로 디버깅이 가능한 경우가 많지만, 위와 같이 여러 개의 장치와 모듈이 함께 사용되는 경우에는 단계별로 확인을 하면서 구현하는 것도 좋은 방법이다.

예를 들어, 위에서 언급한 사항을 모두 다 구현해 놓고, 스마트폰에서 앱을 실행시킨 후 키를 눌렀는데 아무런 반응이 없었다고 가정해보자. "앱이 문제인가?" "JMOD-BT-1이 문제인가?" "JMOD-128-1이 잘못되었나?" "프로그램을 잘못 작성했나?" 그래서 다시 하나하나 연결도 체크해보고, 프로그램도 체크하고, 스마트폰도 체크하고, 모든 과정을 1시간 동안 다시 다 체크해 본 후 또 다시 시도해 보았더니, 아직도 원하는 결과가 나오지 않았다면, 이거야말로 문제가 아닐 수 없다.

모든 것을 다 준비해 놓고 한 번에 모든 것이 내가 원하는 대로 완벽하게 동작하기를 기대하는 것은 누구나 갖는 희망이지만, 현실에서는 이런 희망이 이루어지는 경우는 '가물에 콩 나듯' 한다. 왜냐하면, 초기화 값 하나가 빠지고, 선 연결 하나가 다른 포트 번호에 연결되는 등, 인간은 생각보다 실수를 잘 하기 때문이다. 그래서 이런 경우는 구현 시부터 단계적(step-by-step)으로, 기본적인 것부터 하나하나 체크하면서 구현하고 확인하는 것이 좋은 방법일 수 있다. 이전에 이야기한 적이 있는 '분할정복'(divide and conquer) 방식을 응용하는 것도 좋은 선택이다.

그렇다면 어디서부터, 어떤 것부터 확인하는 것이 좋을까? [그림 12-12]와 같이 스마트폰과 JMOD-BT-1까지의 연결, 스마트폰과 JMOD-128-1까지의 연결, 스마트폰과 응용프로그램까지의 연결, 이렇게 3단계 정도로 나누어 확인해 보기로 하자.

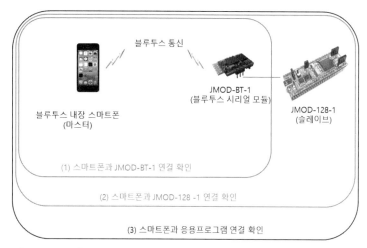

[그림 12-12] 스마트폰과 JMOD-128-1 연결의 단계별 확인 방법

■ 스마트폰과 JMOD-BT-1 간의 연결 확인

이 연결이 잘 동작하는지 확인하는 가장 좋은 방법은 JMOD-BT-1을 JMOD-128-1에 연결하지 않은 독립적인 상태에서, 신호선인 RXD와 TXD 두 신호선을 [그림 12-13]처럼 루프백(loopback) 형태로 직접 연결하는 것이다.

물론, 전원 공급이 필요하므로 VCC와 GND는 JMOD-128-1의 VEXT 핀과 GND핀에서 공급하도록 한다. 이 상태에서 연결을 시도해 보자. 정상적으로 연결되었다면 스마트폰의 앱에서 '1'을 보내면 '1'이 되돌아 올 것이고, 이것은 JMOD-BT-1까지는 정상 동작이라는 것을 확인시켜준다. '1'이 되돌아오지 않는다면 이것은 스마트폰과 JMOD-BT-1 사이의 문제로 문제 범위가 좁혀진다.

[그림 12-13] 스마트폰과 JMOD−BT−1 간의 연결 확인

■ 스마트폰과 JMOD−128−1 간의 연결 확인

이번에는 [그림 12-14]와 같이 JMOD−BT−1을 JMOD−128−1에 장착하고, JMOD−128−1에서는 [프로그램 12-2]와 같이 최소의 프로그램만 작성하여 연결을 확인해 보자.

[그림 12-14] 스마트폰과 JMOD−128−1 간의 연결 확인

```c
#include <avr/io.h>              // AVR 기본 include

void init_uart1()               // UART1 초기화 함수
{
    UCSR1B = 0x18;              // 송신 Transmit(TX), Receive(RX) Enable
    UCSR1C = 0x06;             // UART Mode, 8 Bit Data, No Parity, 1 Stop Bit
    UBRR1H = 0;                // Baudrate 세팅
    UBRR1L = 8;                // 115200 baud (주의 : 초기 세팅이
                               // 9600 인지 115000인지 꼭 확인 요망)

}

void putchar1(char c)          // 1 문자를 송신(Transmit)하는 함수
{
```

```
    while(!(UCSR1A & (1<<UDRE1)))      // UDRE1 : UCSR1A 5번 비트,
            ;                          // 즉, 1을 5번 왼쪽으로 shift한 값이므로 0x20과 &
    UDR1 = c;                          // 1 문자 전송, 송신 데이터를 UDR1에 넣음
}


char getchar1()                        // 1 문자를 수신(receive)하는 함수
{

    while (!(UCSR1A & (1<<RXC1)))       // RXC1 : UCSR1A 7번 비트,
            ;                          // 즉, 1을 7번 왼쪽으로 shift한 값이므로 0x80과 &
    return(UDR1);                      // 1 문자 수신, UDR1에서 수신 데이터를 가져옴
}


int main()
{
    char c
    init_uart1();                      // UART1 초기화

    while(1)
    {
            c = getchar1();            // 스마트폰에서 입력된 문자를
            putchar1(c);               // 스마트폰으로 되돌려 보냄(echo back)
    }
}
```

[프로그램 12-2] 스마트폰과 JMOD-128-1 간의 연결 확인 용 프로그램

이 상태에서 다시 스마트폰의 앱에서 '1', '2', '3', '7'을 보냈을 때 [그림 12-15]와 같이 되돌아온다면, 이것은 JMOD-128-1까지의 경로와 하드웨어, 그리고 기본 통신 프로그램은 아무런 문제 없이 정상 동작하고 있다는 것을 확인해 주는 것이 된다. 또한, 동시에 응용프로그램 작성에 문제가 있다는 것을 간접적으로 나타내주는 것이므로 이제는 응용프로그램에서의 오류를 찾으면 된다.

[그림 12-15] 입력한 숫자가 Echo Back으로 돌아온 상태

■ 스마트폰과 응용 프로그램 간의 연결 확인

이제 마지막으로 JMOD-128-1에서 원래 수행하고자 하는 응용 프로그램을 다시 확인하면서 테스트해보는 것이다. 여기서는 기본 프로그램에 약간의 프로그램만 더 추가한 정도의 응용 프로그램이어서 바로 동작 여부를 확인할 수 있겠지만, 좀 더 복잡한 응용프로그램이라면 이것도 차근차근 단계별로 확인하는 절차가 필요할 수 있다.

12.3 실전 응용 : 스마트폰으로 가전제품 제어하기

12.3.1 사용자 요구사항 정의

스마트폰의 앱을 통한 제어는 실생활에 유용하게 사용할 수 있고, 그 응용 범위도 다양하다. 그래서 이번에는 그냥 정해진 목표를 구현하기에 앞서 자신이 필요한 목표를 정하여 구현하는 과정을 조금 더 자세하게 살펴보기로 한다.

예를 들어, 스마트폰으로 형광등을 껐다 켰다 한다든지, 커피포트를 동작시킨다든지, 특정 소리를 낸다든지, 선풍기를 돌린다든지 등등의 일을 가능하게 하려면 어떻게 접근하여야 할까? 정해진 특별한 방법이 있는 것은 아니지만, 이러한 일의 시작은 '사용자 요구사항 정의'에서 출발하는 것이 좋다.

'사용자 요구사항 정의'란 간단히 말해서 하고 싶은 것(기능)을 나열하는 것이다. 스마트폰으로 가전제품을 제어한다는 관점에서는, "무엇을 어떻게 제어하고 싶은가?" (예 : LED를 켜거나 끄고 싶다.)에 대한 대답을 나열하는 것이 될 수 있다.

요구사항이 결정되면 이것을 해결할 수 있는 '시스템 설계'가 필요하다. 즉, 구체적인 처리 방법 및 순서 제시가 될 수 있는데, 스마트폰으로 가전제품을 제어한다는 관점에서는 아래와 같은 것에 대한 해답을 찾는 과정이 될 것이다.

- "이 제어 명령을 스마트폰에서 어떤 방식으로 처리하고 싶은가?" (예 : 스마트폰에서 '전등 켜기', '전등 끄기'라는 버튼이 있어서 이것을 누르면 위 명령이 수행되도록 하고 싶다.)
- 이를 위하여 스마트폰 쪽에서 세팅하여야 하는 방법이나 순서는 무엇인가? (예 : 스마트폰에서 블루투스를 이용하여 UART통신을 실행하는 앱이 있는가? 어떻게 사용하는가?)
- JMOD-128-1과 JMOD-BT-1의 UART통신에 필요한 세팅 값은 무엇인가?
- JMOD-128-1에서 타겟의 여러가지 기능은 어떻게 프로그램으로 구현할 것인가?

12.3.2 목표

스마트폰의 앱을 통하여, 전등(LED)을 켜거나 끌 수 있게 하며, 경고음(버저)을 울리거나 정지하게 하며, 선풍기(모터)를 돌리거나 정지하게 하며, 그리고 이 세가지의 현재 동작 상태를 알 수 있게 한다.

12.3.3 구현 방법

하드웨어 적으로는 JMOD-128-1에 전등(LED), 경고음(버저), 선풍기(모터)를 적당한 포트에 연결하고, 스마트폰 앱에 아래 명령에 해당하는 버튼이 있어 이것을 누르면 각 명령에 대응되는 ASCII 값이 블루투스 동신을 통해 JMOD 128-1에 전달되도록 JMOD-BT-1을 연결한다.

- [전등 켜기] 버튼을 누르면 '1'(전등 ON 명령)이 전송됨
- [전등 끄기] 버튼을 누르면 '4'(전등 OFF 명령)이 전송됨
- [경고음 울리기] 버튼을 누르면 '2'(버저 ON 명령)이 전송됨
- [경고음 끄기] 버튼을 누르면 '5'(버저 OFF 명령)이 전송됨
- [선풍기 켜기] 버튼을 누르면 '3'(선풍기 ON 명령)이 전송됨
- [선풍기 끄기] 버튼을 누르면 '6'(선풍기 OFF 명령)이 전송됨
- [현재 상태 확인] 버튼을 누르면 '7'(현재 상태 체크 명령)이 전송됨

프로그램에서는 블루투스 시리얼 포트(UART1)를 통하여 입력된 문자(명령)가 있는 것을 확인하면 각 명령에 따라 '사용자 요구사항 정의'에서 정한 동작을 실행하면 되며, 특히 '현재 상태 확인' 명령이 들어올 경우에 대비하여 상태를 저장하는 기능도 포함하여 구현한다.

12.3.4 회로 구성

JMOD-128-1과 연결되는 장치는 블루투스 시리얼 모듈(JMOD-BT-1), 모터 드라이브 모듈(JMOD-MOTOR-1), 버저, LED이다.

블루투스 시리얼 모듈은 RXD, TXD, VCC, GND 핀이 JMOD-128-1과 연결되어야 하고, 모터 드라이브 모듈은 STB, PWMA, AIN1, AIN2, VCC, +5V, GND 핀이 연결되어야 한다. 그리고 LED 4개가 연결되어야 하고, 또 버저 제어 신호가 연결되어야 한다. 이상을 종합한 회로는 [그림 12-16]과 같고, 브레드보드 상에 실제 구현한 모습은 [그림 12-17]과 같다.

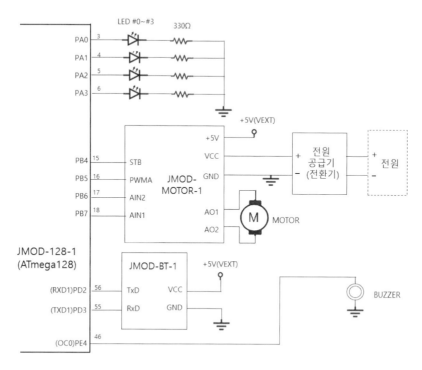

[그림 12-16] 스마트폰으로 가전제품 제어하기 회로

[그림 12-17] 스마트폰으로 가전제품 제어하기 회로 실제 연결 모습

12.3.5 프로그램 작성

프로그램은 [표 12-1]을 참조하여 각 동작에 맞게 프로그램하면 된다. 또한, '현재 상태 확인 명

령'에 대응하기 위하여 각 동작 후에는 현 상태를 반영하여 저장해 놓는다.

[표 12-1] 가전제품 제어 키와 대응 명령어

키	명령어	수행 내용
'1'	전등 켜기 명령	LED ON 기능 수행
'2'	경고음 울리기 명령	버저 ON 기능 수행
'3'	선풍기 켜기 명령	모터 ON 기능 수행
'4'	전등 끄기 명령	LED OFF 기능 수행
'5'	경고음 끄기 명령	버저 OFF 기능 수행
'6'	선풍기 끄기 명령	모터 OFF 기능 수행
'7'	현재 상태 확인 명령	LED, 버저, 모터의 상태를 UART1 포트를 통하여 스마트폰으로 순서대로 전송 (ON 이면 'O', OFF 이면 'X'를 전송)

💡 여기서 잠깐! `'switch~case'` 문 사용하기

C 언어에서 'switch~case' 문은 여러가지 경우의 수 중에서 하나를 선택하는데 많이 사용하는 문장이다. 'if~elseif~else' 문을 사용할 수도 있지만, 체크하여야 할 경우의 수가 많을 때, 또는 각 케이스가 동등한 빈도나 위치를 가지고 있을 때 사용하면 편리하다. 프로그램의 형식은 아래 그림과 같다.

```
switch(조건식)
{
        case c1 :
                문장1;
                break;
        case c2 :
                문장2;
                break;
        ...............
        case cn :
                문장n;
                break;
        default :
                문장1;
                break;
}
```

switch 내부의 조건식의 값에 해당하는 case문으로 점프하여 실행되는데, 조심하여야 하는 것은 switch 문의 조건식은 반드시 정수 값이어야 한다는 것과, break 문를 만나면 switch 문을 빠져나간다는 것이다. 한편, default는 해당되는 case 문이 없는 경우에 실행된다.

최종적으로 작성된 프로그램은 [프로그램 12-3]과 같다.

```
#include ⟨avr/io.h⟩
#define F_CPU 16000000UL
#define __DELAY_BACKWARD_COMPATIBLE__
                                        // Atmel Studio 7을 사용하는 경우에 필요
#include ⟨util/delay.h⟩

#define ON  1
#define OFF 0

#define STOP_SPEED          00          // duty Cycle 0%의 값
#define MID_SPEED           153         // duty cycle 60%의 값

                                        // PB7 = AIN1, PB6 = AIN2, PB5 = PWMA, PB4 = STBY
#define MOTOR_CW            0xb0        // 모터 Forward: AIN1=1,AIN2=0,PWMA=1, STBY=1
#define MOTOR_Standby       0x00        // 모터 Standby : AIN1=0, AIN2=0, PWMA=0, STBY=0

void putchar1(char c)                   // 1 문자를 송신(Transmit)하는 함수
{
    while(!(UCSR1A & (1⟨⟨UDRE1)))       // UDRE1 : UCSR1A 5번 비트,
        ;                               // 즉, 1을 5번 왼쪽으로 shift한 값이므로 0x20과 &
    UDR1 = c;                           // 1 문자 전송, 송신 데이터를 UDR1에 넣음
}

char avalilable1()                      // 문자 입력을 확인하는 함수
{
    if (UCSR1A & (1⟨⟨RXC1)              // 입력된 문자가 있는지 확인
        return(1);                      // 입력된 문자가 있으면 "1"의 값으로 return
    else return(0);                     // 입력된 문자가 없으면 "0"의 값으로 return
}

char getchar1()                         // 1 문자를 수신(receive)하는 함수
{
    return(UDR1);                       // 1 문자 수신, UDR1에서 수신 데이터를 가져옴
}

void buzzer(int hz, int count)          // hz의 주파수를 갖는 펄스를 count 개수만큼 생성
{
    int i, millis, micros;
    millis = 1000/(2*hz);               // 1개 펄스의 ON 또는 OFF의 ms 단위
```

```
        micros = (1000.0/(2*hz) − 1000/(2*hz)) * 1000;
                                          // 1개 펄스의 ON 또는 OFF의 us 단위
    for(i=0; i<count i++)
    {
            PORTE |= 1 << 4;              // buzzer ON
            _delay_ms(millis);           // (millis)ms동안 delay
            _delay_us(micros);           // (micros)us 동안 delay
            PORTE &= ~(1 << 4);          // buzzer OFF
            _delay_ms(millis);           // (millis)ms 동안 delay
            _delay_us(micros);           // (micros)us 동안 delay
    }
}


void BUZZER_Control()
{
    int i
    for(i=0; i<2; i++)                   // 0.1초 정도 짧은 경고음.
                                         // 2개 주파수의 소리 혼합 생성

    {
            buzzer(480, 12);             // 480 Hz로 12회
            buzzer(320, 8);              // 320 Hz로 8회
    }
}


void init_uart1()                        // UART1 초기화 함수
{
    UCSR1B = 0x18;                       // 송신 Transmit(TX), Receive(RX) Enable
    UCSR1C = 0x06;                       // UART Mode, 8Bit Data, No Parity, 1 Stop Bit
    UBRR1H = 0;                          // Baudrate 세팅
    UBRR1L = 8;                          // 16Mhz, 115200 baud (주의 :초기 셋팅 값 확인)
}


int main()
{
    char c;
    int st_light=OFF, st_buzz=OFF, st_fan=OFF; // 전등, 버저, 선풍기 초기 상태
    DDRA = 0x0f;                         // 전등(LED) 포트 = PA3~PA0 : 출력
    DDRB = 0xf0;                         // 선풍기(모터) 포트 = PB7~PB4 : 출력
    DDRE = 0x10;                         // 경고음(버저) 포트 = PE4
    PORTB = MOTOR_Standby;               // 모터 초기화 : 정지 상태
    init_uart1();                        // UART1 초기화
```

```
    while(1)                          // 명령을 받아서 실행
    {
        if (!available1())            // 만약 입력된 문자가 없으면
        {
            if (st_buzz == ON)        // 버저 ON 상태를 확인한 후 계속 버저 울림
                    BUZZER_Control();
            continue;                 // while 문 맨 처음으로 되돌아감
        }
        c = getchar1();               // 입력된 문자를 스마트폰으로부터 받아서
        putchar1(c);                  // echo back 후

        switch(c)                     // 명령의 종류에 따라 아래를 실행
        {
            case '1' : PORTA = 0x0f; st_light = ON; break;            // 전등 ON
            case '2' : st_buzz = ON; break;                          // 버저 ON
            case '3' : PORTB = MOTOR_CW; st_fan = ON; break;         // 선풍기 ON
            case '4' : PORTA = 0x00; st_light = OFF; break;          // 전등 OFF
            case '5' : st_buzz = OFF;          break;               // 버저 OFF
            case '6' : PORTB = MOTOR_Standby; st_fan = OFF; break;   // 선풍기 OFF
            case '7' :
                        putchar1('\n');             // New Line
                        if (st_light)               // 전등 현재 상태 체크
                                putchar1('O');      // 전등 ON이면 'O' 디스플레이
                        else
                                putchar1('X');      // 전등 OFF이면 'X' 디스플레이
                        if (st_buzz)                // 버저 현재 상태 체크
                                putchar1('O');      // 버저 ON이면 'O' 디스플레이
                        else
                                putchar1('X');      // 버저 OFF이면 'X' 디스플레이
                        if (st_fan)                 // 선풍기 현재 상태 체크
                                putchar1('O');      // 선풍기 ON이면 'O' 디스플레이
                        else
                                putchar1('X');      // 선풍기 OFF이면 'X'디스플레이
                        break;
            default : break;
        }
    }
}
```

[프로그램 12-3] 스마트폰으로 가전제품 제어하기 프로그램

12.3.6 구현 결과

프로그램의 실행 결과가 [그림 12-18]과 같이 '1'~'7'까지의 문자 입력에 알맞게 모두 동작하면
성공이다.

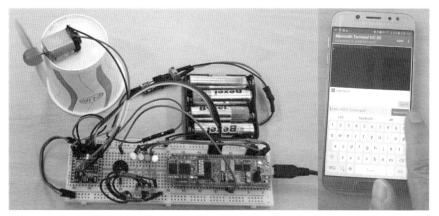

[그림 12-18] 스마트폰으로 가전제품 제어하기 프로그램 실행 결과 (전등켜기('1'))

이제 스마트폰으로 전등도 켜고, 경고음도 울리고, 선풍기도 돌릴 수 있게 되었다. "와우~ 이젠
우리 집도 '스마트 홈(Smart Home)'이다!"

12.4 DIY 연습

[BT-1] '스마트폰으로 가전제품 제어하기' 예제에 '온도 측정' 키를 추가하여 이 키가 눌러지면 현재 온도를 스마트폰에 디스플레이하는 '스마트폰으로 가전제품 제어하기(V2.0)' 프로그램을 제작한다.

[BT-2] 스마트폰의 'Bluetooth Terminal HC-05' 앱에서 '도', '레', '미', '파', '솔', '라', '시', '도(높은 도)' 키를 설정한 후, 이 키를 누르면 대응되는 음이 연주되는 '무선 피아노 연주기'를 제작한다.

[BT-3] 스마트폰과 PC가 서로 메시지를 주고받을 수 있는 '스마트폰 PC 메신저'를 제작한다. 단, 스마트폰에는 'Bluetooth Terminal HC-05' 앱을 사용하고, PC에는 'TeraTerm'과 같은 터미널 에뮬레이터 프로그램을 설치하여 사용하는 것으로 가정한다.

> 그리고 어느덧 12개의 코스를 마쳤다.
> 마이크로컨트롤러 ATmega128
> DIY 여행을 마쳤다.
> 뿌. 듯. 하. 다.

부록-1

"마이크로컨트롤러 ATmega128 DIY 여행"에 필요한 전체 부품 목록

번호	품명	규격	수량	기타
1	LED	빨강/노랑/녹색	8	5Φ
2	저항	150Ω	1	1/4W
3	저항	330Ω	8	1/4W
4	저항	1KΩ	4	1/4W
5	저항	10KΩ	2	1/4W
6	가변저항	0~10KΩ	1	CLCD 밝기 조절용
7	다이오드	1N4148	1	백라이트전류 제한용
8	다이오드	1N4001	1	모터 역전압 방지용
9	트랜지스터	MPS2222A	4	NPN 형
10	스위치	TS-1105-5mm	2	tactile 형, 소형
11	삐에조 버저	GEC-13C	1	소형
12	FND	WCN4-0036SR-C11	1	4-digit
13	CLCD	LCD1602A	1	16 x 2 형
14	광센서	GL5537	1	CdS 센서
15	모터 드라이브	JMOD-MOTOR-1	1	2 채널
16	DC 모터	RC260B 또는 3~6V 미니 모터	1	소형
17	프로펠러	플라스틱 프로펠러	1	모터 결합용
18	전원공급기	JBATT-D5-1	1	DC 5V 레귤레이터
19	건전지 팩	AA 건전지 4 구	1	직렬 연결
20	건전지	AA 타입	4	1.5V x 4 = 6V
21	사운드센서 모듈	P5511	1	아날로그 센서
22	거리센서 모듈	HC-SR04	1	초음파 센서
23	온도센서 모듈	JMOD-TEMP-1	1	LM75A 온도센서
24	블루투스시리얼 모듈	JMOD-BT-1	1	HC-05 내장

부록-2

"마이크로컨트롤러 ATmega128 DIY 여행"에서 인용한 자료 출처

인용 번호	사용 위치	인용 출처
1-1	그림 1-6	http://www.microchip.com
1-2	그림 1-7	http://www.microchip.com
1-3	그림 1-9	http://www.microchip.com
1-4	그림 1-10	http://www.microchip.com
1-5	그림 1-11	http://www.microchip.com
1-6	그림 1-12	http://www.microchip.com
1-7	그림 1-13	http://www.microchip.com
1-8	그림 1-14	http://www.microchip.com
1-9	그림 1-15	http://www.microchip.com
1-10	그림 1-16	http://www.microchip.com
1-11	그림 1-17	http://www.microchip.com
1-12	그림 1-18	http://www.microchip.com
1-13	그림 1-19	http://www.microchip.com
1-14	그림 1-21	https://www.silabs.com
1-15	그림 1-22	https://www.silabs.com
1-16	그림 1-23	https://www.silabs.com
2-1	그림 2-1	https://pixabay.com
2-2	그림 2-2	https://pixabay.com
2-3	그림 2-4	http://www.microchip.com
2-4	그림 2-5	http://www.microchip.com
2-5	여기서 잠깐! 진짜 크리스마스트리	https://pixabay.com
2-6	여기서 잠깐! 진짜 크리스마스트리	https://pixabay.com
2-7	여기서 잠깐! 진짜 크리스마스트리	https://pixabay.com

3-1	그림 3-2	https://pixabay.com
3-2	그림 3-2	https://pixabay.com
3-3	그림 3-2	https://pixabay.com
3-4	그림 3-6	http://www.wcnopto.net, WCN-4-0036SR-C11 datasheet
3-5	그림 3-15	http://www.wcnopto.net, WCN-4-0036SR-C11 datasheet
4-1	그림 4-14	https://pixabay.com
4-2	그림 4-14	https://pixabay.com
5-1	그림 5-14	http://www.microchip.com, ATmega128A datasheet
6-1	그림 6-14	http://toshiba.semicon-storage.com, TB6612FNG datasheet
7-1	표 7-1	https://ko.wikipedia.org
8-1	그림 8-2	http://www.microchip.com
8-2	그림 8-3	https://www.silabs.com, CP2102/9 datasheet
9-1	그림 9-5	https://www.crystalfontz.com, CFAH1602A-AGP-JP datasheet
9-2	표 9-3	https://www.crystalfontz.com, CFAH1602A-AGP-JP datasheet
9-3	그림 9-6	https://www.crystalfontz.com, CFAH1602A-AGP-JP datasheet
11-1	그림 11-3	https://www.nxp.com
11-2	그림 11-5	www.microchip.com
11-3	그림 11-6	www.microchip.com
11-4	그림 11-8	www.microchip.com
11-5	그림 11-11	https://www.nxp.com
11-6	그림 11-12	https://www.nxp.com
11-7	그림 11-13	https://www.nxp.com

- 신상석(beasiam@naver.com)

  서울대학교 제어계측공학과를 졸업하고, KAIST 전산학 석사, 동 대학원 박사과정을 수료하였다. 한국전자통신연구원(ETRI) 책임연구원, 해동정보통신(주) 연구소장, ㈜욱성전자 연구소장을 거쳐 현재 제이씨넷 연구소장 및 상명대학교 시스템반도체공학과 겸임교수로 재직 중이다. 전자계산기 기술사이며, 마이크로컨트롤러 교육에 관심이 많다. 있는 그대로, 예쁘게, 즐겁게, 함께 살아가기를 힘쓰며 살고 있다.

- 전익성(embedholic@naver.com)

  대학, 대학원에서 컴퓨터공학 아키텍처를 전공하였다. 현재 제이씨넷 대표로 재직 중이며 네이버 임베디드홀릭 카페의 매니저(닉네임 : 임베디드홀릭)로 활동하고 있다. 다수의 제품 개발을 통하여 습득한 임베디드시스템 분야의 실무 지식과 경험을 인터넷 카페 활동을 통하여 다른 사람과 나누는 것을 즐기며 살고 있다.

- 윤석한(shy5406@hanmail.net)

  고려대학교 전자공학과를 졸업하고, KAIST 에서 전산학 석사, 고려대학교에서 컴퓨터공학 박사를 취득하였다. 한국전자통신연구원(ETRI) 책임연구원, 고려대학교 컴퓨터정보학과 부교수를 거쳐 현재 한국전자통신연구원(ETRI) ICT 멘토링 전문위원으로 활동 중이다. 컴퓨터구조, 마이크로컨트롤러 분야에서 기술 및 프로젝트 자문과 교육 활동에 관심을 가지고 있으며, 트래킹과 막걸리를 좋아한다.